Verlag für Systemische Forschung
im Carl-Auer Verlag

Andrea Berreth

Organisationsaufstellung und Management

Lesarten einer beraterischen Praxis

2009

Der Verlag für Systemische Forschung im Internet:
www.systemische-forschung.de

Carl-Auer im Internet: www.carl-auer.de
Bitte fordern Sie unser Gesamtverzeichnis an:

Carl-Auer Verlag
Häusserstr. 14
69115 Heidelberg

Über alle Rechte der deutschen Ausgabe verfügt
der Verlag für Systemische Forschung
im Carl-Auer-Systeme Verlag, Heidelberg
Fotomechanische Wiedergabe nur mit Genehmigung des Verlages
Reihengestaltung nach Entwürfen von Uwe Göbel & Jan Riemer
Printed in Germany 2009

Erste Auflage, 2009
ISBN 978-3-89670-920-2
© 2009 Carl-Auer-Systeme, Heidelberg

Bibliografische Information Der Deutschen Nationalbibliothek
Die Deutsche Nationalbibliothek verzeichnet diese Publikation
in der Deutschen Nationalbibliografie; detaillierte bibliografische
Daten sind im Internet über http://dnb.d-nb.de abrufbar.

Genehmigt von der Wirtschaftswissenschaftlichen Fakultät der Universität Basel
auf Antrag von Prof. Dr. Werner R. Müller und Prof. Dr. Johannes Rüegg-Stürm
(Universität St. Gallen).
Basel, den 10.12.08   Der Dekan: Prof. Dr. Silvio Borner

Die Druckkosten dieser Publikation wurden großzügig bezuschusst aus Geldern des
Dissertationenfonds der Universität Basel.

Diese Publikation beruht auf der Dissertation „Methodische Innovationen und ihre
Lesarten. Organisationsaufstellung und Management" zur Erlangung der Würde eines
Doktors der Staatswissenschaften an der Wirtschaftswissenschaftlichen Fakultät der
Universität Basel, 2008.

Inhaltsverzeichnis

Abbildungsverzeichnis

Tabellenverzeichnis

Abkürzungsverzeichnis

A.B.	Andrea Berreth
bspw.	beispielsweise
bzgl.	bezüglich
bzw.	beziehungsweise
CEO	Chief Executive Officer
CFO	Chief Financial Officer (Finanzchef)
d.h.	das heißt
et al.	et alii (und andere)
GL	Geschäftsleitung
GLM	Geschäftsleitungsmitglied
i.e.	id est (das ist, mit anderen Worten)
OA	Organisationsaufstellung
vgl.	vergleiche
z.B.	zum Beispiel

Synonymverzeichnis

FARINA	Untersuchter Produktionsbetrieb, Sitz: Schweiz
ROSSA	Mutterkonzern der FARINA
Universität MAINTAL	Hochschule mit Wirtschaftswissenschaftlichem Lehrstuhl
Christoph Dreyer	CEO der FARINA
Emil Fuchs	Berater und Aufstellungsleiter in der FARINA

I   Einleitung

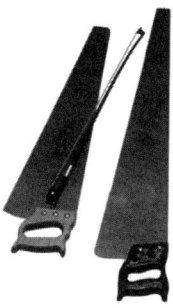

Abbildung zweier Singender Sägen
und dem dazugehörigen Bogen[1]

Wer einen Text – wie das vorliegende Buch – liest, wird ihn in der Annahme zur Hand nehmen, ihn zu ‚verstehen'. Dieses ‚Verstehen' kann jedoch nicht bedeuten, einen Text im Sinne der Autorin zu lesen. Dem konstruktivistischen Verständnis der neueren Kommunikationstheorie nach ist Bedeutungsgebung nicht einseitig zu verorten, sondern findet sowohl auf Seiten der Autorin als auch des Lesers statt (Hall 1980/1999). Ein Text wird von einer Autorin geschrieben. Der Leser wird den gewählten Worten einen Sinn geben, der sich an dem orientiert, was er bereits kennt und was sich für ihn als anschlussfähig erweist. Seine Lesart ist durch den eigenen Wissensrahmen geprägt.

Ähnliche Prozesse der Bedeutungsgebung finden bei der Einführung neuer Methoden in Unternehmen statt: Methodische Innovationen machen mehrfache Sinnangebote und produzieren verschiedene Lesarten. Das Neue, bislang Unbekannte, wird von den Personen im Unternehmen derart aufgenommen, dass es an bereits Bekanntes angeschlossen und ‚verstanden' werden kann. Dabei mag es vorkommen, dass eine Säge von manchen Personen als Singende Säge – und nicht wie vom Erfinder erwartet als Werkzeug – zum Einsatz kommt.

---

[1] Diese Abbildung wurde mit freundlicher Genehmigung von folgender Homepage kopiert: http://www.gandharvaloka.com/en/string-instrument.html. Zugriff: 04.07.2008.

Das vorliegende Buch ist diesen Prozessen der Übersetzung, Umwandlung und Anpassung an Bekanntes bei der Einführung einer neuen Methode wie der Organisationsaufstellung in Unternehmen gewidmet.

Methodische Innovationen und ihre Lesarten

Innovatives Handeln gilt in unserem gängigen Wirtschaftsverständnis als Grundlage erfolgreichen, konkurrenzfähigen Wirtschaftens. Moderne Organisationen sehen sich mit der Daueraufgabe konfrontiert, wandlungsfähig zu bleiben und Neues aufzunehmen (Hauschildt 1997; Wimmer 1999:160; Rüegg-Stürm 2000; Rüegg-Stürm 2001; Schumacher 2003:91). Klassische Ansätze der Innovationsforschung beschäftigen sich mit der Frage, welche Faktoren die Verbreitung von Innovationen beeinflussen. Diese Ansätze der Innovationsforschung gehen davon aus, dass Neuheiten unverändert in ein System eindringen – diffundieren – und dort auch im Sinne des Erfinders angewendet werden. Sägen kommen darin als Werkzeug zum Zersägen von Holz oder Metall zum Einsatz, nicht jedoch als ‚Singende Sägen' (Hauschildt 1997; Rogers 2003; Kieser&Walgenbach 2007:436).

In der vorliegenden Arbeit wird nun der Eingang einer *methodischen* Innovation in ein Unternehmen untersucht. Methoden, Konzepte und Instrumente als Innovationen zeichnen sich dadurch aus, dass sie keinen ‚Hardware'-Aspekt aufweisen. Als Beispiele hierfür können Konzepte wie das der Unternehmenskultur (Peters&Waterman 1984), der Lean Production (Womack, Jones&Roos 1992), des Lean Management, des Total Quality Management (TQM) (vgl. die Studie von David&Strang 2006) oder das von Hammer & Champy (1994) geprägte Business Process Reengineering (BPR) gelten. Seit Anfang der 1990er Jahre findet eine Beschäftigung mit Management-Konzepten und deren Verbreitung in Unternehmen in der wissenschaftlichen Literatur unter dem Stichwort der Management-Moden statt (Abrahamson 1991; Abrahamson 1996; Kieser 1996; Benders&Van Veen 2001; Clark 2004; David&Strang 2006). Diese Bezeichnung bringt Management-Konzepte mit den Gesetzen eines Konsumgütermarktes in Verbindung.

Eine wichtige Erkenntnis der Literatur zu Management-Moden ist deren Auseinandersetzung mit der Annahme, Management-Methoden würden sich aufgrund ihrer Effizienz in Unternehmen durchsetzen. Dass Effizienz bei der Verbreitung innovativer Methoden eine besondere Bedeutung zukommt, hat Abrahamson (1996) in seiner Beschäftigung mit Management-Konzepten bestätigt. Deren positive Auswirkung auf die Verbreitung neuer Methoden ist dabei darauf zurückzuführen, dass in unserer westlichen Kultur die gesellschaftliche Erwartung der ‚managerial rationality' (Abrahamson 1996) vorherrscht, d.h. dass neue Konzepte der *Norm* der Effizienz und Rationalität entsprechen müssen, um *Legitimation* zu erlangen. Der Vorteil, den eine als effizient geltende Methode mit sich bringt, liegt somit in ihrem Zugewinn an Legitimation und weniger in ihrer ‚tatsächlichen' Effizienz (Meyer&Rowan 1977; Kieser 1996; Benders&Van Veen 2001; Clark 2004). Die mittlerweile ausführliche wissenschaftliche Auseinandersetzung mit neuen Management-Methoden unter dem Blickwinkel der Moden konzentriert sich stark auf die Seite der ‚Produzenten' oder ‚Distribuenten' und untersucht, wie ‚Management Gurus', Business Schools, Berater oder Medien den Verbreitungsprozess beeinflussen. Eine genauere Betrachtung der Seite der ‚Konsumenten', d.h. des Umgangs der Unternehmen und des Managements mit neuen Konzepten, wird noch immer als mangelhaft beschrieben und als ausstehend eingefordert.[2]

Betrachtet man Innovationen unter einer konstruktivistischen Perspektive (Berger&Luckmann 1987; Glasersfeld 1997; Gergen 2002), müssen diese als *soziale* Prozesse verstanden werden, denen Sinnstiftungsprozesse (Weick 1998) zugrunde liegen. Bedeutungsgebung – wie sie in sozialen Prozessen stets stattfindet – ist nicht einseitig zu verorten (Hall 1980/1999). Eine methodische Innovation kann als ‚Text' verstanden werden, der zwar von einem Autor – dem Initiator der Innovation – geschrieben wird, der je-

---

[2] Vgl. hierzu die Diskussion auf dem diesjährigen EGOS Colloquium 2008 in Amsterdam im Rahmen des Sub-theme 32: The (Co-)Consumption of Management Ideas and Practices.

doch auch durch einen Leser aufgenommen und verarbeitet werden muss. Damit gelangen auch bei der Frage nach der Aufnahme von Innovationen die individuellen Lesarten der Rezipienten in den Blick: Innovationen machen mehrfach Sinnangebote und produzieren verschiedene Lesarten. Ein Blick auf die Anwenderseite der Innovation ist für ein Verständnis des Verbreitungsprozesses daher unerlässlich. Während Rogers (2003) in seinem klassischen Diffusionsmodell davon ausgeht, dass Neuheiten unverändert in ein System eindringen – und insofern ein typischer Diffusionsprozess beschrieben werden kann –, kommen mit dem konstruktivistischen Verständnis einer Innovation als ‚Text' Prozesse der Deutung, Aneignung und Übersetzung der neuen Methode in den Blick (Czarniawska&Sevón 1996; Czarniawska&Sevón 2005a; Zilber 2006). Diesen Prozessen der Aneignung widmet sich die folgende Arbeit. Beschrieben werden soll, wie sich diese Prozesse konkret gestalten.

Organisationsaufstellungen und Management

Exemplarisch für viele mögliche methodische Innovationen wird in dieser Studie die Methode der *Organisationsaufstellung* und ihre Anwendung im Management untersucht. Die Organisationsaufstellung (OA) als eine Art der so genannten ‚Systemischen Aufstellung' erlaubt die räumliche Darstellung eines sozialen Systems mit Hilfe von Repräsentanten – realen Personen, die stellvertretend für verschiedenste Aspekte des zu untersuchenden Systems aufgestellt werden (Groth 2005). Diese Methode bildet eine Möglichkeit, das ‚innere Bild' eines Klienten von seinem System durch diese Repräsentanten zu externalisieren und durch diverse Eingriffe wie z.B. deren Umstellen, durch so genannte ‚lösende Sätze' oder durch Rituale im Laufe der Aufstellung zu bearbeiten. Die OA wird bereits in verschiedenen Unternehmen in den Bereichen Personal- und Organisationsentwicklung, Coaching, Strategieentwicklung oder Marketing eingesetzt.

Für Unternehmen bedeutet der Einsatz einer OA in zweierlei Weise Neues. Zum einen stellt die OA von ihrer *Form* her ein ungewöhnliches Werkzeug dar: Mit ihrer szenischen Art der Arbeit, ihrem Rückgriff auf

Repräsentanten und deren so genannte ‚repräsentierende Wahrnehmung' ist die OA eine Methode, die das Thematisieren von Problemen unter einer anderen als der bisher üblichen Form erlaubt. Des Weiteren nimmt die OA für sich in Anspruch, neue *Inhalte* in die Unternehmen zu bringen und unter einem systemischen Blickwinkel auf organisationale Fragestellungen zu blicken (Kohlhauser&Assländer 2005; Baumgartner 2006; Königswieser&Hillebrand 2007; Gleich 2008). Dabei gibt die OA an, über die repräsentierende Wahrnehmung auf emotionale und implizite Wissens-bestandteile zuzugreifen und über die Bewusstmachung untergründiger Systemdynamiken andere, tief greifende Lösungen zu ermöglichen (Kohlhauser&Assländer 2005:27; Rosselet 2005).

Die bisherige Forschung zur OA konzentriert sich zum einen auf die Erklärung des Phänomens der repräsentierenden Wahrnehmung (Schlötter 2005). Intensive Forschung findet darüber hinaus bzgl. der Evaluation von Wirksamkeit und Nutzen der Methode statt (Meyrat 2003; Kohlhauser&Assländer 2005; Baumgartner 2006; Lehmann 2006; Gleich 2008). Darin folgt die bestehende Literatur der Vorstellung, als Manage-ment-Methode würde sich die OA aufgrund ihrer Effizienz in Unternehmen durchsetzen (Abrahamson 1996). Wissenschaftliche Studien zum *Umgang* einer Organisation mit dieser Methode liegen bislang noch nicht vor.

Eine qualitative Einzelfallstudie

Diese Studie geht nun davon aus, dass sich eine neue Management-Methode über ihren Anschein an Rationalität legitimiert. Damit will dieses Buch den Blick weg von der Frage nach Wirksamkeit und Wirkweise hin zur *Rationalisierung* und *Legitimierung* einer Methode lenken, der häufig ein ‚esoterischer Touch' zugesprochen wird (Groth&Simon 2005; Schlüter&Kreimeyer 2005). Es tut dies im Rahmen einer qualitativen Ein-zelfallstudie (Yin 2003) und mit Blick auf ein spezifisches Unternehmen. Das ausgewählte Unternehmen ist ein in der Schweiz ansässiger Produk-tionsbetrieb. Im Jahr 2003 stand dieser vor einer Turnaround-Situation, die zur Einstellung eines neuen CEOs führte. Seitdem wendet die 6-köpfige

Geschäftsleitung die Methode der OA unter Leitung eines externen Beraters regelmäßig sechs Mal jährlich an, um damit die Unternehmensstrategie und marketingrelevante Fragen oder Produktentscheidungen zu thematisieren.

Das Forschungsinteresse dieser Arbeit konzentriert sich auf den Prozess, wie die neuartige Methode im Unternehmen eingeführt und umgesetzt wird, sowie die Frage, wie der Übergang von einer beraterischen Intervention zu einer Sinn stiftenden Innovation zu verstehen ist. Dabei soll auf zwei Fragen fokussiert werden:

- Die OA kann als eine innovative Methode gelten, deren Anwendung der Legitimation bedarf. Wie gelingt es, dieses Neue an die existierenden Vorstellungen bzgl. ‚guter Managementpraxis' anzuschließen?

- Die OA wird durch ein konkretes Unternehmen angewendet. Wie wird Aufstellen im Management des Unternehmens aus Sicht der Manager verstanden und definiert?

Die Methoden

Die qualitative Einzelfallstudie erfolgt unter einem konstruktivistischen Blickwinkel (Berger&Luckmann 1987; Gergen 2002) und basiert auf der erkenntnistheoretischen Sichtweise, dass Wirklichkeit durch Sprache konstruiert wird (Saussure 1976; Rorty 2002). Da sich diese Studie für die individuellen Wirklichkeitskonstruktionen der Akteure interessiert, ist es sinnvoll, auf einen offenen, qualitativen Forschungsprozess zurückzugreifen. Ein qualitatives Vorgehen ist daher angemessen. (Marshall&Rossman 1999:4).

Metaphern kommt aufgrund ihrer Innovationsfunktion bei der Entstehung und Legitimation neuer Formen eine besondere Rolle zu (Pondy 1983). Die OA als neue Management- und Beratungsform kann einen Status als anerkannte Management-Methode dann erhalten, wenn es gelingt, die Rede über diese Methode an einen rationalen Diskurs anzuschließen. Zur Beantwortung der Frage, wie bzgl. dieser neuen Methode die Vorstellungen von ‚guter Managementpraxis' erzeugt werden kann, wird das Transkript eines Workshops[3] mithilfe der Metaphernanalyse (Schmitt 1995) interpretiert.

Um die Frage nach der konkreten Anwendung der Methode im Unternehmen und dem erfahrenen Unterschied für die Organisation zu beantworten, führte die Autorin mit den sechs Geschäftsleitungsmitgliedern sowie dem externen Berater offen narrative Interviews. Narrationen gelten als der Ort, an dem Erlebnissen Sinn zugeschrieben wird. Wenn es der Interviewerin gelingt, die Erzählaufforderung so zu formulieren, dass der Gesprächspartner ins narrative Erzählen gerät und seine Haupterzählung autonom gestalten kann, ist das offene narrative Interview eine hervorragende Methode, um (autobiographische) Narrationen hervorzulocken (Hopf 2000b:356; Rosenthal&Fischer-Rosenthal 2000:458). Abgerundet wird die Fallstudie durch teilnehmende Beobachtungen und die Analyse einzelner Dokumente.

Einblicke und Erkenntnisse

Die Metaphernanalyse im Rahmen dieser Studie zeigt auf, wie ‚Aufstellen im Management der Forschungsfirma' von Berater und CEO sprachlich beschrieben und damit konstruiert wird. Durch einen Vergleich mit den sonst üblichen sprachlichen Bildern bei der Beschreibung der OA kann aufgezeigt werden, welche Metaphern im Sprachgebrauch von Berater und CEO im Vergleich zu den anderen Texten ungewöhnlich und neu sind, bzw. welche metaphorischen Konzepte nicht vorkommen. Dieser Vergleich verdeutlicht, wie es gelingt, eine unverstandene, teils als ‚esoterisch' betitelte Praxis als sicheres, handhabbares und damit als rationales Werkzeug erscheinen zu lassen, das dem Management einen wertvollen Nutzen bringt. Auf diese Art kann dargestellt werden, wie die Intervention mit der

---

[3] Dieser Workshop wurde von Berater und CEO der Forschungsfirma 2003 angeboten und informierte im Rahmen einer Fachtagung zur Organisationsaufstellung über die gemeinsame Arbeit mit der neuen Methode.

OA an die existierenden Vorstellungen bzgl. ‚guter Managementpraxis' angeschlossen und damit legitimiert wird. Mit Blick auf den Berater wird
hierbei die Seite der ‚Distribuenten' einer neuen Management-Technik
beleuchtet.

Wie in der bisherigen Literatur zu Management-Methoden und -Moden
angemerkt, fehlt eine genauere Beschäftigung mit der ‚Konsumentenseite'
des Verbreitungsprozesses. Narrative Interviews erlauben hier einen vertieften Einblick in die Frage, wie ‚Aufstellen im Management der Forschungsfirma' aus Sicht der Geschäftsleitungsmitglieder verstanden und
definiert wird. Dabei bildeten sich im Umgang mit der neuen Methode
spezifische Anwendungsformen, Interpretationen und Handlungsweisen
heraus. Die Einführung der Innovation kann als Übersetzungsleistung
durch das System verstanden werden, bei der das Neue mit Eintritt in die
Organisation geformt wird. Die vorliegende Arbeit liefert Einblick in die
Prozesse der Übersetzung einer neuen Methode, die entlang der bekannten
organisationalen Logik geschieht.

Unter der Frage, welchen Unterschied die Arbeit mit der OA für die
Organisation macht, wird aus einer systemtheoretischen Perspektive auf
das organisationale Lernen der untersuchten Firma eingegangen. Die Studie
vergleicht hierzu die metaphorischen Konzepte von Berater und CEO mit
den Themen der Interviewten. Aufgezeigt werden soll, welche Lesarten der
Methode die Metaphorik von Berater und CEO einerseits begünstigt,
welche alternativen Sichtweisen und Lesarten die verwendeten Metaphern
aber andererseits auch verdecken. Davon ausgehend, dass organisationales
Lernen sowohl ein gewisses Maß an Bekanntem, als auch an neuer,
irritierender Informationen bedarf, werden die Lerneffekte der Organisation
kritisch thematisiert.

Aufbau der Arbeit

Diese Arbeit gliedert sich in sieben Kapitel:

Im Anschluss an die *Einleitung* in das Thema widmet sich *Kapitel II* den *epistemologischen und theoretischen Grundlagen*. Die Epistemologie oder Erkenntnistheorie versucht die Frage zu beantworten, wie menschliche Erkenntnis möglich ist (Lamnek 2005:47f). Der hier zugrunde gelegte erkenntnistheoretische Zugang folgt dem sozialen Konstruktivismus. Er wird in Kapitel II.1 ausgeführt. Das Verständnis von Organisation aber auch von Wandel und Innovation ist stark geprägt von der system-theoretischen Sichtweise, die in Kapitel II.2 dargestellt wird. Wie neue Methoden Eingang in Organisationen finden, beschreibt Kapitel II.3 unter Bezug auf den dazugehörigen theoretischen Diskurs.

Kapitel III leistet die *Einführung in das Projekt*. Hierzu wird in Kapitel III.1 zunächst die Methode der OA erläutert. Kapitel III.2 beschreibt das empirische Feld, also das untersuchte Unternehmen und den konkreten Umgang mit der OA in der Geschäftsleitung.

Dem *methodologischen Zugang* widmet sich *Kapitel IV*. Die Methodologie als Anwendungsfall der Erkenntnistheorie beschäftigt sich mit der Frage, unter welchen Bedingungen wissenschaftliche Erkenntnis auf einen bestimmten Erkenntnis- und Objektbereich bezogen, möglich ist (Lamnek 2005:47). Kapitel IV.1 behandelt mit Bezug zum Konstruk-tivismus die Frage, wie Wirklichkeit erforscht werden kann und was dies für die Forschungsfrage, die Auswahl der Forschungsmethoden sowie den Forschungsprozess bedeutet. Die Methoden der Metaphernanalyse und des narrativen Interviews als Bestandteile der Methodologie beleuchten Kapitel IV.2 und 3. Kapitel IV.4 gilt den Gütekriterien der qualitativen Forschung.

Kapitel V zeichnet auf, wie *die sprachliche Legitimierung der Organisa-tionsaufstellung* durch Berater und CEO geschieht. Dabei werden in Kapitel V.1 die Metaphern des vorliegenden Falls analysiert. Kapitel V.2 schafft mit der unsystematischen Sammlung der Hintergrundmetaphern die

Grundlage für einen Vergleich. Verglichen werden in Kapitel V.3 die metaphorischen Konzepte im Fall mit den Hintergrundmetaphern. Kapitel V.4 ist einer Diskussion gewidmet.

Der Eingang der OA in das Unternehmen kann als *Übersetzungsleistung des Managements* beschrieben werden. Diese wird in *Kapitel VI* ausgeführt. Kapitel VI.1 erarbeitet die Themen der Interviewten auf Grundlage der narrativen Interviews. Kapitel VI.2 geht auf die Frage nach dem erlebten Unterschied durch die Organisation ein. Dies erlaubt in Kapitel VI.3 die Diskussion zum Verhältnis von Übersetzung und organisationalem Lernen.

Kapitel VII ist einer *Diskussion* der Ergebnisse und einem *Fazit* vorbehalten. Thematisiert werden die Ergebnisse der Studie und deren praktische und theoretische Implikationen sowie Hinweise für weitere Forschung.

Diese Arbeit soll Leser und Leserinnen gleichermaßen ansprechen. Um die Lesefreundlichkeit zu wahren, wurde jedoch auf Formen wie *den Leser/die Leserin*, bzw. *LeserInnen* verzichtet. Trotz der Verwendung des männlichen Geschlechts sind auch die Leserinnen gebeten, sich angesprochen zu fühlen.

II   Epistemologische und theoretische Grundlagen

1   DER ERKENNTNISTHEORETISCHE ZUGANG

1.1   Der soziale Konstruktivismus

> *Wirklichkeit ist eines der wenigen*
> *Worte, die ohne Anführungszeichen*
> *bedeutungslos sind.*
> Vladimir Nabokov

Dieser Studie liegt ein konstruktivistisches Verständnis zugrunde, das auf den Annahmen Berger & Luckmanns (1966/1987:123) basiert. Der Sozialkonstruktivismus Berger & Luckmanns ist nur eine – wenn auch die sicherlich bekannteste – Spielart des Konstruktivismus (Knorr-Cetina 1989). Sie hat eine entschieden ontologische Färbung; d.h. dem Sozialkonstruktivismus geht es um das (gesellschaftliche) ‚Gemachtsein' sozialer Tatbestände – wie ‚Realität', ‚Tatsache' oder ‚Wirklichkeit' – im Gegensatz zu ihrem ‚Gegebensein'. Dabei ist von besonderem Interesse, „[...] wie *soziale Ordnung als kollektiv produzierte zustande kommt und den Menschen dabei als objektiv erfahrbare Ordnung gegenübertritt"* (Knorr-Cetina 1989:87, Hervorhebung im Original). Wirklichkeit wird nicht als subjektunabhängig und ‚objektiv' existierend angenommen, sondern vielmehr als diskursiv verfertigt und sozial konstruiert gesehen. Die derart erzeugte Wirklichkeit ist keine Repräsentation, kein Abbild der Außenwelt, sondern eine Konstruktion, die von anderen Menschen geteilt wird (Siebert 1999). Der Konstruktivismus nimmt Abschied von der Vorstellung, (soziale) Realität hätte einen Kern, eine Essenz, die man unabhängig von den sie konstituierenden Mechanismen identifizieren könnte. Das heißt jedoch nicht, dass sich diese Realität ständig verändert, ständig als neue, vom Vorhergehenden in interessanter Weise abweichende Realität konstruiert wird. *„Aber es heißt, dass auch stabil erscheinende Realität* reproduziert *werden muss und insofern Konstruktions*arbeit *enthält"* (Knorr-Cetina 1989:92, Hervorhebungen im Original).

Im Gegensatz zu unserem alltagssprachlichen Verständnis von Konstruktion, das an eine planvolle und beabsichtigte Herstellung von etwas denken lässt, bezeichnet dieses Wort in erkenntnistheoretischem Sinne Prozesse, in deren Verlauf sich Wirklichkeitsentwürfe herausbilden. Diese Herausbildung geschieht weder rein willkürlich noch bewusst, sondern gemäß biologischen, kognitiven oder soziokulturellen Bedingungen, denen sozialisierte Individuen unterworfen sind (Schmidt 1994:5). Soziale Konstruktionen vollziehen sich im Rahmen einer gesellschaftlichen und kulturellen Ordnung. Sie werden durch vielfältige Mechanismen, wie etwa Konventionen, kontrolliert und basieren nicht auf der reflexiven Selbstbestimmtheit einzelner Handlungssubjekte (Moser 2004:11). Die Sprache als das wichtigste Zeichensystem der menschlichen Gemeinschaft ist dabei das Medium der Herstellung von Bedeutung. *„Das Verständnis des Phänomens Sprache ist also entscheidend für das Verständnis der Wirklichkeit der Alltagswelt"* (Berger&Luckmann 1987:39).

1.2   Die Bedeutung der Sprache

Dieses Verständnis des ‚Phänomens Sprache' ist seit dem ‚linguistic turn'[4] von der Annahme geprägt, dass Sprache Wirklichkeit diskursiv konstruiert. Damit ist keineswegs behauptet, dass Wirklichkeit ein rein sprachliches Phänomen sei, sondern dass Wirklichkeit wie sprachliche Diskurse über Differenzen strukturiert ist (Stäheli 2000:8). Mit Saussures (1976) Beschreibung der Sprache als arbiträres, d.h. willkürliches Zeichensystem und Wittgensteins Aussage *„Die Bedeutung eines Wortes ist sein Gebrauch in der Sprache"*[5] schwindet die Vorstellung einer einheitlichen Bedeutung der verwendeten Worte, die Wirklichkeit abbilden würden. Eine eindeutige Beziehung zwischen der Welt und dem Wort wird nicht mehr angenommen (Gergen 2002). Worte sind vielmehr – basierend auf Konventionen – will-

---

[4] Der ‚linguistic turn' bezeichnet in der Sprachphilosophie und darüber hinaus einen Paradigmenwechsel. Dieser führte zu einer Fokussierung auf die Sprache, die als Werkzeug wissenschaftlicher Erkenntnis in Frage gestellt und stattdessen selbst zum Untersuchungsgegenstand wurde (Rorty 2002).
[5] Wittgenstein: Philosophische Untersuchungen 43, zit. nach Hornscheidt (1997:178).

12

kürlich gewählt, ihre Bedeutung entsteht im Gebrauch und über die Differenz zu einem anderen Wort. Mit dieser Fokussierung auf die Sprache wird eine kritische Analyse der Sprache und ihres Gebrauchs notwendig (Braun 1996). Eine Auswirkung des ‚linguistic turns' auf die Forschung ist in der Hinwendung zu Narrationen und Texten als Forschungsgegenstand zu erkennen. Diese Tendenz lässt sich in den Sozialwissenschaften im Sinne eines ‚narrative turn'[6] beobachten (Czarniawska 2004).

Unter Bezug auf die Erkenntnisse der Cultural Studies[7] (Hall 1980/1999; Winter 1999; Hepp&Winter 2003; Hepp 2004) wird im Folgenden ein Textverständnis erarbeitet, das einem konstruktivistischen Paradigma gerecht wird. Das Verständnis von Narration und Text reduziert sich hierbei nicht länger auf das gesprochene oder geschriebene Wort. Als ‚Text' wird vielmehr jede zu untersuchende kulturelle Manifestation bezeichnet:

> *„A television program (or any part thereof), a pop music song, and a Balinese dance ritual are all different kinds of texts. In semiotic terms, a text represents a coherent cluster of signifiers. A text signifies something when it becomes situated in a context for interpretation."* (Lindlof zit. nach Jurga 1999:129f)[8]

---

[6] Das Interesse für Sprache und deren wirklichkeitskonstituierenden Charakter innerhalb der Organization Studies zeigt sich auch an der zunehmenden Zahl an Publikationen zum Thema ‚Storytelling in Organizations' (siehe Czarniawska-Joerges 1997:378; Gabriel 2000).

[7] Die Cultural Studies (CS) als transdisziplinäres Projekt entstanden in den 1960er Jahren in Großbritannien. Forschungsgegenstand der CS sind Alltagspraktiken, wie bspw. die Rezeption von Populärkultur in Form von Unterhaltungsmusik, Fernsehen oder Kinofilmen, die mit der Frage betrachtet werden, warum bestimmte Sendungen und Programme populär werden, andere dagegen nicht. Auch wenn ein Ausgangspunkt der CS das Interesse für (Massen-) Medienkommunikation ist, können die Erkenntnisse der CS für alle sozialwissenschaftlichen Untersuchungen weiterführend sein, die sich mit dem ‚Schreiben' und ‚Lesen' von ‚Texten' beschäftigen.

[8] Ähnlich weitgreifend wie die Bezeichnung ‚Text' ist auch die Definition der ‚Narration': *„Able to be carried by articulated language, spoken or written, fixed or moving images, gestures, and the ordered mixture of all these substances; narrative is present in myth, legend, fable, tale, novella, epic, history, tragedy, drama, comedy, mime, painting ... stained glass windows, cinema, comics, news item, conversation"* (Barthes zit. nach Czarniawska 2004:1).

Jede soziale Praktik[9], jedes organisationale Konzept, jeder kommunikative Ausdruck wird als ein Bedeutungsphänomen (Text) verstanden, dessen Texthaftigkeit Lese- und Deutungsakte (Interpretationen) erlaubt, ja mehr noch: nötig macht. Somit gewinnt auch der Ausdruck des ‚Lesens' eine erweiterte Bedeutung: *„Mit dem Wort* lesen *meinen wir nicht nur die Fähigkeit, eine gewisse Anzahl von Zeichen identifizieren und dekodieren zu können, sondern auch die subjektive Fähigkeit, sie in schöpferische Beziehung zwischen sich und die anderen Zeichen zu setzen"* (Hall 1980/1999:104, Hervorhebung im Original). Texte oder Konzepte haben keine Bedeutung ‚an sich'. Ihre Bedeutung wird im Moment der Rezeption durch die kulturell verankerten Anwender in Auseinandersetzung mit dem Text erst ausgehandelt. Bedeutungsgenerierung findet in der Regel innerhalb von Gemeinschaften statt, die auf gemeinsam geteiltes Wissen, einen verbindenden Interpretationsrahmen und gemeinsam gelebte soziale Praxis aufbauen. In Ablehnung der Vorstellung, dass Kommunikation ein transparenter Prozess sei, innerhalb dessen stabile Bedeutungen von einem Sender zum Empfänger transportiert würden (Hall 1980/1999; Winter 1999), entwickelte Hall Ende der 1970er Jahre das so genannte Encoding/Decoding-Modell (vgl. Abbildung 1):

---

[9] Der Begriff ‚soziale Praktik' hat sich in der neueren kulturtheoretischen Diskussion eingebürgert zur Bezeichnung von Handlungsweisen, die durch implizite, kollektive Wissensstrukturen ermöglicht werden. Diese werden von den Akteuren – für ihre Umwelt sichtbar – ‚kompetent' hervorgebracht. Die alltäglichen sozialen Praktiken des Menschen – kommunikativer und nicht-kommunikativer Art – werden durch kollektive Sinnmuster sowohl hervorgerufen als auch eingeschränkt (Reckwitz 1997:319). In diesem Sinne soll im Folgenden auch die Organisationsaufstellung, so wie sie in der untersuchten Firma angewendet wird, als eine soziale Praktik verstanden werden, die durch die kollektiven kognitiven Muster und meist implizit bleibende Wissensstrukturen der Organisation geprägt wird.

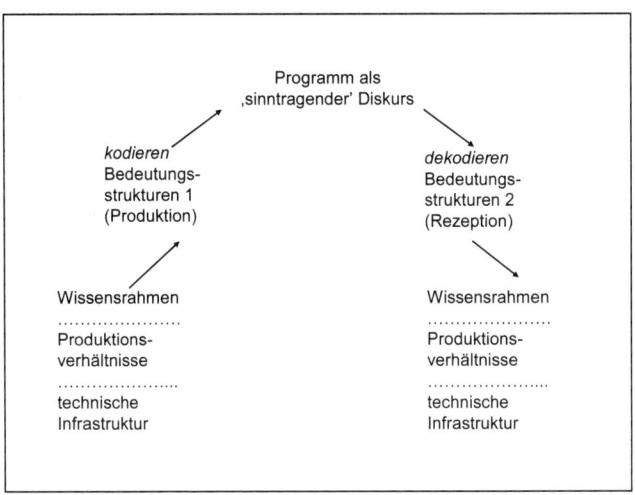

Abbildung 1: Das Encoding/Decoding-Modell
nach Hall (1980/1999:97)

Hall geht davon aus, dass Sinnzuschreibung und Bedeutungsgebung im Kommunikationsprozess sowohl auf Seiten des Senders (*Produktion*), als auch auf der des Empfängers (*Rezeption*) passieren. Kern des Encoding/ Decoding-Modells ist der Gedanke, dass (Medien-) Kommunikation stets als ein Prozess gedacht werden muss, innerhalb dessen die Botschaft auf nicht hintergehbare Weise zwischen Kodieren und Dekodieren lokalisiert ist und somit nicht als ,Text an sich' existiert (Hepp 2004:111f). Die Botschaft steckt nicht in dem medialen *Programm als sinntragendem Diskurs*, sondern geschieht auf Seiten des Senders wie des Empfängers. Dabei ist sowohl das Verfassen und *Kodieren* einer Nachricht auf Seiten des Senders durch dessen *Wissensrahmen* und seine *Bedeutungsstrukturen* beeinflusst, als auch das *Dekodieren*. Die Bedeutungsstrukturen 1 und 2 müssen keinesfalls übereinstimmen. Sie sind mit großer Wahrscheinlichkeit sogar voneinander verschieden. Wenn es keine ,Bedeutung', keinen ,Text an sich' gibt, so kann es im Kommunikationsprozess auch keine notwendig folgende ,Aufnahme' durch den Rezipienten geben (Hall 1980/1999:93).

Jede Komponente im Prozess der Kommunikation, ‚Encoding' und ‚Decoding', muss als Artikulation begriffen werden, als relativ autonomes Geschehen, von dem nicht automatisch der nächste Schritt abgelesen werden kann. Der Encoding/Decoding-Ansatz wird damit zum Ausgangspunkt für ein Verständnis von Texten als kulturelle Manifestationen, die mehrfache Sinnangebote machen und stets verschiedene Lesarten erlauben.

Welche Sinnangebote von den Rezipienten bevorzugt aufgegriffen werden, analysierte Weizsäcker (1974) in seinem *Erstmaligkeits-Bestätigungs-Modell*. Ebenso wie Hall bei seinem Encoding/Decoding-Modell bezieht sich Weizsäcker in seinem Ansatz auf die Kommunikationstheorie Claude Shannons (1963). Shannon definiert eine ‚Nachricht' als *„one selected from a set of possible messages"* (Shannon 1963:31, zit. nach Baecker 2006:6). Diese Definition macht deutlich, wie es einem System gelingt, die eigene Ordnung trotz und wegen ungeordneter Elemente aufrechtzuerhalten (Baecker 2006:5): Das ‚Lesen' einer Nachricht ist ein Prozess des Auswählens und Reduzierens. Etwas Bestimmtes (die ausgewählte Nachricht) muss im Kontext von etwas Unbestimmtem (dem Auswahlbereich) ausgewählt und ‚gelesen' werden, um überhaupt als Nachricht zu gelten (Baecker 2006:7). Diese *„sinnvolle Reduktion"* (Weizsäcker 1974:90) der Information ist die zentrale Aufgabe des Empfängers. Der Ausdruck ‚Informations-Reduktion' meint Neuigkeits-Reduktion, die jedoch gerade eine Schaffung von Information bedeutet: *„[I]m Sinne pragmatischer*[10] *Information* [ist der Filterprozess, A.B.] *mit*

---

[10] Weizsäcker arbeitet mit einem erweiterten Informationsbegriff, der sowohl semantische als auch pragmatische Information umfasst. Pragmatik bezeichnet die Analyse der Wirkung von Zeichen auf ihre Benutzer bzw. Empfänger. Pragmatische Information definiert Weizsäcker als diejenige Information, die nicht nur sinnvoll, sondern auch wirkungsvoll ist. *„Damit erreichen wir jetzt eine für pragmatische Information charakteristische Eigenschaft:* Informationen verändern gerade, wenn sie erfolgreich sind, die Basis ihrer eigenen Quantifizierung. [...] *Pragmatisch bedeutete: Veränderung des Empfängers"* (Weizsäcker 1974:88 u. 102, Hervorhebung im Original). Pragmatische Informationen sollen also wirken und verändern. Wenn der Empfänger durch die Information nicht dazu angeregt wird, seinerseits informationell aktiv zu werden – d.h. Strukturen aufzubauen –, dann ist diese Information pragmatisch wertlos gewesen.

einer Schaffung *von Information gleichzusetzen"* (Weizsäcker 1974:91, Hervorhebung im Original). Bedeutungsgebung findet somit auch auf Seiten des Empfängers statt. Dabei ist die Aufnahme pragmatischer Informationen laut Weizsäcker eng mit deren Anknüpfung an vorangegangene Erfahrungen verbunden. Erstmaligkeit und Bestätigung werden als konstitutives Element jeder Information gesehen (Weizsäcker 1974:93). Voraussetzung für eine handlungsstiftende Wirkung einer Information ist, dass sie weder zuviel an Erstmaligkeit von Erfahrungstatbeständen noch ein zu hohes Maß an Bestätigung bereits gemachter Erfahrungen vermittelt (Picot, Reichwald&Wigand 2003:82). Informationen mit einem *mittleren* Neuigkeitsgrad bieten laut Weizsäcker das höchste Potenzial zur Generierung neuen Wissens.

> Das beschriebene Verständnis von ‚Text' und ‚Textaneignung' ist in der vorliegenden Studie in folgender Hinsicht relevant: Wenn Konzepte – die als Texte im weiteren Sinne aufgefasst werden können – nicht einfach aufgenommen, sondern im Moment der ‚Rezeption' stets erst konstruiert werden, so verdrängt dieses Textverständnis die Frage nach der simplen ‚Aufnahme' von Management-Konzepten und stellt stattdessen Aspekte der Sinngebung in den Vordergrund. Für eine Betrachtung des Eingangs von Innovationen in Organisationen ist es nicht länger von Interesse, ob die neuartige Methode aufgenommen wird, sondern wie sie ‚verstanden' wird und welche Sinnzuschreibungen sie erhält.

An diesem Punkt lässt sich Weizsäckers Modell an (organisationale) Lerntheorien anschließen und ist auch für organisationale Wandeltheorien relevant (vgl. Kapitel II.2.3).

1.3   Theorie sozialer Systeme

In dieser Arbeit werden Organisationen als soziale Systeme verstanden. Im Folgenden wird eine systemtheoretische Perspektive für die Betrachtung von Organisationen erarbeitet. Die Bezeichnung ‚System' stammt aus dem Griechischen und bedeutet so viel wie ‚zusammen' und ‚stehen'. Es meint ein Ganzes, das im Zusammenwirken von Teilen existiert, wobei nach Aristoteles gilt: *„Das Ganze ist mehr als die Summe seiner Teile"* (zit. nach Königswieser&Hillebrand 2007:22). Die konstruktivistische System-theorie nach Niklas Luhmann (1927-1998)[11] geht von der Existenz eines sozialen Systems aus, wenn sich das Verhalten zweier Personen aneinander orientiert und dies Folgen für den weiteren Fortgang der Ereignisse hat (Aderhold&Jutzi 2003:122). Dabei ist klar zwischen psychischen Systemen (Menschen) und sozialen Systemen zu unterscheiden. Soziale Systeme werden als Kommunikationssysteme bezeichnet. Sie bestehen weder aus Menschen   noch   aus   Handlungen,   sondern   aus   Kommunikation (Aderhold&Jutzi 2003:122-141).

Ausgangspunkt   der   soziologischen   Systemtheorie   ist   die   System-Umwelt-Unterscheidung. Damit sich ein System überhaupt konstituieren und operieren kann, muss es durch Selbstbeobachtung eine System-Umwelt-Differenz aufbauen, welche es erlaubt, die äußere Komplexität der Welt zu reduzieren (Nagel 2001:50). Der Sinn der Systembildung besteht gerade darin, ausgegrenzte Bereiche zu schaffen, die es ermöglichen, die überwältigende Komplexität der Welt so zu erfassen, dass eine Verarbei-tung noch möglich ist (Willke 1996a:6-7). Gleichzeitig entsteht durch die

---

[11] Der erste grundlegende Entwurf einer soziologischen Systemtheorie wurde von Talcott Parsons im Rahmen einer strukturell-funktionalen Systemtheorie geliefert. Ausgangspunkt ist die Annahme, dass alle sozialen Systeme bestimmte Strukturen auf-weisen. Die entsprechende Forschungsfrage lautet: Welche funktionalen Leistungen müssen vom System erbracht werden, damit dieses System mit seinen gegebenen Strukturen erhalten bleibt? Luhmanns funktional-struktureller Ansatz radikalisiert die funktionale Analyse zur Frage nach der Funktion von Systemen überhaupt. (Dieser Sinn wird darin gesehen, dass Systeme ausgegrenzte Bereiche schaffen und somit Kom-plexität reduzieren) (Willke 1996a:5-6).

Selbstbeobachtung des Systems zum Sinne der Abgrenzung eine Selbstwahrnehmung oder Identität (Luhmann 1990:482). Dazu benötigen Systeme intern angefertigte Beschreibungen, die sie in die Lage versetzen, sich an der Unterscheidung von System und Umwelt zu orientieren (Aderhold&Jutzi 2003:122). In der Systemtheorie geht man davon aus, dass das System nicht als dinglich gegeben existiert, sondern als eine Unterscheidungs- und Interpretationsleistung aufgefasst werden muss.

In Anlehnung an Spencer-Brown (1979) kann der System konstituierende Prozess der *Beobachtung* als Prozess der Unterscheidung verstanden werden. Wenn Beobachten Unterscheiden ist, bleibt die Unterscheidung selbst dabei jedoch unbeobachtet. Die Unterscheidung ist der *blinde Fleck*, der in jeder Beobachtung als Bedingung ihrer Möglichkeit vorausgesetzt ist. Luhmann (1991) bezeichnet dies als *Latenz*. Eine Möglichkeit, diese Latenz zu umgehen, also eine Unterscheidung zu beobachten, welche ein Beobachter verwendet, um etwas zu bezeichnen und welche im Moment der Verwendung unbeobachtet ist, ist die Beobachtung zweiter Ordnung. Das Nichtbeobachtete der Beobachtung erster Ordnung kann von einer Beobachterin zweiter Ordnung – die die Beobachtung beobachtet – gesehen werden; deren Unterscheidungen weisen allerdings ihre eigenen blinden Flecken auf (Schumacher 2003:112, 121). Diese blinden Flecken gelten für Organisationen, Wissenschaftler und Berater gleichermaßen. Allerdings unterliegt die Wahrnehmung der einzelnen Akteure unterschiedlichen Begrenzungen. Wimmer (1995) sieht in diesem Dilemma und dem Umstand der unterschiedlichen Begrenzungen die Existenzberechtigung für systemische Organisationsberatung begründet. Nimmt man das Konzept der Beobachtung zweiter Ordnung ernst, so liegt ein zentraler Aufmerksamkeitsfokus bei Beratung auf dem Berater selbst. Dieser muss sich die Frage stellen, mit welchen Modellvorstellungen er selbst auf das System schaut (Lehmann 2006:37).

Die Frage, ob ein System vorliegt oder nicht, fällt dabei nicht in den Ermessensspielraum des (wissenschaftlichen oder beratenden) Beobachters, sondern ist in der beobachteten ‚Realität' bereits immer schon beantwortet (Reckwitz 1997:324). Die eigenen Grenzen und damit den Gegenstandsbereich eines Systems kann kein externer Beobachter für das System festlegen: Die Grenzziehung leisten das System selbst[12]. Gleichzeitig jedoch gilt für die Beobachtung des Beobachters: *„Ein System ist nicht ein Etwas, das dem Beobachter präsentiert wird. Es ist ein Etwas, das von ihm erkannt wird"* (Maturana 1985). Systeme werden vom Beobachter durch den Prozess der Unterscheidung ‚hergestellt' (Schumacher 2003:109). Es handelt sich also um eine Gleichzeitigkeit der Beobachtung und Unterscheidung: Die Beobachtungen der Umwelt und die des eigenen Systems tragen beidseitig zu der Konstruktion des Systems bei: *„In Luhmanns ‚operativem Konstruktivismus' bildet sich damit das, was man ein ‚System' nennen kann, dadurch, daß Beobachtungsoperationen sich von* fremden *Operationen und Beobachtungen selber unterscheiden und sich durch diese Unterscheidung als* eigene *Beobachtungsunterscheidungen zu identifizieren vermögen"* (Reckwitz 1997:324, Hervorhebungen im Original).

Die Funktionsweise autonomer sozialer Systeme ist gekennzeichnet durch emergente Prozesse, d.h. Prozesse, die aus sich selbst heraus stattfinden. In ihrer systemischen Qualität lassen sich diese Prozesse nicht auf Leistungen einzelner Personen reduzieren. Den emergenten Prozessen widmet sich die Systemtheorie in ihren Konzepten der Selbstorganisation, der Autopoiesis und der Selbstreferentialität. Soziale Systeme folgen dem Prinzip der *Selbstorganisation*, d.h. sie werden als nicht-trivial[13] und operationell geschlossen verstanden. Soziale Systeme reproduzieren und

---

[12] Der forschenden und beratenden Betrachterin stellt sich dann die Aufgabe, die vom System als relevant erkannten Grenzen und Strukturen nachzuvollziehen (Aderhold&Jutzi 2003:130).
[13] Nicht-triviale Systeme reagieren unerwartet, konter-intuitiv, nicht vorhersehbar und determinierbar. *„Nicht-triviale Systeme wie etwa Menschen, Gruppen, Organisationen und Gesellschaften, aber auch komplexe Computernetzwerke, Wissenssysteme oder ökologische Systeme entziehen sich der einfachen input-output-Schematik. Sie lassen sich nur schwer steuern und stellen den Intervenierenden vor die schwierige Frage der adäquaten Strategie der Beeinflussung eines eigendynamischen Systems"* (Willke 1996b:31).

entwickeln sich nicht auf der Grundlage bestimmter Gesetzmäßigkeiten und vorab organisierter und kontrollierter Handlungspläne, sondern selbst – aus ihrer eigenen Logik heraus und damit prinzipiell unvorhersehbar, unplanbar und unsteuerbar (Nagel 2001:50).

Autopoiesis heißt nach Maturana, dass ein System seine eigenen Operationen nur durch das Netzwerk der eigenen Operationen erzeugen kann und somit operativ geschlossen ist. Das System erzeugt sich selbst und kann keinerlei Operationen aus seiner Umwelt importieren (Willke 1996a:9; Luhmann 2002:109-110). *Operative Geschlossenheit* bedeutet dabei nicht kausale Unabhängigkeit (Autarkie). Systeme können vielmehr nur im Kontext eigener Operationen operieren und sind dabei auf Strukturen angewiesen, die mit den eigenen Operationen erzeugt werden. Die systemeigenen Strukturen legen den Resonanzbereich[14] fest und regeln, inwieweit sich ein System durch Informationen irritieren bzw. zu eigener Informationsverarbeitung anregen lässt. Systeme reagieren nicht direkt auf Umweltereignisse, sie lassen sich nur irritieren, wenn es ihr Resonanzbereich auch zulässt. Ein System verfügt erst dann über Gestaltungsraum, wenn es eigenständige Aktivitäten der Selbstbeobachtung und Selbstbeschreibung entwickelt (Aderhold&Jutzi 2003:123f). Aufgrund der operativen Geschlossenheit ist jede Entscheidung eines Systems als Prämisse weiterer Entscheidungen anzusehen. Jede Kommunikation orientiert sich an den Resultaten vorausgegangener Kommunikationsereignisse (Aderhold&Jutzi 2003:123-154).

Aus der operativen Geschlossenheit der Systeme geht *Selbstreferenz* hervor. Selbstreferenz bedeutet, dass das System „[f]*ür sich selbst – das heißt: unabhängig vom Zuschnitt der Beobachtung durch andere"* (Luhmann 1984:58) ist – dass es sich also (aufgrund seiner operativen Geschlossenheit) ausschließlich auf sich selbst bezieht. Informationen und Strukturen können somit nur im System produziert werden, d.h. Umwelt-

---

[14] Mit Resonanz ist die Fähigkeit eines Systems gemeint, intern auf bestimmte Umweltereignisse reagieren zu können (Aderhold&Jutzi 2003:123).

kontakt (Offenheit) ist nur über Selbstkontakt möglich (Aderhold&Jutzi 2003:124). Dabei gilt laut Luhmann: *„Jedes selbstreferentielle System hat nur den Umweltkontakt, den es sich selbst ermöglicht, und keine Umwelt ‚an sich‘"* (Luhmann 1984:146).

Diese Erkenntnis der operativen Geschlossenheit selbstreferentieller Systeme erklärt vorwiegend deren Stabilität und Resistenz gegen Wandel. Zwar sind Systeme grundsätzlich offen für neue Sachverhalte, Themen und Probleme, jedoch nur unter den Bedingungen, die dass System im jeweiligen Zustand und Komplexitätsgrad zulässt. Zutage tritt eine eigenbedingte Selektivität. Damit haben die Aussagen der Systemtheorie in dieser Arbeit Konsequenzen für das Verständnis von Informationsgewinnung und -verarbeitung, sowie bei der Beschäftigung mit organisationalem Lernen. Die Frage, wie Systeme Neues aufnehmen, ist im Folgenden stark geprägt von den ausgeführten systemtheoretischen Annahmen.

2   ORGANISATIONEN UND WANDEL

> *Organisationen halten Leute beschäftigt,*
> *unterhalten sie bisweilen, vermitteln*
> *ihnen eine Vielfalt von Erfahrungen,*
> *halten sie von der Straße fern, liefern*
> *Vorwände für Geschichtenerzählen und*
> *ermöglichen Sozialisation. Sonst haben*
> *sie nichts anzubieten.*
>
> (Weick 1985:375)

Spricht man in hochentwickelten Gesellschaften von Organisationen, wird damit ein spezifischer Typus sozialer Systeme bezeichnet, der sich regelmäßig um bestimmte gesellschaftliche Problemlagen herum bildet und sich darauf spezialisiert, zu deren Bewältigung adäquate Leistungen anzubieten, so z. B. durch die Bereitstellung von Produkten oder Dienstleistungen (Wimmer 1999:166). In unserem gängigen Wirtschaftsverständnis gilt dabei innovatives Handeln und der dazu nötige Wandel als Grundlage erfolgreichen Wirtschaftens. Moderne Organisationen befinden sich daher stärker denn je unter der Herausforderung eines zunehmenden Innovationsdrucks, der die Fähigkeit zur permanenten Erneuerung erfordert (Böhle 2008:8)[15]. Dabei ist das Verständnis von Wandel in Organisationen von impliziten Annahmen über Menschen und Organisationen sowie deren Verhalten geprägt. Das folgende Kapitel erläutert ein Wandelverständnis aus einer systemtheoretisch-konstruktivistischen Perspektive:

* Wandel und Beständigkeit werden häufig als zwei Seiten einer Medaille gesehen. Was ermöglicht Organisationen Kontinuität? Kapitel 2.1 geht auf die kognitiven Muster der Organisation ein, welche als Träger des organisationalen Wissens nicht nur die Identität der Organisation prägen, sondern auch entgegen der Fluktuation ihrer Mitglieder Konstanz und Konsistenz vermitteln.

---

[15] Wimmer (1999:160) betont, dass sich Organisationen damit selbst als Dauerproblem zur Bearbeitung auferlegt wurden. Seiner Meinung nach liegt in der konsequenten Reflexivität der eigenen Organisationsverhältnisse die eigentliche Herausforderung, mit welcher Organisationen in fast allen gesellschaftlichen Bereichen konfrontiert werden.

- Organisationaler Wandel kann als eine Form organisationalen Handelns betrachtet werden. Woran orientiert sich organisationales Handeln? Kapitel 2.2 diskutiert Weicks Konzept des Sensemaking. Diese Prozesse der Sinngebung erlauben die Einordnung von Ereignissen und Handlungen in einen sinnhaften Gesamtkontext und wirken so handlungsleitend.

- Wie ist organisationaler Wandel möglich? Kapitel 2.3 thematisiert Wandel zum einen aus entitativ-individualistischer sowie aus systemtheoretisch-konstruktivistischer Sicht. Aus letzterer ist organisationaler Wandel als eine Veränderung der kollektiv geteilten Wirklichkeitsordnung einer Organisation zu verstehen.

- Was veranlasst Organisationen zu lernen? Kapitel 2.4 legt dar, was unter organisationalem Lernen zu verstehen ist, wie es vonstatten geht und was als Auslöser und Ergebnis des Lernens betrachtet werden kann.

- Vor welchen Herausforderungen stehen organisationaler Wandel und Lernen? Kapitel 2.5 benennt Grenzen der Veränderbarkeit und mögliche Gestaltungsempfehlungen.

2.1 Kognitive Muster der Organisation

Organisationen in einem systemtheoretisch-konstruktivistischen Verständnis erschaffen im Prozess des Organisierens (Weick 1985) nicht nur sich selbst, sondern – durch das Ziehen einer Grenze zwischen sich und der Umwelt – auch jenen Ausschnitt ihrer Umwelt, mit dem sie durch ihre Leistungen in einem besonderen Austauschverhältnis stehen. Damit kann man berechtigter Weise sagen, Unternehmen schaffen ihre Märkte (Wimmer 1999:166). Hat eine Organisation diesen Prozess der Ausdifferenzierung hinter sich gebracht und blickt auf eine identitätsstiftende Geschichte zurück, so prägen sich eigensinnige soziale Muster und spezifische Strukturen aus (Hejl&Stahl 2000:16): eingespielte Entscheidungsroutinen, die das Zusammenspiel nach innen wie nach außen steuern. Diese

Strukturen entfalten einen Zeit überdauernden Charakter und sind nicht durch die Eigenschaften, Wirkungsweisen und Relationen der in ihnen beteiligten Individuen und Elemente erklärbar (Nagel 2001:53). Vielmehr zeichnen sich diese Strukturen durch Eigendynamik und Selbstorganisation des Systems aus (Baitsch, Knoepfel&Eberle 1996:6) und sind somit Teil der emergenten Prozesse einer Organisation. Ihre fortlaufende Reproduktion geschieht zum Zweck des Systemerhalts. Die spezifischen Strukturen können als kognitive[16] Prozessmuster einer Organisation bezeichnet werden. In der Literatur werden sie auch als ‚lokale Theorien' (Baitsch, Knoepfel&Eberle 1996), ‚Handlungstheorien' (Argyris&Schön 1999) oder ‚cognitive maps' (Weick 1998) thematisiert. Im Folgenden sollen diese Konzepte genauer erläutert werden:

Unter Bezug auf Elden (1983) verstehen Baitsch, Knoepfel & Eberle (1996) *,Lokale Theorien'* als die in einer Organisation von einer Mehrheit geteilten Vorstellungen und Überzeugungen hinsichtlich der für die gemeinsame Arbeitstätigkeit relevanten Ausschnitte der organisationalen Wirklichkeit. *„Die Lokale Theorie ist das Pendant zur physischen Gestalt der Arbeitsorganisation. Insofern sie einen innerorganisationalen Konsensbereich verkörpert, leitet sie das Handeln und Denken des Einzelnen und der Gemeinschaft an"* (Baitsch, Knoepfel&Eberle 1996:6). Die Bildung lokaler Theorien kommt aufgrund von Sprachspielen zum Tragen. Das Konstrukt der lokalen Theorie muss verstanden werden als eine Fortführung der Piagetschen Auffassung individualpsychologischer Akkomo-

---

[16] Die Kognitive Organisationsforschung hat ihre Wurzeln in der ‚kognitiven Wende', die zwischen Ende der 1950er bis ca. Mitte der 1970er Jahre vor allem in der Psychologie stattfand. Im Gegensatz zum Behaviorismus billigt der Kognitivismus dem Menschen die Autonomie zu, Umweltinformationen in einem selbst gesteuerten Prozess wahrzunehmen, sie zu interpretieren und entsprechend dieser Interpretation zu handeln. Menschliches Verhalten ist demnach kein Reaktionsautomatismus, sondern Ergebnis selbst gesteuerter Informationsverarbeitung. Unter Bezug auf Konstruktivismus und Systemtheorie kann der Kognitionsbegriff von der individuellen, subjektiven Informationsverarbeitung losgelöst und auf Organisationen bezogen werden. Er beschreibt dort die Konstruktion von Identität eines sozialen Systems im Rahmen eines sozialen Prozesses (Wetzel 2001:155-159).

dation als sprachlich vermittelte, sozial und dann individuell rekonstruierte Anpassung dessen, was als wirklich gelten soll. ‚Lokal' bezeichnet dabei eine sowohl räumliche wie zeitliche Begrenzung der Bedeutungsmuster (Heideloff 1998:9).

Argyris & Schön (1999) bezeichnen die organisationale Werte- und Wissensbasis mit dem Begriff der ‚Handlungstheorien' oder ‚theories of action'. Diese können zwei Formen annehmen: Die ‚espoused theory' – auch ‚vertretene Theorie' genannt – wird hervorgebracht, um ein bestimmtes Aktivitätsmuster zu erklären oder zu rechtfertigen. Die ‚theory-in-use' ist als ‚handlungsleitende Theorie' in den Aktivitätsmustern stillschweigend enthalten. Sie ist nichts ‚Gegebenes'. Der Beobachter kann diese handlungsleitende Theorie nur aus beobachtbaren Aktivitätsmustern konstruieren. Den einzelnen Organisationsmitgliedern sind handlungsleitende Theorien oft nicht bewusst. Sie sind vielmehr das Resultat der Wechselbeziehung zwischen individuellen und kollektiv geteilten Erfahrungen und werden öffentlich nicht diskutiert (Probst&Büchel 1994:24). Im Fall von Organisationen muss eine handlungsleitende Theorie somit aus der Beobachtung der Muster interaktiven Verhaltens der einzelnen Mitglieder der Organisation konstruiert werden (Argyris&Schön 1999:29).

Die Bezeichnung der ‚cognitive maps' wurde von dem Hauptinitiator kognitiver Lernforschung, Edward C. Tolman, geprägt und von Weick (1985) im Sinne mentaler oder kognitiver Landkarten auf Organisation bezogen. Weicks Organisationsverständnis manifestiert sich in der These des so genannten ‚enacted environment', der selbst gestalteten Unternehmensumwelt (Weick 1985:192). Demnach ist die Umwelt nicht einfach ‚so wie sie ist', sondern wird aufgrund vielfältiger Verzerrungen ‚enacted', also subjektiv geschaffen. Das heißt, dass sinnvolle Umwelten Outputs des Organisierens sind und nicht einen Input in das System darstellen. Die Bilder der Umwelt, mit denen bei dieser Neuerschaffung operiert wird, findet die Organisation nicht in ‚der Realität', sondern erzeugt sie selbst und speichert sie in den ‚kognitiven Landkarten':

"Even though organizations are built out of direct interaction, as they grow larger and more complex they are known by their inhabitant less through direct experience than through indirect images. These images both guide the social construction of reality and register what is constructed. They provide explanations for what has happened and anticipations of what comes next. These representations have been called cognitive maps ... or cause maps ... and they essentially store heavily edited summaries of communication."
(Weick zit. nach Hanft 1996:150)

Weick zufolge befinden sich Organisationen in einem ständigen Transformationsprozess: Sie sind geprägt von den Erlebnisströmen der Vergangenheit und stehen vor der Herausforderung, die laufenden Ereignissen anschlussfähig an die Muster und den Prozess des Organisierens zu gestalten (Schumacher 2003:135). Die kognitiven Karten stellen eben diese Muster dar (Lehner 1996:88) und gewähren Kontinuität.

Gemeinsam ist ‚Lokalen Theorien', ‚Handlungstheorien' und ‚cognitive maps', dass sie als routinisierte Handlungsmuster Erfahrungen und Wissen speichern, die betriebliche Akteure in einer bestimmten Phase der Organisationsentwicklung für (verhaltens)gültig erklären. Sie stellen den interpretativen Filter dar, der es dem System ermöglicht, überhaupt Differenzen festzustellen, Informationen zu erkennen und andere Informationen als nicht relevant auszuschließen (Nagel 2001:53). Damit entlasten sie Individuen von ständig wiederkehrenden Interpretationsleistungen. Als Träger des organisationalen Wissens prägen diese Muster und Routinen nicht nur die Identität der Organisation, sondern vermitteln auch entgegen der Fluktuation ihrer Mitglieder Konstanz und Konsistenz. Sie gewähren eine Form von Gewissheit im Alltag, können aber im Rahmen von Wandelinitiativen die Erneuerung der Organisation gefährden (Schumacher 2003:146). Organisationale Handlungsmuster bergen die Gefahr der Desensibilisierung gegenüber Umweltveränderungen und somit der Verkrustung der Organisation. Bei veränderten Umweltbedingungen können sie daher ihre Funktionalität einbüßen (Hanft 1996:150).

2.2 Organisationales Handeln und Sensemaking

Organisationaler Wandel kann als eine Form organisationalen Handelns betrachtet werden. Organisationales Handeln orientiert sich laut Weick (1985; 1995) stets an Prozessen der Sinngebung, des *sensemaking,* d.h. der Einordnung von Ereignissen und Handlungen in einen sinnhaften Gesamtkontext. Diese Sinngebung erfolgt innerhalb organisationaler Interpretationsprozesse z.b. über den Austausch von Wahrnehmungen und die Diskussion von Entwicklungen (Schumacher 2003:134). Der Kerngedanke Weicks (1985:278) ist dabei, dass Menschen weniger zielorientiert als vielmehr zielinterpretierend handeln. Individuelles und kollektives Handeln wird demnach nicht ex ante bestimmt und ausgerichtet, sondern erst im Nachhinein mit Sinn versehen und entsprechend interpretiert (Wetzel 2001:165)[17]. Sinnstiftung ist dabei mehr als eine Interpretation des Erlebten; Sinn wird als Metapher[18] für die prinzipielle Konstruktion von Wirklichkeit herangezogen (Wetzel 2001:156).

> „[...] *I contrast sensemaking with interpretation because interpretation is often used as a synonym for sensemaking (...) which suggests that sensemaking, of which interpretation is a component, has widespread applicability. What sensemaking does is address how the text is constructed as well as how it is read."* (Weick 1995:5f)

Sinn ist nicht als rein kognitives Konstrukt fassbar, sondern muss sozial vermittelt und aufgenommen werden. Dadurch ist Sinn an Sprache gebunden. Czarniawska sieht Sinnstiftung vor allem im Prozess der Verfertigung und Rezeption von narrativen sprachlichen Akten ablaufen (Wetzel 2001:164). Wie sie mit Bezug auf Boje (1991) betont, sind Geschichten mit

---

[17] Für dieses Ziel interpretierende Handeln nennt Weick (1985:278f) exemplarisch die Karriereplanung. Diese besteht gewöhnlich aus Handlungsfolgen, die im Nachhinein karriereinterpretiert würden, statt im Voraus karrieregeplant zu sein. Dabei ginge die Wirkung der Ursache, die Reaktion dem Reiz, der Output dem Input voraus. Wirkungen, Reaktionen und Outputs können als Vorwände gelten, um die Vergangenheit zu durchforschen und plausible Ereignisse zu entdecken, welche sie produziert haben könnten.

18 Das Verständnis des Sinn-Konzepts als Metapher wird von Weick selbst abgelehnt: „*Sensemaking is to be understood literally, not metaphorically"* (Weick 1995:16).

ihrem Aufbau in „*pattern finding, pattern elaboration, and pattern fitting"* (Czarniawska 2004:38f) wunderbar zur Sinnstiftung geeignet: „*A story is a frame – a frame that emerges and is tried out, a frame that is developed and elaborated, or a frame that can easily absorb the new event"* (Czarniawska 2004:39).[19] Dabei ist Sinnstiftung jedoch keineswegs nur durch Sprache vermittelbar. Wetzel (2001:164) verweist bspw. auf die sinnstiftenden Effekte von Ritualen, bei denen im Extremfall kein Wort gesprochen werden muss. Hier genügt eine vorbegriffliche Symbolebene, um Sinn zu erzeugen und zu vermitteln. Während Sinnstiftung also als ein sozialer Prozess betrachtet werden muss, bedeutet die soziale Bedingtheit von Sinn in Organisationen nicht, dass *geteilter* Sinn Voraussetzung für kollektives Handeln ist. Für kollektive Handlung bedarf es vor allem einer geteilten Erfahrung bzgl. dieser Handlung und nicht einer übereinstimmenden Wahrnehmung ihrer Bedeutung (Wetzel 2001:165).

Bezieht man Weicks Konzept auf die Erklärung der individuellen und kollektiven Bewältigung des Wandels, so kritisiert er die in klassischen Konzepten vorhandene dominante lineare Kausalität hinsichtlich der Beschreibung von Wandel. Weick vertritt demgegenüber die These der Zirkularität und der schleifenartigen Verwicklung und Verkettung von Ursache und Folge (Wetzel 2001:166f). Versteht man organisationalen Wandel als strukturelle Veränderungen einer Gesamtorganisation, so können diese kaum glaubwürdig ausschließlich auf einzelne Aktivitäten individueller Personen zurückgeführt werden. Wandelphänomene werden vielmehr als Ergebnis zirkulärer Beziehungen zwischen verschiedenen Elementen eines Systems und seinem Kontext aufgefasst (Willke 1991). Organisationale Prozesse und Strukturen sollten deshalb als das Ergebnis eines kollektiven

---

[19] Dass auch Metaphern als ‚Sinnformeln' gelten können, zeigen Geideck & Liebert (2003) in ihrem Herausgeberwerk auf. Ähnlich wie Individuen und soziale Gruppen stehen auch Organisationen vor existenziellen Sinnfragen und müssen Verfahren besitzen, wie innerhalb der bestehenden Organisationsstrukturen diese Grundfragen gestellt und beantwortet werden können. Metaphern sind hierzu ein Werkzeug (Liebert 2005:83).

Strukturierungsprozesses und Ausdruck einer organisationalen Fähigkeit verstanden werden (Schumacher 2003:153).

2.3 Organisationaler Wandel

Plus ça change,
plus c'est la même chose.
Französisches Sprichwort

Organisationaler Wandel zeigt sich in der Veränderung immaterieller und materieller Strukturen und damit in der Veränderung der kollektiv geteilten Wirklichkeitsordnungen und kognitiven Muster einer Organisation (Schumacher 2003:153). Betrachtet man die bestehenden Konzepte und wissenschaftlichen Theorien zum Thema ‚Management of Change', so fällt die Dominanz ihrer entitativ-individualistischen Ausrichtung auf (Rüegg-Stürm 2000:198). Eine solche Erkenntnistheorie basiert auf der

> „[...] *assumption of a knowing individual, in principle understood as an entity.* [...] *Individuals are treated as if possessing properties such as expert knowledge, mind maps and personality characteristics, as well as physical properties such as height and weight. This kind of individualism also can be seen in the treatment of groups and organizations as some form of aggregation of individual possessions and performances.* "
> (Dachler&Hosking 1995:2)

Entitatives Denken geht von einem Menschenbild aus, das die Individuen als Subjekte mit ihnen zugehörigen Eigenschaften begreift. Diese Eigenschaften, wie Fachwissen, Soft Skills oder andere Begabungen, befähigen ihren Besitzer zu einem bestimmten Handeln. Bezieht man das entitativ-individualistische Verständnis auf Wandelprozesse, so wird die Rolle von einzelnen ‚transformational leaders'[20] sehr hoch bewertet (Heideloff

---

[20] Die Theorie des ‚transformational leadership' macht verständlich, wie Führende ihre Geführten solchermaßen motivieren können, dass die Geführten aussergewöhnlichen Einsatz bringen „[...] *and achieve much more than was initially expected*" (Yukl 1999:286). Dabei werden persönliche Eigenschaften wie das Charisma des Führenden oft als Quelle des Führungserfolgs genannt. Im Gegensatz zu ‚traditionellen' Führungstheorien, die rationale Prozesse betonten, hebt das Konzept des ‚transformational leadership' somit die Bedeutung von Emotionen und Werten hervor. Der ursprüngliche Entwurf des ‚transformational leadership' geht auf Burns (1978) zurück. Die Version des ‚transformational leadership', die in der Theorie die meiste Forschung

1998:9). Deren persönliche Attribute, wie zum Beispiel Charisma, werden dabei als Quelle organisationaler Veränderung vermutet. Mit diesem Verständnis geht eine instrumentelle Perspektive einher. Der Promotor des Wandels bedient sich eines geeigneten Instruments, durch dessen geplanten und gesteuerten Einsatz die erwünschte Veränderung herbeizuführen ist – notfalls gegen den Widerstand der Mitarbeiter[21]. Unter diesem von Kieser (1998:46) als objektivem Ansatz beschriebenen Organisationsverständnis wird Organisationsgestaltung vorwiegend als ein Expertenproblem gesehen. Wimmer (1999:165) bezeichnet dieses Organisationsverständnis als instrumentell: Organisationen sind ein Instrument in den Händen derer, die über den Zweck derselben verfügen können (die Eigentümer, das Topmanagement, die Organisationsspitze). Die Organisation zu gestalten, ist dabei primär eine ingenieurmäßige, technische Aufgabe mit dem Ziel, das Unternehmen unter veränderten Umweltbedingungen – wie knapperen Märkten und schärferem Wettbewerb – marktfähig zu machen.

Die Systemtheorie wendet sich gegen ein evolutionstheoretisches Wandelverständnis, welches davon ausgeht, dass Wandel aufgrund veränderter Umweltbedingungen[22] stattfindet, an die sich das System anpassen muss. Ein wichtiger Beitrag für das Verständnis von Wandel und Wandel-

---

hervorrief, wurde von Bass (1985) formuliert. Wie Endrissat (2008:30) bemerkt, betonte Burns in seiner Theorie die aktive Rolle der Gefühlen, wenn es um die Zuschreibung von Charisma, Authentizität und anderen positiven Eigenschaften an die Führenden geht. Neuere Versionen dieser Führungstheorie reduzieren sich jedoch meist auf die Betonung der aussergewöhnlichen Eigenschaften des Führenden und können damit als Führungstheorien mit individualistischer Ausrichtung gelten.

[21] Das Konzept des Widerstandes wurzelt nach Wimmer (1999) genau in der entitativ-individualistischen Vorstellung, sich selbst als Veränderer auszuklammern und die Probleme am Widerstand der anderen festzumachen. Stattdessen muss es bei einem Wandel als Selbst-Transformation um die Notwendigkeit gehen, den Beobachter in den Prozess einzubeziehen.

[22] Da jedes selbstreferentielle System laut Luhmann (1984:146) nur den Umweltkontakt hat, den es sich selbst ermöglicht, nicht aber eine Umwelt ,an sich', ist die Umwelt in Veränderungsprozessen nur insofern relevant, wie sie in der systeminternen Logik zum Ausdruck kommt. Umwelt ist somit nicht als exogene Variable, sondern als Gestaltungskontext im Sinne eines ,enacted environment' (Weick 1985) zu verstehen (Rüegg-Stürm&Schumacher 2007:56).

fähigkeit von Organisationen ist die von Watzlawick, Weakland & Fisch (2001) eingebrachte Unterscheidung in Wandel[23] erster und zweiter Ordnung. Ihnen zufolge kann das Wort ‚Veränderung' zwei sehr verschiedene Dinge bedeuten: die Veränderung von einem (internen) Zustand zu einem anderen, sowie die Veränderung von Transformation zu Transformation, welche eine Veränderung des Gesamtverhaltens des Systems wäre (Watzlawick, Weakland&Fisch 2001:28). Wandel erster Ordnung beschreibt die Veränderungen innerhalb eines Systems und beinhaltet in der Regel Veränderungen des Verhaltens der Systemmitglieder, die das Gesamtsystem weitgehend unverändert lassen. Wandel zweiter Ordnung umfasst Veränderungen in der Struktur und den internen Regeln des Systems (Schumacher 2003:157f). Eine Veränderung zweiter Ordnung ist also eine ‚Metaveränderung' (Watzlawick, Weakland&Fisch 2001:30). Sie führt zu Veränderungen des Systems selbst. Wandelfähigkeit als Metafähigkeit besteht in dem Vermögen, Muster der Veränderung kontext- und interaktionsbezogen zu reflektieren und zu verändern. In diesem Erkennen und Verändern der Verhaltensmuster unterscheidet sich die Wandelfähigkeit als Metafähigkeit von dem Vermögen, eine Wandelinitiative erster Ordnung durchzuführen (Schumacher 2003:160).

2.4   Organisationales Lernen

Bei der Beschäftigung mit betrieblichem und unternehmerischem Wandel wird der Themenbereich des organisationalen Lernens besonders intensiv diskutiert (Conrad 1998:31). Der Erfolg eines Unternehmens wird häufig an die Wandlungsfähigkeit des Unternehmens gekoppelt. Daher assoziiert man diese Wandlungsfähigkeit gerne mit der Veränderungs- und Lernbereitschaft des Unternehmens. Organisationales Lernen gilt als unverzichtbar und gerade bei organisationalem Wandel als „key to coping with

---

[23] Bei ihrer Beschäftigung mit Wandel betonen Watzlawick, Weakland & Fisch (2001:19), dass Wandel und Bestand zusammen, als eine Gestalt, gesehen werden müssen. Sie kritisieren, dass die meisten Theorien von dem einen oder dem anderen Begriff handeln, kaum je aber von ihrer gegenseitigen Abhängigkeit.

change" (Klimecki&Lassleben 1998:65), also als Schlüsselfaktor im Umgang mit Veränderungen.[24]

Im Folgenden soll daher näher auf organisationales Lernen eingegangen werden. Nimmt man bei dieser Auseinandersetzung eine systemtheoretisch-konstruktivistische Perspektive ein und versteht Arbeitsorganisationen als selbstreferenzielle und autopoietische Systeme (Luhmann 2002), denen keine ‚objektive' Wirklichkeit gegenübersteht, sondern deren Kommunikation Wirklichkeit konstruiert, so hat dies Auswirkungen auf die Vorstellung, was organisationales Lernen ist (Kapitel 2.4.1), wie organisationales Lernen vonstatten geht (Kapitel 2.4.2) und was als Auslöser und Ergebnis des Lernens betrachtet werden kann (Kapitel 2.4.3).

2.4.1   Grundlagen organisationalen Lernens

Beschäftigt man sich mit organisationalem Lernen, ist es notwendig, einen theoretischen Bezugsrahmen zu finden, der es erlaubt, nicht nur die einzelnen Mitglieder eines Systems oder deren Summe in den Blick zu nehmen, sondern die Organisation selbst als lernendes System zu betrachten. Denn erst wenn Wissen zur organisationalen und nicht rein individuellen Ressource geworden und struktural verankert ist, kann von organisationalem Lernen gesprochen werden (Hanft 1996:135).

Die traditionelle **behavioristische Lerntheorie** geht von einem Reiz-Reaktions-Schema aus, welches Lernen (die Reaktion) als Antwort auf eine Erfahrung (den Reiz) versteht. Lernen wird als die Etablierung neuer Verknüpfungen zwischen einem Stimulus und einer möglichen Antwort verstanden und äußert sich in einem veränderten Verhalten des lernenden Individuums (Staehle 1999:208). Somit wird Lernen aus dieser Perspektive

---

[24] Roehl & Wiegand (1998:16) kritisieren hierbei die stets positive Konnotation des individuellen Lernens als besseres, sinnvolleres oder effizienteres Verhalten. Übertragen auf organisationales Lernen hieße dies, dass Organisationen gelernt haben, wenn sie die gleiche Umwelt besser bewältigen können. Den Diskurs zu organisationalen Lernen betrachten die Autoren als Lehrstück über die Prozesse der Entstehung eines ‚Managementbuzzwords' (Roehl&Wiegand 1998:26) und seiner theoretischen Verflechtungen und Fundierungen.

als reaktive und anpassende Funktion eines Individuums auf einen vorangehenden, äußerlichen Reiz beschrieben. Organisationales Lernen kann diesem Verständnis nach nur als Folge des individuellen Lernens der Mitglieder, nicht jedoch als eigenständiger Vorgang des Systems gedacht werden (Klimecki&Lassleben 1999:8).

Die meisten Konzepte zu organisationalem Lernen beziehen sich zur Überwindung des behavioristischen Mankos auf **kognitive Lerntheorien**, welche zwischen dem Auftreten von Reiz und Reaktion vermittelnde Prozesse (z.b. Begriffsbildungs- und Kodierungsprozesse) annehmen (Staehle 1999:212). Der Hauptunterschied zwischen einem behavioristischen und einem kognitiven Verständnis von Lernen besteht darin, dass kognitive Theorien Lernen als eine Veränderung des Wissens und nicht zuvorderst als Verhaltensänderung verstehen. Kognitive Lerntheorien gehen davon aus, dass Verhalten weniger durch äußere Stimuli, als viel mehr durch das, *"what is in the head"* (Klimecki&Lassleben 1999:7) beeinflusst wird. Dies gilt auch für Organisationen und andere kollektive Systeme, deren Lernen durch die in Kapitel II.2.1 thematisierten kognitiven Muster beeinflusst wird. Wenn im Folgenden von organisationalem Lernen gesprochen wird, wird von einem systemischen Prozess ausgegangen, der sich von individuellem oder Gruppenlernen unterscheidet (Shrivastava 1983; Argyris&Schön 1999). Er bezieht sich auf den Wandel dieser ‚kognitiven' Basis einer Organisation, „[…] *i.e. its programs and procedures, structures and strategies, traditions and norms, values and myths, which guide and instruct actions and decisions, and which are preserved while members and managers come and go"* (Klimecki&Lassleben 1999:2). Dieses Wechselspiel erfolgt zwischen Individuum und Organisation und in Interaktion mit der internen und externen Umwelt (Hanft 1996:134).

2.4.2 Lernprozesse

Lernen kann nur selbst und nicht durch andere vollzogen werden[25] und bedarf daher auf Seiten des Lernenden – d.h. der Organisation – einer eigenen Identität. Diese Identität ergibt sich laut Luhmann (1984:95) durch die Grenzziehung einer Organisation zu ihrer Umwelt und wird einem systemtheoretischen Verständnis nach im wesentlichen durch einen organisationsspezifischen Sinn hergestellt. Haben Organisationen eine eigene Identität, so sind sie handlungsfähig. Neben der Handlungsfähigkeit bedeutet die Identität einer Organisation aber auch das Bestehen eigener kognitiver Strukturen, die der Organisation Kontinuität vermitteln (Eberl 1998:48-50). Versteht man mit Baitsch, Knoepfel&Eberle (1996:6) Lernen als Veränderung der Lokalen Theorien und kognitiven Muster einer Organisation, so stellen gerade die Abweichungen von dem, was im organisationalen Alltagsgeschehen gedacht und wie normalerweise gehandelt wird, eine mögliche Quelle für Veränderungen auf der kollektiven Ebene dar (Nagel 2001:57). Diese Abweichungen werden in der Literatur zu organisationalem Lernen heterogen beschrieben. Teilweise ist ganz allgemein von ‚Umweltdruck' oder ‚performance gaps' (Klimecki, Lassleben&Thomae 2000:69) die Rede. Laut Argyris & Schön (1999) findet organisationales Lernen statt,

> „[…] wenn einzelne in einer Organisation eine problematische Situation erleben und sie im Namen der Organisation untersuchen. Sie erleben eine überraschende Nichtübereinstimmung zwischen erwarteten und tatsächlichen Aktionsergebnissen und reagieren darauf mit einem Prozeß von Gedanken und weiteren Handlungen; dieser bringt sie dazu, ihre Vorstellungen von der Organisation oder ihr Verständnis organisationaler Phänomene abzuändern und ihre Aktivitäten neu zu ordnen, damit Ergebnisse und Erwartungen übereinstimmen, womit sie die handlungsleitenden Theorien von Organisationen ändern." (1999:31)

Organisationale Lernprozesse werden somit ausgelöst, wenn Abweichungen zwischen offizieller Handlungstheorie und Gebrauchstheorie wahrge-

---

[25] So kann man grammatikalisch korrekt einem anderen zwar etwas *lehren*, ihm jedoch nichts *lernen*.

nommen und diskutiert werden (Probst&Büchel 1994:24). Der Prozess des organisationalen Lernens wurde von Argyris & Schön (1999) in drei Lernebenen differenziert:

- Single-loop-Lernen

- Double-loop-Lernen

- Deutero-Lernen

Unter **Single-loop-Lernen** oder Anpassungslernen verstehen Argyris & Schön (1999:35-36) ein instrumentelles Lernen, woraufhin die Organisation z.b. andere Strategien einschlägt und Programme modifiziert oder die bestehenden Strategien und Programme verfeinert und verbessert (Nagel 2001:58). Das den eigenen Strategien oder Strukturen zugrunde liegende Tiefenwissen – die Alltags- oder Gebrauchstheorie – bleibt dabei unhinterfragt und wird im organisationalen Beziehungsgeschehen reproduziert. Ziel des Single-loop-Lernens ist die Anpassung des Verhaltens im Rahmen invarianter Ziele, Normen und Standards (Lang, Winkler&Weik 2001:259). Das Kriterium des Lernprozesses wird an bestehenden Normen und Werten innerhalb der organisationsspezifischen Rationalität festgemacht. Anpassungslernen ist die effektive Adaption an vorgegebene Ziele und Normen durch die Bewältigung der Umwelt (Probst&Büchel 1994:36).

Das **Double-loop-Lernen** oder Veränderungslernen zielt auf die Anpassung an eine sich verändernde Umwelt durch eine Anpassung bzw. Korrektur bisheriger Normen und Standards (Lang, Winkler&Weik 2001:259). Somit hat Veränderungslernen einen Wertewechsel sowohl der handlungsleitenden Theorien als auch der Strategien und Annahmen zur Folge (Argyris&Schön 1999:36). Es entstehen neue Handlungstheorien, die durch eine kritische Überprüfung von Werten und Normen das Bild und die Tiefenstruktur der Organisation verändern. Unabhängig von der Art der organisationalen Lernprozesse lassen sich deren Resultate nur dann als Lernergebnisse bezeichnen, wenn sie von den Systemmitgliedern als nützlich erkannt und akzeptiert werden (Probst&Büchel 1994:36). Dabei ist die

Veränderung der individuellen Gebrauchstheorien eine notwendige, aber keine hinreichende Bedingung für organisationales Veränderungslernen (Nagel 2001:59). Da Lernen auf einer kollektiven Ebene als kommunikatives Phänomen bezeichnet werden kann (Willke 1996a), müssen die individuellen Gebrauchstheorien Eingang in den organisationalen Kommunikationsstrom finden. Die Weiterentwicklung der kognitiven Strukturen eines sozialen Systems ist somit das Ergebnis der Kommunikation zwischen den Systemmitgliedern. Kollektives Lernen bleibt ein genuin soziales Phänomen, das über Kommunikationsprozesse verläuft: Individuen übernehmen lediglich die Rolle von ‚learning agents' (Argyris&Schön 1999). Da mit dem Veränderungslernen die Infragestellung des institutionellen Bezugsrahmens, welche die Konfrontation mit organisationalen Hypothesen notwendig macht, einhergeht, ist diese Ebene des Lernens kein leichter Prozess.

Lernen zu lernen stellt nach Argyris & Schön (1999:44) die dritte Lernebene dar, die in Anlehnung an Bateson (1981:230) als **deutero learning**, Prozesslernen oder Lernen zweiter Ordnung bezeichnet wird (Schumacher 2003:142). Hierbei wird das organisationale Lernen der ersten und zweiten Ebene selbst zum Gegenstand des Lernens. Lernen zu lernen ist wichtig, da der Prozess der Veränderung der kognitiven Muster defensive Routinen auslösen kann. Die Bedeutung und Notwendigkeit des Veränderungslernens wird von Organisationen und ihren Mitgliedern häufig auch verstanden. Defensive Routinen lassen es jedoch höchst unwahrscheinlich erscheinen, dass Individuen, Gruppen oder Organisationen ihre Routinen oder auch Fehler entdecken, da deren Veränderungen für sie bedrohend wirken (Probst&Büchel 1994:37). Auch organisationale Lernprozesse unterliegen dem, was im strategischen Management als Pfadabhängigkeit beschrieben wird: Das im organisationalen Gedächtnis verankerte Wissen beeinflusst, was später dazugelernt wird. Alles nachfolgende Lernen ist mehr oder weniger systematisch an diesen vorhandenen Strukturen orientiert (Hanft 1996:136). Die kognitiven Strukturen eines Systems beeinflussen somit aufgrund ihrer Filterwirkung (Weick 1985:252), was dazugelernt werden kann. Da Organisationen spezifische Lernmuster ausbilden können, die aufgrund der Verfestigung (vermeintlich) bewährter Lernmuster einer Tendenz zur Reproduktion unterliegen, bedarf es einer Reflektion organisationaler Lernprozesse auf der Ebene des Deutero-Lernens (Nagel 2001:59). Zu hinterfragen sind hier die fundamentalen Regeln der Organisation, die zum Ignorieren von Fehlern führen, oder dahingehend wirken, dass diese Fehler nicht diskutiert werden, sowie über die Nicht-Diskutierbarkeit nicht diskutiert wird (Probst&Büchel 1994:37). Organisationales Lernen baut damit nach Argyris & Schön und Bateson auf allen drei Lernniveaus auf (Schumacher 2003:143). Während Argyris & Schön (1999) offene Informationsdarlegung als wichtigste Voraussetzung für Veränderungslernen auslegen, weisen Probst & Büchel (1994:36) darauf hin, dass auch der Prozess des Verlernens von Lernzyklen verantwortlich für die Erreichung einer höheren Lernebene sein kann.

2.4.3 Unterschiede – Auslöser und Ergebnis des Lernens

> *Draw a distinction –*
> *and you create a universe*
> George Spencer-Brown

Bei der Frage, was Organisationen zum Lernen veranlasst, stoßen Klimecki, Lassleben & Thomae (2000:69) auf sehr heterogene Auslöser[26], bei denen es sich jedoch letztlich um eine Form von Information handelt. Auch Baitsch, Knoepfel & Eberle (1996:8) unterscheiden die Prozesse der Entwicklung und des Lernens von Arbeitsorganisationen danach, wie eine Organisation mit informationellen Störungen umgeht: *„Die organisationale Lernfähigkeit hängt ab vom Umgang mit Widersprüchen"* (Baitsch, Knoepfel&Eberle 1996:10). Einer systemtheoretischen Perspektive folgend, stellen Informationen keine objektiven, externen Größen dar, sondern

---

[26] So sprechen Argyris & Schön (1990) von wahrgenommenen ‚errors', Senge (2003) nennt positive Visionen als Auslöser für einen ‚creative shift' und Shrivastava (1983) macht ganz allgemein ‚unerwartete Ereignisse' für die Möglichkeit organisationalen Lernens verantwortlich.

sind systeminterne Produkte. Diese entstehen aus der Beobachtung von Unterschieden zu dem im System bereits vorhandenen Wissen (Bateson 1981).

Was genau sind ‚Unterschiede'?

Bateson bezeichnet das, *"[w]as wir tatsächlich mit Information meinen – die elementarste Informationseinheit* – [als, A.B.] Unterschied, der einen Unterschied ausmacht [...]"* (1981:582, Hervorhebung im Original). Was man sich genau unter einem solchen Unterschied vorzustellen hat, erklärt Bateson (1981:580) anhand des Beispiels der Karte-Territorium-Relation:[27] Eine Karte bildet ein Territorium auf eine bestimmte Art und Weise ab. Sie stellt nicht das Territorium selbst dar, sondern reduziert die Komplexität der realen Welt auf eine sinnvolle Art. Landkarten gewinnen ihre Nützlichkeit gerade dadurch, dass sie etwas weglassen (Simon 2004:41).[28] Was dagegen zur Abbildung gelangt, ist ein Unterschied, *„[...] sei es ein Unterschied der Höhe, der Vegetation, der Bevölkerungsstruktur, der Oberfläche oder was auch immer. Was in die Karte kommt, sind Unterschiede"* (Bateson 1981:580). Um die Karte sinnvoll zu gestalten, müssen diese Unterschiede tatsächlich Unterschiede machen, d.h. relevante Informationen beinhalten. Die Frage nach dem Unterschied ist laut Bateson gerade für eine Wissenschaft, die sich mit Kommunikation und Organisationen beschäftigt, von großer Bedeutung. Wirkungen werden in den Naturwissenschaften im Allgemeinen durch ziemlich konkrete Bedingungen oder Ereignisse verursacht – Einflüsse, Kräfte und so fort.

> *„Wenn man aber in die Welt der Kommunikation, Organisation usw. eintritt, läßt man jene ganze Welt hinter sich, in der Wirkungen durch Kräfte, Einflüsse und Energieaustausch hervorgebracht werden. Man betritt eine Welt, in der ‚Wirkungen' – und ich bin nicht sicher, ob man weiterhin*

---

[27] Dieses Beispiel geht auf Alfred Korzybski zurück, der es in seinem Werk „Science and Sanity" 1941 erstmals erörterte.

[28] Zur Verdeutlichung berichtet Simon (2004:41) von einer Landkarte in einer Geschichte von Lewis Carroll, die sich mit ihrem Maßstab 1:1 als extrem unpraktisch erwies, da sie die Erde verdeckte und es unter ihr so dunkel war (Carroll, Lewis (1994): Sylvie und Bruno. Die Geschichte einer Liebe. Häusser. Darmstadt.).

dasselbe Wort verwenden sollte – durch Unterschiede hervorgerufen werden. Das heißt, sie werden von solchen ‚Dingen' hervorgebracht, die von dem Territorium auf die Karte gelangen. Das sind Unterschiede. "
(Bateson 1981:581)

Kann man im Bereich der Naturwissenschaften noch an Kausalketten denken und Wirkungen im Sinne eines ‚je mehr – desto' verstehen, so braucht es bei der Beschäftigung mit Kommunikation und Organisationen eine andere Herangehensweise. Hier kann es trotz nicht vorhandener Energie (z.b. im Sinne eines Nicht-Kommunizierens) zu starken Reaktionen (dem Wutausbruch des enttäuschten Gegenübers) kommen. Bateson plädiert daher für die Frage nach dem wahrgenommenen Unterschied, wenn es um die Beschäftigung mit Organisationen und (deren) Kommunikation geht.

Organisationales Lernen heißt nun, dass ein Unterschied wahrgenommen werden muss, der einen Unterschied zum dem darstellt, was bereits gewusst wird. Ohne diese Feststellung eines Unterschieds kommt es zu keiner Information. *"Following this constructivist redesign, we understand that one must draw distinctions in order to produce differences that make differences, i.e. one must distinguish in order to get informed, i.e. one must differentiate in order to learn"* (Klimecki&Lassleben 1999:12). Dabei warten die Unterschiede und Informationen in keinem Fall 'da draußen' darauf, gesehen zu werden. Informationen, die im Prozess des Lernens auftauchen, können unter der Annahme der operativen Geschlossenheit von Systemen (Luhmann 2002:100) nicht als 'input' (Maturana&Varela 1980) betrachtet werden. Information wird nicht einem Behälter gleich in das System transportiert, sondern in einem Prozess der Sinnstiftung erzeugt: *„According to Heinz von Foerster, information is not a commodity but a process – 'the process by which knowledge is acquired'"* (Klimecki&Lassleben 1999:10). Informationsaufnahme ist stets eine Konstruktionsleistung – ein Akt der Unterscheidung – der den Unterschied kreiert. Damit wird das System selbst – und nicht dessen Umwelt oder das erkannte System als Objekt der Beobachtung – zum Urheber der Information (Schumacher 2003:111). Die Systemtheorie als ein konstruktivistischer Ansatz geht davon aus, dass die Vielfalt der Welt durch Unterscheidungen, mit denen Beobachter die Welt beobachten, erst erzeugt wird. Die Herstellung eines Unterschieds kann somit die Erschaffung eines Universums bedeuten. Lernen ist damit ‚Konstruktion' und nicht länger ‚Instruktion' (Klimecki&Lassleben 1999:12). An dieser Stelle soll festgehalten werden:

- Organisationen lernen aus der Beobachtung von Unterschieden[29].
- Um Unterschiede beobachten zu können, müssen Organisationen Unterscheidungen treffen.

2.5 Empfehlungen für organisationales Lernen und Wandel

Ein systemisch-konstruktivistisches Verständnis des Phänomens des organisationalen Wandels und Lernens bringt eine Reihe von Relativierungen mit sich, die zum Beispiel das Handeln von Managern und die Möglichkeit von Interventionen durch externe Berater aber auch das Ausmaß des organisationalen Lernens betreffen.

Organisationales Lernen wird herausgefordert durch die Tatsache, dass Lernen ein typischer Selbstorganisationsprozess ist. Dieser selbstkontrollierte, selbstorganisierte und nicht direkt beobachtbare Vorgang kann in seinem Verlauf und seinem Ergebnis nicht gezielt gestaltet werden – weder auf individueller, noch auf kollektiver Ebene (Baitsch, Knoepfel&Eberle 1996:12; Klimecki&Lassleben 1998:66). *"Organizational learning is an entirely – from beginning to end, from causes to result – intra-systemic process, and […] whether or how an organization learns, lies in its own hands, as it depends upon the distinctions it draws"* (Klimecki&Lassleben 1999:14).

---

[29] Dies können Unterschiede bzgl. ihrer Erwartungen, Resultate, Visionen oder Handlungen, genauso wie Unterschiede zwischen alternativen Routinen, Zielen, Interessen oder Weltansichten bzgl. anderer Organisationen oder Organisations-mitglieder sein.

Managementstrategien müssen sich also darauf beschränken, günstige Lernkontexte zu schaffen, welche Organisationen mit Gelegenheiten zum Lernen versorgen. Das kann vor allem dadurch geschehen, dass Ereignisse, die eine Organisation zum Lernen veranlassen können, bewusst hervorgehoben und nicht unterdrückt werden. Wie oben dargestellt, kann organisationales Lernen ausgelöst werden, wenn das System eine Differenz zwischen gegenwärtigen Bekenntnissen (offizieller Handlungstheorie) und den geistigen und substantiellen Verhaltensmöglichkeiten (Gebrauchstheorie) wahrnimmt (Probst&Büchel 1994:25). Diesem Verständnis folgend lernen Organisationen nicht, wenn sie Widersprüche und Unterschiede nicht erkennen, sie als unrelevant abtun und umgehen oder die Situation so umdefinieren, dass sie an den tradierten Interpretationsmustern festhalten können.[30] Organisationen müssen lernen, Unterschiede überhaupt wahrzunehmen, indem sie die Differenz zwischen der bestehenden und der erwünschten Praxis oder Ideenwelt erkennen und dann konkrete Unterscheidungen aktiv vornehmen (Nagel 2001:61).

Wandel komplexer, autonomer Systeme bedeutet systemtheoretisch gesehen grundsätzlich Selbstveränderung[31] und ereignet sich innerhalb sozialer Systeme (Nagel 2001:54). Interventionen sind somit daran gebunden, dass sie auf ein operational geschlossenes System treffen und nur innerhalb des Operationsmodus und der generativen Mechanismen des Systems wirksam werden können – es sei denn, sie zerstören die Identität des Systems.

---

[30] Mit Bezug auf Piagets Konzeption des Adaptationsprozesses zeigen Baitsch, Knoepfel & Eberle (1996:9) die organisationalen Muster des Umgangs mit Widersprüchen auf. Als *Assimilation* der Umgebung wird die Verleugnung der Widersprüche bzw. die Pseudo-Auseinandersetzung mit dem Neuen bezeichnet. Die *Akkomodation* der Organisation stellt die Neudefinition der Umgebung dar, welche eine Bewältigung mit den gegebenen Strukturen erlaubt und kein Lernen erfordert. Erst die *Adaptation* der Organisation führt zur aktiven Identifikation von Widersprüchen mit dem Ziel, aufeinander bezogene Neudefinitionen von Umwelt und Organisationsstruktur zu finden.
[31] So betont Wimmer (1999:171), dass gerade unter Aufgabe der landläufigen Unterscheidung in jene, die transformieren – gleichsam den Schöpfern der neuen Organisation – und jene, die transformiert werden müssen, jede Transformation nur als Selbsttransformation verstanden werden kann.

Intervention in komplexe Systeme müssen daher in den ‚terms'[32] des behandelten Systems formuliert werden (Willke 1996b:90). Ohne Rücksicht-
nahme auf den historisch aufgebauten Eigensinn (Wimmer 1999:167) von
Organisationen scheitern Veränderungsimpulse am Immunsystem derselben oder zerstören ihre Überlebensfähigkeit. Grenzen der Machbarkeit
vermutet Rüegg-Stürm (2000; 2001) gerade in dem Aspekt der Selbstveränderung von Systemen, der auch beinhaltet, dass die Führung einer
Organisation nicht länger als unabhängig und außerhalb des Systems
positioniert betrachtet werden kann. Die konstruktivistische Systemtheorie
platziert Führung vielmehr als Mitbeteiligte und Mitbetroffene innerhalb
der Prozesse der Konstitution der sozialen Wirklichkeit und verlangt auch
von ihnen Wandlungsfähigkeit (Schumacher 2003:160).

Um zu verdeutlichen, wie sich das Verhältnis von Intervention und
System gestaltet, vergleicht Willke die Intervention mit dem Bild der
Autorenschaft und Lektüre: *„Anstelle eines Verhältnisses von externer
Ursache und interner Wirkung, von Aktion und Folge, müssen wir das
komplizierte und indirekte Verhältnis von* Autorenschaft und Lektüre
zugrundelegen, wenn es um Interventionen in autonome Systeme geht"
(Willke 1996b:95, Hervorhebung im Original). Demnach ‚liest'[33] und
interpretiert das intervenierte System die angebotene Intervention nach
seinen eigenen Regeln, nach seinem eigenen Verständnis und im Kontext
seiner eigenen Welt. Jeder Leser legt in den Text das hinein, was in seiner
eigenen Welt Resonanz erzeugt – sei es das bestätigende Wiedererkennen
oder der Widerspruch. Während der Intervenierende zwar Autor des
Veränderungsimpulses ist, verarbeitet das System den Impuls nach seinen
eigenen Kriterien und Operationsbedingungen. Damit gilt: *„Jedenfalls
kann der Text nichts anderes bewirken als zu eigenen Operationen des
Lesers anzuregen"* (Willke 1996b:89).

---

[32] Diese ‚terms' beinhalten die Besonderheiten des betreffenden Systems, kurz seine
Identität (Willke 1996b:90).
[33] Willkes Verständnis des ‚Lesens' von Texten entspricht dem in Kapitel II.1.2
ausgeführten Gedanken der Cultural Studies.

Wenn Organisation aus systemisch-konstruktivistischem Verständnis heraus *„in den Köpfen der Organisationsmitgliedern stattfindet"* (Kieser 1998:46), erweist es sich als Schlüsselherausforderung für strategischen Wandel, Veränderungsinterventionen anschlussfähig[34] zu gestalten. Ein Veränderungsimpuls muss auf der einen Seite zur gewachsenen Konstitution und Identität einer Organisation passen, vor dem Hintergrund der gewachsenen Alltagswelt verständlich und weiter bearbeitbar sein und andererseits diese Welt konstruktiv in Frage stellen, deren Kontingenz aufzeigen, für gegeben Genommenes ‚verflüssigen' und für Weiterentwicklung bereit machen (Rüegg-Stürm&Schumacher 2007:57). Mit Bezug auf Weizsäckers (1974) *Erstmaligkeits-Bestätigungs-Modell* ist ein Impuls dann anschlussfähig, wenn er etwas Neuartiges ins Blickfeld rückt und trotzdem durch die Bestätigung von Bekanntem verständlich, nachvollziehbar und evident ist, wenn er Resonanz erzeugt und dementsprechend kompatibel ist zur gewachsenen Sinnenwelt, den gewachsenen Fähigkeiten und den gewachsenen Beziehungen.

Unter der Prämisse, dass der Operationsmodus des Systems über den Erfolg von Interventionen entscheidet, folgt die Forderung, dass Interventionsstrategien nicht aus der Sicht des Beobachters, sondern aus der des Systems entworfen und implementiert werden müssen (Willke 1996b:88). Für Unternehmen ist es dabei mit Blick auf angestrebte Veränderungen von Vorteil, wenn sie über ein möglichst großes (aber noch handhabbares) internes Repertoire unterschiedlicher Wirklichkeitsvorstellungen verfügen. Hejl & Stahl beschreiben dieses interne Repertoire als *„[...] fundamentale Bedingung für jede innovative Wirklichkeitskonstruktion"* (2000:23). Von diesem Repertoire hängt die Fähigkeit von Unternehmen ab, potenzielle Zukünfte für sich zu entwickeln. Auch Kieser (1998:46) führt das Ent-

---

[34] ‚Anschlussfähig sein' bedeutet, dass eine positive Wahrscheinlichkeit besteht, dass im fraglichen System aus einer Veränderungsintervention pragmatische Information entsteht. Eine derartige Veränderungsintervention ruft einen Unterschied hervor, der einen (verstehbaren) Unterschied ausmacht (Bateson 1981) und trägt somit den Keim für Veränderung und Neuerung in sich (Rüegg-Stürm&Schumacher 2007:57).

stehen neuer organisatorischer Lösungen auf den Erwerb neuer Wahrnehmungen der organisatorischen Realität, neuer Ziele, neuer Interpretationen
für organisatorisches Handeln und neuer Interaktionsmuster durch die
Organisationsmitglieder zurück.

3 WIE GELANGT DAS NEUE IN DIE ORGANISATION?

3.1 Das Neue als Innovation

Dieses Buch ist der Frage gewidmet, wie das Neue in die Welt kommt, genauer gesagt, wie methodische Innovationen Eingang in Unternehmen finden. Das Neue, die Innovation, ist hierbei breit gefasst. Innovationen sind nicht allein als technisch-funktionale, sondern auch als radikale soziale, methodische oder instrumentelle Neuerungen zu verstehen. Gedacht werden darf an Ideen, Praktiken, Produkte, Verfahren, Methoden, Sichtweisen und vieles mehr. Innovation steht dabei für Konzepte, Objekte oder Methoden, die in dem Sinne so ,anders' sind, dass sie mit dem Attribut der Neuheit belegt werden können und sich von der bisher vorherrschenden Logik[35] und gängigen Praxis des untersuchten Systems unterscheiden (Heideloff 1998). Dabei muss diese Innovation keineswegs von objektiver Neuheit sein. Entscheidend für den Status als Innovation ist die individuell wahrgenommene Neuartigkeit (Hauschildt 1997:7, 16; Fenton&Pettigrew 2000:3).

> *„An innovation is an idea, practice, or object that is perceived as new by an individual or other unit of adoption. It matters little, so far as human behaviour is concerned, whether or not an idea is 'objectively' new as measured by the lapse of time since its first use or discovery. The perceived newness of the idea for the individual determines his or her reaction to it. If an idea seems new to the individual, it is an innovation."* (Rogers 2003:12)

Für den Umgang eines Unternehmens mit einer neuen Praktik ist es nicht entscheidend, ob diese Praktik generell unbekannt ist. Begegnen die

---

[35] Logiken verkörpern eine bestimmte Form einer themenbezogenen, inneren Ordnung und können darin mit unbewusst wirksamen Alltagstheorien verglichen werden. *„Eine Logik ist mit den grammatikalischen Regeln der Muttersprache vergleichbar, auf die man sich bezieht und die man befolgt, ohne sich deren ordnender Wirkung bewusst zu sein"* (Rüegg-Stürm 2001:359, sowie 238-249). Rüegg-Stürm unterscheidet bspw. Organisationslogiken, die sich auf das kollektive Selbstverständnis der Organisation beziehen, sowie die Logik der Problembehandlung, die Vorgehensweisen umfasst, welche als angemessen, normal und geboten zur Lösung von Problemen und zum Treffen von Entscheidungen erscheinen.

Führungsinstanzen[36] eines Unternehmens der Praktik selbst zum ersten Mal, kann diese als Innovation für das Unternehmen gelten (Hauschildt 1997:18). Wie Hauschildt (1997:9) betont, bieten innovative Technologien neue Mittel, um einen gewissen Zweck zu erreichen. Eine ‚eigentliche' Innovation liegt seiner Meinung nach dann vor, wenn es zu einer neuartigen Zweck-Mittel-Kombination kommt, wenn also neue Zwecke gesetzt und zugleich neue Mittel zu deren Erfüllung angeboten werden. Damit unterscheiden sich Innovationen prinzipiell von Änderungen, bei denen die Zwecke oder die Mittel unverändert sind. Aus konstruktivistischer Sicht präsentieren sich Innovationen gerade nicht als gegebene Tatsachen, sie werden vielmehr als solche konstruiert, wahrgenommen und angewendet. Innovationen sind damit abhängig von Orientierungsprozessen und Sinnzuweisungen. Erst das soziale Urteil und vielfältige Prozesse der Sinnstiftung entscheiden a posteriori über den Status als Innovation (Hauschildt 1997:23; Aderhold 2005:31).

Für eine konstruktivistische Forschung bedeutet dies, dass nicht von der Vorstellung einer klar definierten Innovation ausgegangen werden kann, sondern bereits diese Grundannahme zu einem Teil der Forschung gemacht werden muss. Von Interesse ist daher die Frage, welchen Sinn das beobachtete Unternehmen einer als ‚Innovation' bezeichneten Methode zu-

---

[36] Hauschildt (1997:18) folgt bei seiner Betonung der Führungsinstanzen dem klassischen entitativ-individualistischen Verständnis, welches die Rolle einzelner Führungspersönlichkeiten im Wandelprozess hoch bewertet (Rüegg-Stürm 2000:198). Zwar betont Hauschildt, dass individualistische Ansätze nicht ausreichen, um soziale Wandelprozesse zu beschreiben. Er weitet seinen Blickwinkel daraufhin jedoch nur auf die Führungsinstanzen, nicht jedoch auf das gesamte System aus. So spricht Hauschildt (1997:24) auch von dem *„betroffenen Entscheidungsträger"* im Innovationsprozess. Die Funktion dieses *„Innovationsmanagers"* beschreibt Hauschildt in den Worten Schumpeters: *„Bei der Durchsetzung neuer Kombinationen ... tut er zweierlei: Erstens fällt er die von einer unübersehbaren Anzahl unterschiedlicher Momente, von denen manche überhaupt nicht genau gewertet werden können, abhängige richtige Entscheidungen, ohne diese Momente erschöpfend zu untersuchen, was nur wenigen Leuten von ganz bestimmter Anlage möglich ist, und zweitens setzt er sie dann durch. Das sind die Charakteristiken unseres Unternehmers, unsres Mannes der Tat"* (Schumpeter 1912:177, zit. nach Hauschildt 1997:26).

schreibt. Subjektiver Sinn und Sinnzusammenhang sind in der qualitativen Sozialforschung grundlegend für das Verstehen sozialen Handelns. Die mit dem Konstruktivismus verbundene qualitative Sozialforschung untersucht daher, wie Menschen gesellschaftliche Phänomene erzeugen, diese institutionalisieren und durch die Weitergabe an neue Generationen in Traditionen überführen.

Innovationen können aus einem konstruktivistischen Verständnis heraus nicht erzwungen, sondern nur wahrscheinlicher gemacht werden (Heideloff 1998:3). Dabei muss bei dem gesellschaftlichen Umgang mit Innovationen gerade deren paradoxe Form berücksichtigt werden, nämlich die Gleichzeitigkeit von Nicht-mehr und Noch-nicht (de Vries 1998:79). Damit wird auch klar, dass Innovation als Störung routinierter Abläufe in jedem Fall als sozialer Prozess zu charakterisieren ist (Aderhold&John 2005:9-10). Als solcher hat der Eingang oder die Diffusion von Innovationen in Unternehmen eine enge Beziehung zu organisationalen Lernen und Wandel in Organisationen.

3.2   Der Eingang von Innovationen in Systeme

Die Frage nach dem Eingang innovativer Methoden oder Techniken in Unternehmen ist keineswegs neu. Laut Rogers (2003) begann die Forschung zu der so genannten „Diffusion of Innovations" (so auch der Titel von Rogers' 1962 erstmals erschienenem Standardwerk) bereits in den 1940er und 50er Jahren. Moderne Organisationen befinden sich mittlerweile stärker denn je unter der Herausforderung eines zunehmenden Innovationsdrucks, der die Fähigkeit zur permanenten Erneuerung erfordert. Innovatives Handeln gilt in unserem gängigen Wirtschaftsverständnis als Grundlage erfolgreichen Wirtschaftens. Das Interesse an Innovationen und deren Diffusion ist in den letzten Jahrzehnten daher kontinuierlich gestiegen. Rogers kann feststellen: *„Innovation has emerged over the last decade as possibly the most fashionable of social science areas"* (Rogers 2003:103).

3.2.1 Das klassische Diffusionsmodell

Innovationen werden aus wirtschaftlicher Sicht unter der Frage betrachtet, welche Faktoren deren Durchsetzung auf dem Markt ermöglichen bzw. hemmen. Diese Durchsetzung wird als Diffusion bezeichnet. Ausgangspunkt klassischer Untersuchung zur Diffusion von Innovationen „[…] *stellt das Potenzial der jeweils betrachteten Innovation dar, Effizienz- resp. Wohlfahrtssteigerungen zu bewirken"* (Reber 2008:3). Es wird davon ausgegangen, dass langfristiges Wirtschaftswachstum auf technologischem Fortschritt basiere, der über Innovationen erreicht wird. So betont auch Hauschildt (1997:10f) in seinem Handbuch zum Innovationsmanagement, das Ziel einer Innovation sei die Steigerung der Effizienz. Dabei stellt eine technologische Innovation in den Worten Rebers „per definitionem *meist einen Fortschritt gegenüber bisherigen Technologien dar"* (2008:17, Hervorhebung im Original). Von der erfolgreichen Diffusion technologischer Innovationen wird somit ein (volks-)wirtschaftlichen Nutzen angenommen. Klassische Studien zu Innovationen konzentrieren sich daher auf die Frage, welche Prozesse und Kontextfaktoren die Diffusion von Innovationen beeinflussen und welche Maßnahmen getroffen werden könnten, um die Diffusion der betrachteten Innovationen zu fördern. [37]

---

[37] Wie Reber (2008:29) im Rahmen seiner Dissertation an der Wirtschaftswissenschaftlichen Fakultät der Universität Basel kritisiert, beschränkt sich das klassische Diffusionsmodell bei seiner Auswahl auf die so genannte ‚erfolgreiche' Diffusion von Innovationen. Innovationen, die sich aus den verschiedensten Gründen nicht auf dem Markt durchsetzen konnten, sind aus der Analyse von vornherein ausgeblendet, so dass die Ergebnisse einem ‚Survivorship Bias' unterliegen und ein Zerrbild der Innovationsdiffusion zeigen. Reber widmet sich daher den Gründen für eine nicht oder nur unvollständig stattfindende Diffusion technischer Innovationen, des New Public Managements sowie der wissenschaftlichen Innovation in der Jurisprudenz: des Law & Economics Ansatzes. Unhinterfragt bleibt dabei allerdings die Annahme, dass sich Innovationen aufgrund ihrer Effizienz durchsetzen. So hält Reber in seiner Einleitung fest: „*In einem ersten Schritt wird die jeweils betrachtete Innovation im Hinblick auf ihre wohlfahrtssteigernde Wirkung analysiert: erst wenn diese belegt ist, macht es überhaupt Sinn zu fragen, warum sich die Innovation nicht oder nur langsam verbreitet hat"* (Reber 2008:3).

Die Diffusionsforschung gewinnt laut Rogers (2003) ihre Bedeutung auch dadurch, dass sie Wandelprozesse verständlich machen soll:

> „[D]*iffusion research offers a particularly useful means of gaining an understanding of change because innovations are a type of communication message whose effects are relatively easy to isolate* […]*. One can understand social change processes more accurately if the spread of a new idea is followed over time as it courses through the structure of a social system.* […] *The focus of diffusion research on tracing the spread of an innovation through a system over time and/or across space has the unique quality of giving 'life' to behavioural change process.*" (Rogers 2003:104)

Rogers geht von der Annahme aus, dass die Anwendung einer Innovation im Unternehmen Teil des Wandels ist. Das ansonsten diffuse Phänomen von organisationalem Wandel kann seinem Verständnis nach am Beispiel einzelner Innovationen untersucht und verfolgt werden. Diese hinterlassen im Unternehmen Spuren, so dass Wandelprozesse anhand konkreter Phänomene sichtbar gemacht werden können. Auffällig ist bei dieser Annahme das durchscheinende Wandel- und Innovationsverständnis Rogers': Die alleinige Adaption und Verwendung einer Innovation kann laut Rogers bereits als Wandel gedeutet werden. Ob mit der Anwendung der neuen Technik auch ein Wandel im Denken der Anwender einhergeht, steht nach Rogers' Verständnis nicht zur Frage. Die Fokussierung auf die ‚Verbreitungsspuren' der Innovation wird verständlich, wenn man beachtet, dass Rogers bei seiner Forschung überwiegend auf materielle Innovationen fokussiert, die einen klaren Hardware-Anteil aufweisen (Rogers 2003:13). Stellvertretend hierfür stehen seine klassischen Diffusions-Studien zur Verbreitung technischer Errungenschaften wie Laptop oder Elektroauto. Die Verbreitungsspuren des Hardware-Anteils innerhalb eines Unternehmens zu verfolgen, stellt kein großes Problem da. Darüber hinaus bleibt dieser Anteil trotz unterschiedlichen Gebrauchs in verschiedenen Firmen unverändert. Software-Anteile – „*consisting of the information base for the tool*" – sind dagegen schwer in ihrer Diffusion zu untersuchen und haben keinen klar definierten Kern. So stellt auch Rogers fest: „*The diffusion of such software innovations has been investigated, although a methodo-*

logical problem in such studies is that their adoption cannot be so easily traced or observed" (2003:13).

Die vorliegende Forschungsarbeit setzt an dem von Rogers benannten Forschungsproblem an. Genauer betrachtet werden soll der Eingang einer methodischen Innovation in ein Unternehmen. Das Forschungsinteresse gilt dabei der Frage, wie der Prozess des Eingangs vonstatten geht und wie der Übergang von einer beraterischen Intervention zu einer Sinn stiftenden Innovation zu verstehen ist. Da Management-Methoden und -Konzepte selten Hardware-Aspekte aufweisen, deren Spuren im Unternehmen verfolgt werden könnten, bieten Rogers Studien zwar eine Grundlage für die vorliegende Forschungsarbeit. Seine Erkenntnisse sind in ihrer Reichweite jedoch nicht erschöpfend genug, um zu erklären, wie sich methodische Innovationen in Unternehmen verankern.

3.2.2   Methodische Innovationen im Management

Arbeiten, die sich neben der Diffusion technischer oder materieller Innovationen auch mit der Verbreitung organisationaler Konzepte[38] beschäftigen, finden sich in einem akademischen Diskurs, der – im Gegensatz zu Roger – stärker konstruktivistisch ausgerichtet ist (Abrahamson 1996; Kappler 1996; Kieser 1996; Benders&Van Veen 2001; Clark 2004; Sturdy 2004). Häufig folgen diese Untersuchungen auch einem neo-institutionalistischen Ansatz. Neoinstitutionalistische Ansätze[39] konzentrieren sich statt auf die Effizienz formaler Strukturen auf deren Legitimität (Meyer&Rowan 1977; DiMaggio&Powell 1983). Das Argument der Effizienz wird zwar nicht ausgeklammert, es wird aber hervorgehoben, dass dieses im Zeitverlauf an

---

[38] Als Beispiele für diese methodischen Innovationen gelten Konzepte wie das der Unternehmenskultur (UK) (Peters&Waterman 1984), Lean Production (Womack, Jones&Roos 1992), Lean Management, Total Quality Management (TQM) (vgl. die Studie von David&Strang 2006) oder das von Hammer & Champy (1994) geprägte Business Process Reengineering (BPR).
[39] Eine vertiefte Betrachtung der Neoinstitutionalistischen Organisationstheorie kann an dieser Stelle nicht stattfinden. Eine Zusammenfassung bieten Scott (2001), Tolbert & Zucker (1999) sowie Kieser & Walgenbach (2007:46-50).

Bedeutung verloren hat und im Hinblick auf zu beobachtende Ausgestaltungen der formalen Organisationsstruktur an Erklärungskraft verliert (Kieser&Walgenbach 2007:46f).

Abrahamson (1996), dessen Artikel als wegweisend für die Beschäftigung mit Management-Konzepten gelten kann, betont, dass Effizienz und Rationalität der innovativen Methode für ihre Verbreitung von besonderer Bedeutung sind: „[F]*ashionable management techniques must appear both rational (efficient means to important ends) and progressive (new as well as improved relatively to older management techniques)"* (1996:255). Abrahamson nimmt nun jedoch von der scheinbar so nahe liegenden Erklärung Abstand, eine Methode würde sich *aufgrund* ihrer Effizienz und ihres Nutzens in einem Unternehmen durchsetzen. Entscheidend ist nicht der ‚tatsächliche' Nutzen des neuen Konzeptes, sondern vielmehr dessen *Anschein* von Rationalität und Effizienz. Mit Verweis auf Meyer & Rowan (1977) gründet Abrahamson seinen Artikel auf der Aussage, dass sich Manager der Erwartung ausgesetzt sehen, ihr Unternehmen und ihre Mitarbeitenden rational, d.h. unter Einsatz der effizientesten Mittel und ausgerichtet auf bedeutende Ziele, zu führen. Diese gesellschaftliche Norm der ‚managerial rationality' (Abrahamson 1996) und des Fortschritts schafft Bedarf an Management-Techniken, die von den relevanten Stakeholdern für rational und fortschrittlich[40] gehalten werden und es dem Manager somit ermöglichen, ein gesellschaftlich anerkanntes Managementhandeln zu zeigen (Abrahamson 1996:256-261). Meyer&Rowan (1977) haben in ihrem vielzitierten Aufsatz untersucht, warum sich die Organisationen unserer postindustriellen Gesellschaft formal immer stärker angleichen. Ihrer Aussage nach neigen moderne Organisationen dazu, diejenigen Praktiken und Abläufe aufzunehmen, die als vorherrschende rationale Konzepte definiert wurden und gesellschaftlich anerkannt sind.

---

[40] Abrahamson verwendet den Terminus „progressiv" im Sinne einer Innovation – die nicht immer eine Verbesserung darstellt – und Verbesserung. Daher erscheint hier eine Übersetzung als „fortschrittlich" passend.

Die formalen Strukturen unserer Organisationen reflektieren daher ganz grundlegend die Mythen der sie umgebenden Umwelt. Diese Mythen[41], die in hoch entwickelten Gesellschaften vor allem durch den Glauben an Rationalität geprägt sind, sind gesellschaftlich so stark verinnerlicht, dass sie nicht länger verhandelt werden: *„They must, therefore, be taken for granted as legitimate, apart from evaluations of their impact on work outcomes"* (Meyer&Rowan 1977:344).

Autoren wie Meyer & Rowan (1977), Lindblom (1959), Crozier & Friedberg (1993), Feyerabend (1980; 1995), Kuhn (1996) und Abrahamson (1996) tragen nun der Entwicklung Rechnung, dass die Einschätzung der Ratio selbst als Teil eines Weltanschauungsmythos und damit als mythisch begründet betrachtet wird. Damit sind Mythen nicht länger definiert als Erzählungen *„[…] in denen göttliche Personen auftreten"* (Hasenfratz 1990:10), sondern sind im Sinne Barthes (1964) viel weiter zu fassen. Laut Barthes ist der Mythos eine Aussage. *„[D]a der Mythos eine Aussage ist, kann alles, wovon ein Diskurs Rechenschaft ablegen kann, Mythos werden. Der Mythos wird nicht durch das Objekt seiner Botschaft definiert, sondern durch die Art und Weise, wie er diese ausspricht"* (Barthes 1964:85). Die

---

[41] Zu unterscheiden sind zwei Verständnisse des Mythos. In den Religionswissenschaften und der Ethnologie wird von einem ‚engen' Mythenbegriff ausgegangen (Hasenfratz 1990:10): Der Ausdruck Mythos, abgeleitet von der griechischen Bezeichnung für Wort, Rede oder Erzählung, steht hierbei für eine narrative Verknüpfung von Ereignissen. Mythen werden als traditionelle Erzählungen mit explanatorischer Funktion verstanden, die innerhalb bestimmter Gemeinschaften normative Kraft haben. Dabei schafft der Mythos Wissen nicht durch wissenschaftliche Erklärung, sondern durch Erzählung. ‚Mythos' steht damit seit Pindar (476 v. Chr.) für das Unwahre, das Erdichtete, die Fabel, das Kindermärchen. Der Begriff des Mythos taucht in unserem Alltagsgebrauch darüber hinaus in einem ‚weiteren' Verständnis auf (Hasenfratz 1990:9): Als *Alltagsmythos* kann beispielsweise unser ‚Konsummythos' gelten. Ihm entspricht der *Weltanschauungsmythos* der ‚freien Marktwirtschaft', dem der Mythos des ‚bösen Kapitalisten' gegenübersteht. Wie Hasenfratz betont, bestimmen Alltagsmythen und Weltanschauungsmythen das Paradigma mit, innerhalb dessen eine Wissenschaftsgemeinschaft zu einem bestimmten Zeitpunkt operiert. Mythen können diesem weiteren Verständnis nach als allgemein akzeptierte Vorstellungen und Denkmustern gelten, die bei individuellen und sozialen Orientierungs- und Legitimationsprozessen wirksam sind. Innerhalb dieses ‚weiteren' Mythenverständnisses bewegt sich die Literatur zur Management-Fashion.

Art und Weise, wie der Mythos eine Botschaft ausspricht, ist dabei laut Barthes von dem Prinzip geprägt, Geschichte in Natur zu verwandeln. Indem sich der Mythos auf eine ‚Natur der Dinge' bezieht, gibt er vor, sich dem konstruktivistischen Spiel des ‚Gemachtseins' der Dinge zu entziehen und stattdessen auf eine dahinter liegende Wirklichkeit zu rekurrieren. Barthes' Kritik am Mythos richtete sich demnach gegen ontologisierende und naturalisierende Formen der Wissensproduktion, die vergessen lassen, dass ‚Realität' keinerlei Essenz hat und sozial konstruiert ist. So betont auch Feyerabend, dass der Mythos die zentralen Begriffe unzweideutig festlegt, *„[...] und der Gedanke,* [die Begriffe, A.B.] *seien Abbilder unveränderlicher Gegenstände und eine allfällige Bedeutungsänderung sei ein menschlicher Fehler, dieser Gedanke [...] erlangte jetzt eine große Überzeugungskraft"* (Feyerabend 1995). Mit der unzweideutigen Festlegung der Begriffe lässt der Mythos die Kontingenz[42] menschlicher Lebenserfahrungen vergessen.

Meyer & Rowan (1977) haben den Begriff der ‚Rationalitätsmythen' geprägt. Dies sind Regeln und Annahmen, die rational in dem Sinne sind, dass sie plausible soziale Ziele bestimmen und in sinnvoll erscheindender Weise festlegen, welche Mittel zur rationalen Verfolgung dieser Zwecke angemessen sind (Kieser&Walgenbach 2007:47). Die Aussage, dass Rationalität in unserer Kultur zum Mythos geworden ist, verlangt ein Abschiednehmen von der gängigen Vorstellung, der Mythos sei die Antithese des Logos und somit definierbar als das Vorrationale oder gar Irrationale. Dass Rationalität als scheinbar irrationaler Mythos auftreten kann, ist in unserem gängigen Verständnis nicht einfach zu akzeptieren, bedeutet einem kon-

---

[42] Kontingenz wird in der Soziologie – und hier vor allem in der Systemtheorie Luhmanns (1984:184ff) und Parsons – als Begriff verwendet, der die prinzipielle Offenheit und Ungewissheit menschlicher Lebenserfahrungen bezeichnet. Der Kontingenzbegriff wurzelt in der scholastischen Philosophie, wo er die Möglichkeit bezeichnet, dass etwas ist oder auch nicht ist. Kontingenz beruht also auf Unterscheidungen und Konstruktionen, welche immer so und auch anders sein und gemacht werden könnten. Der Begriff bedeutet insofern eine Negation von Notwendigkeit und Eindeutigkeit (Willke 1996a:26-31).

struktivistischen Verständnis nach aber auch, dass Rationalität nicht mehr als feste Größe gelten kann. Dasselbe gilt auch für die Vorstellung von Effizienz. Betrachtet man mit Meyer & Rowan die Frage nach den Vorteilen, welche institutionalisierte Praktiken dem einzelnen Unternehmen bringen, so verweisen die Autoren auf den Zugewinn an Legitimität:

> "Organizations are driven to incorporate the practices and procedures defined by prevailing rationalized concepts of organizational work and institutionalized in society. Organizations that do so increase their legitimacy and their survival prospects, independent of the immediate efficacy of the acquired practices and procedures." (Meyer&Rowan 1977:344)

Der positive Effekt der einzelnen Management-Techniken resultiert nicht aus einer möglichen Effizienz dieser Techniken, sondern entsteht vielmehr über die gewonnene Legitimität und dadurch den einfachere Zugang zu Ressourcen, sowie letztendlich die steigenden Überlebenschancen des Unternehmens. Mit der Anwendung von Techniken, die als rational, sinnvoll und effizient betrachtet werden, gewinnt eine Organisation das Vertrauen interner Teilnehmer sowie externer Auftraggeber und vermeidet Infragestellungen bzgl. Sinn und Zweck der gesamten Unternehmung. Auf der anderen Seite sind Organisationen, die gesellschaftlich legitimierte Methoden ablehnen und stattdessen eigen(willig)e Strukturen aufbauen, verdächtig. Solche Organisationen sind verletzlich gegenüber Behauptungen ihrer generellen Irrationalität, Unbedeutsamkeit oder Nachlässigkeit und setzen sich damit der Gefahr des Scheiterns aus (Suchman 1995:575).

3.2.3 Legitimität und Rhetorik

Für Manager ist es von Nutzen, der Erwartung nachzukommen, ihr Unternehmen rational zu leiten, da sie auf diese Weise ihr Handeln sowie ihr Unternehmen legitimieren. Die Bedeutung dieser Legitimität betont auch Suchman, wenn er feststellt:

> „[I]nstitutional theories (Powell&DiMaggio 1991) have stressed that many dynamics in the organizational environment stem not from technological or material imperatives, but rather from cultural norms, symbols, beliefs, and rituals. At the core of this intellectual transformation lies the concept of organizational legitimacy." (Suchman 1995:571)

Was also zunächst den Anschein hat, aufgrund objektiver, harter Fakten, wie Effizienz, technologischer oder materieller Vorgaben sinnvoll zu sein, dessen Wert befindet sich eher auf der Ebene der Legitimität. Diese ist nach Suchman definiert durch die sozial konstruierten Normen, Werte und Glaubenssysteme einer Gesellschaft, mit denen eine Handlung übereinstimmen muss: *„Legitimacy is a generalized perception or assumption that the actions of an entity are desirable, proper, or appropriate within some socially constructed system of norms, values, belief, and definitions"* (1995:574). Legitimität ist eine Wahrnehmung und Annahme, jedoch keine gegebene Tatsache. Sie ist sozial konstruiert und stellt eine Reaktion eines Publikums auf das Verhalten einer Organisation dar. Spricht man davon, dass gewisse Handlungen legitim sind, geht man davon aus, dass eine Gruppe von Beobachtern diese Verhaltensweise als legitim ansieht und unterstützt. Somit richtet sich Legitimität stets nach einem bestimmten sozialen System oder einem gewissen Diskurs und ist nicht generell zu erlangen: *„The multifaceted character of legitimacy implies that it will operate differently in different contexts, and how it works may depend on the nature of the problems for which it is the purported solution"* (Suchman 1995:573). Verlangt die soziale Norm eines bestimmten Kontextes nach Rationalität, so kann als rational betrachtetes Handeln Legitimation hervorrufen.

Auffällig an den Aussagen Suchmans (1995:574), Abrahamsons (1996:261) und Meyer & Rowan (1977) ist die starke Betonung der *Wahrnehmung* beziehungsweise des *Anscheins* einer Handlung als legitim. Hierbei verweisen die Autoren auf die Funktion der Sprache. Suchman (1995:586) geht davon aus, dass die Erzeugung von Legitimität – wie es bei vielen kulturellen Prozessen der Fall ist – stark auf Kommunikation gründet. Auch Abrahamson (1996:267) vertritt die Ansicht, dass der Glaube, ein Manager würde sich eines rationalen Werkzeugs bedienen, auf Rhetorik basiert. Bezogen auf den Einsatz einer neuen Management-Methode im Unternehmen bedeutet das: *„The processing of the management technique involves the elaboration of a rhetoric that can convince* *fashion followers that a management technique is both rational and at the forefront of management progress"* (Abrahamson 1996:267). Die geforderte Rationalität findet sich damit vor allem in der verwendeten Sprache wieder und zeigt sich in den Bezeichnungen der unbekannten Aktivitäten: *„Affixing the right labels to activities can change them into valuable services and mobilize the commitments of internal participants and external constituents"* (Meyer&Rowan 1977:350).

Kritisch angemerkt werden muss bei diesen Aussagen, dass die Management-Fashion-Literatur mit der Betonung einer ‚scheinbar' rationalen Handlung impliziert, es gäbe auch ‚tatsächlich' rationale Handlungen. Der Verweis auf die nötige Rhetorik lässt den Verdacht aufkommen, hinter den Wörtern würde sich eine ‚eigentlich' irrationale Handlung verbergen; die als ‚rational' bezeichnete Methode wäre somit ein Verkaufstrick. Dem hier implizit zugrunde gelegten essentialistischen Verständnis von Rationalität und Effizienz bleiben auch Meyer & Rowan mit ihrer Formulierung verhaftet, wenn sie darauf verweisen, dass "[...] *conformity to institutionalized rules often conflicts sharply with efficiency criteria"* (Meyer&Rowan 1977:340). Dieser Aussage nach gäbe es klare Effizienzkriterien, denen das konforme Verhalten der Manager widerspricht. Eine konstruktivistische Sicht auf Management-Moden geht jedoch davon aus, dass eine ‚eigentliche', ‚tatsächliche' Effizienz in *keiner* Form existiert. Wenn im Folgenden von Rhetorik oder einer sprachlichen Verfertigung von Wirklichkeit die Rede ist, so ist damit keine ‚Augenwischerei' oder ein ‚So-tun-als-ob' gemeint, sondern ein grundlegender Prozess von Wirklichkeitsgestaltung, der zunächst einmal keinerlei Intentionalität aufweist und in sich nicht zu werten ist. Für diese Studie, ihre zugrunde liegende Fragestellung und die angewendeten Forschungsmethoden bedeutet dies:

Rationalität spielt im Innovationsprozess eine entscheidende Rolle bei der Erlangung von Legitimation. In dieser Studie soll der Fokus daher auf das Beratungssystem und dessen Fähigkeit gelegt werden, die innovative Technik den geforderten rationalen Standards anzupassen und somit Legitimität zu erlangen. Da der Sprache bei der Verfertigung sozialer Wirklichkeiten – wie es die angenommene Rationalität ist – eine besondere Bedeutung zugestanden wird, muss die Forschung mit der Wahl der Forschungsmethode der sprachlichen Konstruktion sozialer Realität gerecht werden.

3.3   Management-Moden

3.3.1   Der Verweis auf den Effizienz-Mythos

Die Annahme, Management-Techniken würden sich aufgrund ihrer Nützlichkeit und Effizient durchsetzen, rückt unter dem seit Mitte der 1990er Jahre populären Stichwort der ‚Management-Moden' (Abrahamson 1996; Kieser 1996) ebenfalls in ein neues Licht. Die englischsprachige Literatur hat hierfür Begriffe wie *„Management Fads and Fashions"* (Newell, Robertson&Swan 2001), *„Panacea"* oder *„Snake oil"* (Benders&Van Veen 2001) gefunden – Bezeichnungen, die die Diffusion von Management-Praktiken mit den eigenwilligen Gesetzen eines Konsumgütermarktes vergleichen und sie von Geschmack und Modetrends abhängig machen. Diese Bezeichnungen sprechen den Management-Techniken ihren scheinbar rationalen Charakter ab und begegnen der Annahme, Innovationen würden Fortschritt und Verbesserung bringen, auf ironische Art. Verständlicher Weise sind die Autoren und Anhänger neuer Techniken daher auch bemüht, diese gerade nicht als ‚Fashion' – und damit als unseriös – verstanden zu wissen (Benders&Van Veen 2001:34).

Abrahamson (1996:263) geht in seinem Artikel von der Frage aus, *„[i]f norms of progress call for a flow of apparently rational and progressive techniques to sustain the appearance of continuing rational progress, then how do organizational stakeholders come to perceive these techniques as*

rational and progressive rather than as irrational and retrogressive?"
Wenn nicht die 'tatsächliche' Effizienz einer Technik ausschlaggebend für deren Erfolg im Diffusionsprozess ist, sondern vielmehr der allgemeine Anschein von Rationalität und Fortschrittlichkeit, wie und wo kommt dann dieser Anschein zustande? Seine Antwort verweist auf die so genannte ,management fashion setting community', welche die kollektive Wahrnehmung einer Methode als rational und progressiv formt und für die Verbreitung dieser Ansicht sorgt. Diese Community besteht unter anderem aus Beratern, Business Schools, Management Gurus und den Massenmedien. Management-Moden und das Herstellen derselben definiert Abrahamson daher als *"[...] the process by which management fashion setters continuously redefine both theirs and fashion followers' collective beliefs about which management techniques lead rational management progress"* (1996:257).

Abrahamson vermutet den konstruierenden und definierenden Prozess, der zu der Wahrnehmung einer Methode als rational führt, allein auf der Seite der ,Fashion Setters'. Die Rolle der Manager sieht Abrahamson begrenzt auf das Aufnehmen der als rational und progressiv betitelten Praktik. Diese Sichtweise, die der sozialen Konstruiertheit von Wirklichkeit nur auf Seiten der Produzenten und Distribuenten einer Methode und somit einseitig Rechnung trägt, wird von Autoren wie Benders & Van Veen (2001) und Clark (2004) kritisiert. So stellt Clark zum einen fest, dass sich die Literatur zum Thema ,Management Fashion' vor allem mit der *„dissemination/diffusion phase within the fashion cycle"* (Clark 2004:300) beschäftigt,[43] d.h. mit einer Phase, in der der fashion setting process laut Abrahamson schon an seinem Ende angelangt ist. Gerade bzgl. des gestaltenden Einflusses der Nutzer betont Clark,

---

[43] So verspricht der Special Issue on Management Fads and Fashion des Journals Organization (2001), *"gaps and weaknesses of current theory in management fashion"* (Newell, Robertson&Swan 2001:5) zu thematisieren. Dies jedoch nur bzgl. *„the diffusion processes and rhetorical strategies surrounding ,popular' management ideas and practices"* (Newell, Robertson&Swan 2001:6).

„[...] that by the time ideas are disseminated to a managerial audience they have already been subject to a series of selection decisions. [...] At the dissemination stage, therefore, the management audience chooses from a pre-restricted menu of ideas that have been pre-selected on the basis of their blockbuster potential and have subsequently been carefully crafted in order to increase their likelihood of success." (Clark 2004:302)

Den Innovationsprozess versteht Clark (2004:300) mit einem generellen Blick auf Moden (Abrahamson 1996) und unter Bezug auf Hirsch (1972) als vierstufig: kulturelle Innovationen werden im Show-Business, in Literaturzirkeln, Kinos oder ähnlichem kreiert (creation). Fashion-Setting-Organisationen nutzen sodann Scouts, um zunächst in ausgewählte Kreise mit den neuen Produkten einzudringen (selection). Erst nach dieser Testphase wird in einem dritten Schritt das Produkt einem breiten Markt zur Verfügung gestellt (processing). Die letzte Phase, der sich gleichzeitig die meisten Studien widmen, stellt die der Dissemination oder Verbreitung des Produkts auf dem Zielmarkt dar. Abrahamson vermutet ganze Industrien, die in den fashion setting process eingebunden sind: *„Entire industries often stand between the creators of innovations and the masses who use these innovations if they become fashionable. These industries produce the cultural fashions that the masses consume"* (Abrahamson 1996:263). Während der Prozess der Konstruktion von kulturellen Moden auf Seiten der Fashion-Industrie verortet wird, spricht Abrahamson den Konsumenten jegliche aktive Rolle in diesem Prozess ab. Diese Massen nehmen laut Abrahamson die Technik auf, formen sie aber nicht mehr. Die Reduktion des Managers auf die Rolle eines Schiedsrichters, der nur über die neue Methode entscheidet, sie aber nicht prägt, kritisiert Clark.

„[My, A.B.] research suggests that the popularity and success of a particular idea cannot simply be understood in terms of the factors explaining managers' receptiveness. Account has to be taken of all those people whose collective actions constitute the final product. Thus, a management fashion setter is located at the centre of a web of co-operative relationships that are essential to the final outcome." (Clark 2004:302)

Clarks Fokus richtet sich nicht nur auf die Fashion-Industrie, sondern auf all die Personen und Akteure, die am Entstehungsprozess einer neuen

Management-Mode beteiligt sind. Hierbei betont er ausdrücklich die Rolle der Organisationen und ihrer Manager. Will man den Eingang neuer Methoden in Unternehmen besser verstehen, so gilt: *"[G]reater stress needs to be placed on understanding the nature and process by which organizations adopt fashionable management ideas"* (Clark 2004:304).

Die Beratungs- und Management-Methode der Organisationsaufstellung – die in der vorliegenden Studie als instrumentelle Innovation untersucht werden soll – ist für eine Betrachtung bzgl. ihres Eingangs und ihrer Verankerung in Organisationen von besonderem Interesse, da ihr bisher innerhalb des Managements (noch) kein Fashion-Status zugeschrieben werden kann. Es handelt sich vielmehr um eine Methode, die den Erwartungen von Rationalität auf den ersten Blick widerspricht und noch nicht legitimiert ist. Aufgrund ihres ,esoterischen', irrationalen Anscheins ist zu vermuten, dass gerade bei dieser Methode Prozesse der Legitimierung deutlich zu beobachten sein werden. Mit Clark (2004) wird davon ausgegangen, dass diese Prozesse auch innerhalb des Unternehmens und in seinem Umgang mit der neuen Technik sichtbar werden.

3.3.2 Interpretative Viabilität und Mehrdeutigkeit

Geht man mit Clark (2004) davon aus, dass der Fashion-Setting-Prozess nicht nur von Seiten der ,Produzenten' einer neuen Management-Methode gestaltet wird, sondern auch Manager als deren Konsumenten einen aktiven und konstruierenden Part spielen, so gelangt das Konzept der *„interpretativen Viabilität"* (Ortmann 1995:371ff) in den Blick. Management-Konzepte haben demgemäß eine größere Durchsetzungskraft, wenn sie unterschiedliche Interpretationen zulassen und in ihrer Lesart nicht festgeschrieben sind, also unterschiedliche Parteien ihre jeweils ganz eigene Version des Management-Konzeptes ,erkennen' können. Benders & Van Veen beschreiben das Konzept als *„key characteristic of management fashion"* (2001:34): *„The interpretative viability allows that different parties can each ,recognize' their own version of the concept. These parties may thus accept and even embrace a concept because they see it as* *being beneficial to their interest"* (Benders&Van Veen 2001:38). So empfiehlt auch Kieser (1997:59), Management-Konzepte mehrdeutig zu halten, um ihre Erfolgschancen zu erhöhen. Gerade die Ambiguität eines Konzeptes erlaubt es den Anwendern, die Deutungen auszuwählen, die ihnen zusagen und andere zu ignorieren. Clark versteht die *„malleability and plasticity"*, also die (Ver)Formbarkeit einer verbreiteten Management-Idee, als eines ihrer Hauptmerkmale:

> *„This creates an interpretative space in which an idea can be adapted to a broad range of situations and so becomes viewed as a universal panacea. These ideas are thus able to travel across different domains and as they become incorporated into each their meaning becomes re-articulated to meet locally occasioned requirements."* (Clark 2004:303)

Benders & Van Veens (2001:40) Studien zeigen, dass das, was sich als die ‚eigentliche' Management-Methode herauskristallisiert, in engem Kontakt zwischen Beratern und ihren Klienten entsteht und nicht von vornherein festgelegt ist. Dieses Zusammenspiel, die Co-Produktion zwischen Fashion-Settern und Managern, wurde in Abrahamsons Ansatz vernachlässigt. Zwar thematisieren Abrahamson & Rosenkopf (1993) die positiv wirkende Mehrdeutigkeit organisationaler Konzepte[44], das individuelle Ausgestalten einer Methode behandelt ihr Aufsatz trotz des Verweises auf Mehrdeutigkeit jedoch nicht.

---

[44] Aufgrund quantitativer Analysen kommen die Autoren zu dem Schluss, dass Mehrdeutigkeit und unscharfe Definitionen bzgl. Nutzen oder Interpretation einer Innovation die Anwendung des Neuen im eigenen Unternehmen begünstigen. Diese Mehrdeutigkeit beziehen sie sowohl auf die organisationalen Ziele, die mit der Methode erreicht werden sollen, als auch auf das Verhalten des kompetitiven Umfeldes. Unabhängig davon, ob eine Innovation in der Lage ist, einen Wettbewerbsvorteil zu generieren, werden Organisationen dann Innovationen anstreben, wenn sie einerseits beobachten können, dass für sie relevante andere Organisationen diese Innovationen umsetzen, und andererseits Unklarheit darüber besteht, welchen konkreten Nutzen die Innovation für die Organisation *selbst* haben könnte (Heideloff 1998:89). Dabei gilt laut Abrahamson & Rosenkopf: *„* [...] *the greater the ambiguity, the less decisions whether to adopt can be based on individual assessments of an innovation's return"* (1993:494). Ausgegangen wird hierbei von einer Methode, deren Ertrag zwar noch nicht klar einzuschätzen ist, deren Ausgestaltung jedoch nicht von dem individuellen Umgang des Systems mit der Methode abhängt.

Da das Zusammenspiel von Fashion-Settern und Managern – aufbauend auf der interpretativen Viabilität der Konzepte – großen Einfluss auf das hat, was Abrahamson (1996) als den Glauben an die Rationalität einer Methode bezeichnet[45], fordern Benders & Van Veen: *„A new conceptualization is required to describe the dynamic processes that are inherent in the processing of fashion by its producers and consumers alike"* (Benders&Van Veen 2001:34). Die geforderte neue Definition und Konzeption von Management-Fashion muss dabei Platz lassen für diejenigen Prozesse, die als Konsequenz auf die interpretative Viabilität sowie aufgrund des häufig pragmatischen Verhaltens der Anwender stattfinden: Prozesse der Adaption, der Übersetzung und der Anpassung.

Geht man mit Ortmann (1995), Benders & Van Veen (2001) und Clark (2004) davon aus, dass Manager Konzepte mitproduzieren und sie formen, so ist die binäre Einteilung eines Konzepts in effizient oder ineffizient nicht länger haltbar. Konzepte sind nicht per se effizient, sondern werden als solche interpretiert, verkörpert und dargestellt. Abrahamsons (1991) frühere Unterscheidung in effizient und ineffizient verliert somit ihre Grundlage: *„What remains are attributions of efficiency, inefficiency and other effects to a particular concept [...]"* (Benders&Van Veen 2001:49). In diesem Sinne ist auch unternehmerischer Wandel nicht einfach das Ergebnis einer verinnerlichten neuen Management-Methode, sondern ist *"[...] linked to the ways in which different actors make use of the discourse around a concept and enact that. Fashion users are not simply setters and followers, but actors who use their own judgement and start from their own interest to decide how to enact fashionable rhetoric"* (Kieser 1997:62). Für diese Studie und die Untersuchung der OA als Management-Methode bedeutet dies:

---

[45] Vgl. Abrahamsons Definition: *„A management fashion [...] is a relatively transitory collective* belief, *disseminated by management fashion setters, that a management technique leads rational management progress"* (1996:257, Hervorhebung A.B.).

Untersuchungsgegenstand dieser Studie sind die vielfältigen Prozesse, die innerhalb und ausserhalb einer Organisation ablaufen, wenn innovative Management-Methoden integriert werden sollen. Manager als ‚Fashion user' werden dabei nicht im Sinne Abrahamsons als Mode-Opfer oder -Anhänger verstanden, sondern als Co-Autoren oder -Produzenten der Management-Methode. Untersucht werden sollen die Formen der Adaption, die geprägt sind von der Mehrdeutigkeit der aufzunehmenden Technik.

3.4 Die Übersetzung der Konzepte

Das von Benders & Van Veen (2001:34) geforderte neue Konzept bzgl. des Management-Fashion-Prozesses findet sich beispielsweise in Studien, die die symbolischen Aspekte von Institutionalisierung betrachten (Czarniawska&Joerges 1996; Czarniawska&Sevón 1996; Zilber 2006). Darin wird deutlich, dass Praktiken und Bedeutungen nicht einfach durch einen Promotor in ein System eingeführt und dort intakt und unverändert aufgenommen werden. Das klassische Diffusionsverständnis nach Rogers geht beim Eingang einer instrumentellen oder methodischen Innovation in ein Unternehmen vom Sender-Empfänger-Modell aus. Dieses frühe Kommunikationsmodell versteht die Sender-Empfänger-Beziehung in Form eines Reiz-Reaktionsschemas: ein aktiver Sender gestaltet die Nachricht, ein passiver Empfänger nimmt sie in ihrer vordefinierten Form auf. Dies wird besonders deutlich, wenn Rogers die Verbreitung einer neuen Idee über ein Netzwerk an potentiellen Nutzern hinweg beschreibt: *„If the first adopter of an innovation discusses it with two other members of the system, each of these two adopters* passes the idea along to two peers [...]. *The process is similar to that of an unchecked infectious epidemic"* (Rogers 2003:274, Hervorhebung A.B.). Wie ein ansteckender Virus wandert die innovative Idee von Sender zu Empfänger. Dem von Lakoff & Johnson (1998) formulierten Metaphernmodell[46] „IDEEN SIND CONTAINER" folgend,

---

[46] Auf das Metaphernverständnis Lakoff & Johnsons (1998) wird in Kapitel IV genauer eingegangen. Die Autoren gehen davon aus, dass Metaphern eine wesentliche Struktu-

können die als abgeschlossene Container gedachten Ideen unverändert von einem Sender an einen Empfänger weitergegeben werden. Dieser erhält exakt das, was der Sender ‚losgeschickt' hat. Die Container-Metapher hat zur Folge, dass die Botschaft und ihr Inhalt als Entitäten gesehen werden, deren Sinn und Bedeutung festgeschrieben sind.

> *„Wenn eine Botschaft Entitäten enthält, die jemand absichtlich dort hineingelegt hat, so sollte daraus folgen, daß ihr Empfänger sie genau so entnimmt. Sollte er ihr aber etwas anderes entnehmen, so muß nach dieser Logik entweder ein Fehler auf dem Übertragungsweg vorliegen, oder der Empfänger ist inkompetent, hinterhältig oder gar verrückt."* (Krippendorff 1994:87)

Das Sender-Empfänger-Modell mit seiner Annahme, eine Idee sei wie ein fester Gegenstand weiterzugeben, wird innerhalb der Diffusionstheorie in keiner Weise hinterfragt. Das Translation-Modell dagegen kritisiert diese Vorstellung einer 1:1 Übertragung, bei der die Formbarkeit von Ideen oder Informationen nicht beachtet wird. Laut Czarniawska & Joerges (1996) werden Management-Praktiken beim Eindringen in ein Unternehmen aktiv geformt und verändert. Sie haben für dieses Modell den Begriff der ‚translation' geprägt. Diese aus der Linguistik stammende Metapher verweist auf eine Interaktion zwischen den einzelnen Parteien, deren gegenseitige Verhandlungen die neuartige Praktik beim Eindringen in das Umfeld formen. Laut Czarniawska ist es dabei

> *„[...] important to emphasize that the meaning of 'translation' in this context far surpasses the linguistic interpretation: it means 'displacement, drift, invention, mediation, creation of a new link that did not exist before and modifies in part the two agents' (Latour 1993:6). The notion of translation is central to studies of science and technology described as constructionist (Knorr-Cetina 1994)."* (Czarniawska-Joerges 1997:370)

Das Verständnis der Übersetzung geht auf Michel Serres zurück. Callon & Latour (1981) und Czarniawska & Sevon (1996) griffen es auf und ent-

---

rierung unseres Denkens ausmachen. Metaphorische Konzepte im Sinne Lakoff & Johnsons werden in Kapitälchen wiedergegeben.

wickelten es weiter.[47] Mittlerweile wird es auch in empirischen Studien (Zilber 2006) angewendet. ‚Übersetzung' steht dabei nicht für eine ‚wörtliche' Übertragung eines bestehenden Textes in eine andere Sprache oder einen anderen Kontext, sondern vielmehr für die Anpassung des Textes an seinen neuen Kontext. Übersetzen heißt, eine neue und zugänglichere Form für viele bisher noch unverbundene Objekte zu finden (Bär 2000).

Betrachtet man aus dieser Perspektive den Innovationsprozess, so kann dieser nicht als bloße Akzeptanz oder Ablehnung[48] gedacht werden; Systeme eignen sich Neues an und formen es dabei: *„We observe a process of translation – not one of reception, rejection, resistance, or acceptance"* (Latour 1992a:116). Die Übersetzung geschieht in einem gemeinsamen Verhandlungsprozess zwischen den beteiligten Akteuren, bei dem das System die Innovation formt und ihr neue Funktionen und Bedeutungen zuschreibt. *„Translation aims at the appropriation of an external thing, which is then given another function, an altered meaning and often a new shape in the new context"* (Rottenburg 1996:214). Den Eingang einer Innovation in ein System als Diffusion anzunehmen, die es dem Neuartigen erlaubt, in einer vordefinierten Form in einen Kontext einzutreten, wird der Komplexität des Innovationsprozesses demnach nicht gerecht. Statt also von fixen Strukturen und Praktiken auszugehen, haben wir es mit Transformation und Adaption von ideellen und materiellen Objekten zu tun (Zilber 2006:283).

---

[47] Bruno Latour (1992a; 1992b; 2005) sowie Michel Callon (1986) und John Law (1992) haben die so genannte Actor-Network-Theory geprägt. Diese betrachtet auch nicht-menschlicher Handlungsträger (wie technische Objekte oder ganze Organisationen) als Akteure. Diese Sichtweise führt dazu, dass Erfolge bspw. im Innovationsprozess nicht länger einzelnen (Führungs-)Persönlichkeiten zugeschrieben werden können, sondern aus einem ganzen Actor-Network hervorgehen. Das Konzept der Übersetzung ist in der Actor-Network-Theory zentral.

[48] Rogers (2003:21) geht bei der Diffusion einer Innovation von der binären Entscheidung jedes einzelnen Akteurs aus, die Innovation einzusetzen oder nicht. Er spricht in diesem Zusammenhang von *„adoption or rejection"*.

Erst die Übersetzung der Konzepte ermöglicht Wandeln in Organisationen. Wie Nagel (2001) betont, bildet jedes System eigene Operationsweisen sowie Kommunikations- und Sinnstrukturen aus, die es ihm ermöglichen, die Komplexität der Welt zu reduzieren.

> *„Wandel bedeutet dann zuvorderst, Neues und bislang Ungewohntes an die Operationsweise des Systems anschlussfähig zu machen, damit Veränderung überhaupt vom System ‚verstanden' und als relevante Differenz wahrgenommen werden kann."* (Nagel 2001:56)

So betonen auch Hargadon & Douglas (2001) bzgl. der Erfindung neuer Ideen, dass „[t]*o be accepted, entrepreneurs must locate their ideas within the set of existing understandings and actions that constitute the institutional environment [...]"* (Hargadon&Douglas 2001:476). Die Beschreibung der stattfindenden Übersetzung und die Beobachtung, wie Neues innerhalb des Unternehmens an Bekanntes angeschlossen wird, ist somit ein wichtiger Schritt, um den Verbreitungsprozess neuer Ideen zu verstehen.

III   Einführung in das Projekt

1   DIE INNOVATION: ORGANISATIONSAUFSTELLUNGEN IM MANAGEMENT

Exemplarisch für viele mögliche instrumentelle Innovationen wurde in diesem Forschungsprojekt die Methode der Organisationsaufstellung (OA) und ihr Einsatz als eine Beratungs- und Managementtechnik in Unternehmen untersucht. Mit Bezug auf Rogers (2003:12) muss die OA als Methode keineswegs objektiv neu und damit generell unbekannt sein. Entscheidend für den Status als Innovation im Unternehmen ist die individuell wahrgenommene Neuartigkeit unter den Mitarbeitenden. Die OA wird bereits in verschiedenen Unternehmen in den Bereichen Personal- und Organisationsentwicklung, Coaching, Strategieentwicklung oder Marketing eingesetzt. Mit Weber, Schmidt & Simon (2005) kann festgehalten werden, dass sich die Aufstellungsarbeit[49]

> „[...] *in den letzten 15 Jahren besonders im deutschsprachigen Raum – aber auch weltweit – in unterschiedlichen Arbeitsfeldern mit einer Geschwindigkeit und Kraft ausgebreitet* [hat, A.B.], *wie schon lange keine andere Methode mehr. Gleichzeitig hat aber auch keine andere Methode eine so kontroverse Aufnahme erfahren und eine derartige Polarisierung ausgelöst, zur unversöhnlich erscheinenden Spaltung zwischen Befürwortern und Gegnern geführt, eine ungeheure Anziehungs- und Abstoßungskraft entfaltet.*" (2005:10)

Die OA kann als eine Methode gelten, die in den letzten Jahren immer bekannter wurde und mittlerweile auch vereinzelt im Management Anwendung findet. Ein Fashion-Status kann ihr jedoch noch lange nicht zugeschrieben werden. Daher ist die OA besonders interessant wenn es um eine Untersuchung der ersten Schritte der Verbreitung einer neuen Management-Methode geht.

---

[49] Die Bezeichnung ‚Aufstellungsarbeit' hat sich als übergreifender Begriff für die verschiedenen Formen der systemischen Aufstellung durchgesetzt (vgl. Kapitel III.1.1).

In diesem Kapitel soll aufgezeigt werden,

- auf welchen Grundannahmen die Methode basiert (Kapitel 1.1),

- worin Herausforderungen beim Aufstellen im Unternehmen bestehen (Kapitel 1.2) und

- was die OA zu einer Innovation im Management macht (Kapitel 1.3).

1.1   Die Methode der Organisationsaufstellung

Die OA stellt nur eine mögliche Form der so genannten systemischen[50] Aufstellung dar. Aufstellungen erlauben die räumliche Darstellung eines sozialen Systems mit Hilfe von Repräsentanten. Dies sind reale Personen, welche stellvertretend[51] für verschiedenste Aspekte des zu untersuchenden Systems aufgestellt werden (Groth 2005).

> „[‚A]ufgestellt' heißt hier, dass aus einer Personengruppe Repräsentanten für die einzelnen Systemteile ausgesucht werden, die anschließend im Raum so angeordnet werden, wie es aus der Sicht der Klientin der Beziehungs-struktur der einzelnen Systemteile untereinander entspricht." (Sparrer 2002:99)

---

[50] Die Aufstellungsarbeit versteht sich als systemische Form des Arbeitens. Dabei wird auf den Systembegriff der Systemtheorie (Luhmann 1984) zurückgegriffen (Grochowiak&Castella 2001:13f). Die Bezeichnung ‚System' steht in diesem Zusammenhang für eine gegliederte Ganzheit, die einem spezifischen Ordnungsprinzip folgt. Die einzelnen Bestandteile des Systems weisen Beziehungen untereinander auf, welche eine besondere Qualität haben und miteinander in Wechselwirkung stehen. Die Elemente eines Systems existieren somit nicht isoliert voneinander, ihr Verhalten beeinflusst sich gegenseitig in der Weise, dass eine Veränderung an einem Punkt eine Veränderung an einem anderen Punkt nach sich zieht, die wiederum verändernd auf den ersten Punkt zurückwirkt. Systeme dieser Art lassen sich auf den unterschiedlichsten Ebenen beobachten: als Familiensystem, Arbeitssysteme, Körpersystem ... All diese Systemformen können prinzipiell in einer systemischen Aufstellung abgebildet werden.

[51] Repräsentanten werden dementsprechend auch als Stellvertreter bezeichnet. Die Formulierung des ‚Schauspielers' ist dagegen nicht geläufig, da nicht davon ausge-gangen wird, dass Repräsentanten etwas ‚spielen'. Ebenso wenig erhalten sie Regiean-weisungen für ihre Aktionen. Sie verkörpern vielmehr das, was sie in der Situation wahrnehmen und handeln dem inneren Gefühl entsprechend.

Die Methode bildet eine Möglichkeit, das ‚innere Bild'[52] eines Klienten von seinem System mit Hilfe von Stellvertretern zu externalisieren, zu betrachten und zu bearbeiten. Dieses im Anfangsbild einer Aufstellung sichtbar werdende externalisierte Bild des Klienten hat gegenüber dem internalisierten Bild den Vorteil, dass es durch Umstellen der Stellvertreter, durch so genannte ‚lösende Sätze' oder Rituale im Laufe der Aufstellung bearbeitet werden kann.[53] Aufstellungen werden von Aufstellungsleitern[54] angeleitet und finden in ihrer klassischen Form in einer Gruppe von etwa sechs bis 20 Personen statt. Dabei wird eine Aufstellung für eine Person, den Klienten, durchgeführt. Dieser formuliert sein ‚Anliegen', d.h. die Fragestellung oder das Problem, das er in der Aufstellung bearbeiten möchte. Dann wählt er Repräsentanten für alle relevanten Aspekte des Problems aus. Das eigentliche ‚Aufstellen' geschieht der Reihe nach: jedem Repräsentanten werden vom Klienten von hinten die Hände auf die Schultern gelegt. Der Klient führt dann den Repräsentanten auf den Platz, der sich ‚stimmig' anfühlt. Zur Erläuterung dieses Schrittes des eigentlichen Aufstellens bietet sich laut Schlötter (2005:12) die sprachliche Metapher „Wie stehen wir zueinander?" an. Die Repräsentanten sollen keinem vorher überlegten Bild nach aufgestellt werden, sondern spontan, intuitiv und dem Gefühl entsprechend (Baumgartner 2006:63). Eine Aufstellung will nicht das intellektuelle Bild eines Klienten abbilden, sondern das implizite Verständnis einer Situation verdeutlichen. Fällt es einem Klienten schwer, intuitiv und ohne vorgefertigtes Bild aufzustellen, rät die

---

[52] Als ‚inneres Bild' wird das mitunter implizite Verständnis des Klienten einer Situation bezeichnet (vgl. die Metaphernanalyse in Kapitel V, Konzept F). Dieser Ausdruck ist eng mit dem Anspruch der OA verbunden, auf implizites Wissen zuzugreifen.

[53] Den genauen Ablauf einer Aufstellung von der Auftragsklärung bis hin zum so genannten Lösungsbild stellen Lehmann (2006:52-59), Schlötter (2005:17-19) und Baumgartner (2005:62-65) in ihren Dissertationen detailliert und verständlich dar. Für eine umfangreichere Einführung in den Ablauf und die einzelnen Techniken der Organisationsaufstellung siehe auch das Handbuch von Erb (2001:27-40).

[54] Für Aufstellungsleiter ist auch die Bezeichnung ‚Aufsteller' üblich. Da die Organisationsaufstellungen in der vorliegenden Fallstudie in einen Beratungsprozess eingebettet waren, wird der Aufstellungsleiter in dieser Arbeit ‚Berater' genannt.

Literatur dem Aufstellungsleiter, den Aufstellungsprozess verbal zu unterstützen: „*Achte auf Füsse, Hände, Atem* ... " (Erb 2001:35).

1.1.1 Ursprünge und Grundlagen

Aufstellungen spiegeln Sichtweisen auf Systeme wider, wobei Aufstellungen über die unterschiedlichsten Systeme Auskunft geben können. Die bekannteste und ursprünglichste Aufstellungsform ist die von Hellinger in den 1980er Jahren entwickelte Familienaufstellung[55]. Ende der 90er Jahre wurde diese klassische Form der Aufstellung durch Weber (2000b; 2001), Varga von Kibéd & Sparrer (2000) sowie Grochowiak & Castella (2001) abgewandelt und auf den Organisationskontext übertragen. Als ‚Organisationsaufstellung' wird seitdem sowohl die räumliche Darstellung der Strukturen eines Unternehmens, einer Abteilung oder eines Teams als auch die abstraktere Darstellung eines organisationalen Problems oder einer Fragestellung verstanden (Groth&Simon 2005:56). Mit ihrer systematischen Entwicklung unterschiedlichster Aufstellungsformen unter der Bezeichnung der Systemischen Strukturaufstellung gelang Varga von Kibéd & Sparrer (2000) die Erweiterung der Aufstellungsarbeit auf alle denkbaren Systeme.[56] Kohlhauser & Assländer (2005:13) betonen, dass systemische Aufstellungen kein standardisiertes Werkzeug sind. Vielmehr sind sie ein sich ständig weiterentwickelnder Beratungsansatz in den Händen vieler, der immer wieder zu neuen Aufstellungsformen und Herangehensweisen führt.

Was systemische Aufstellungen von anderen Formen der Visualisierung innerer Bilder unterscheidet, ist die Nutzung der Repräsentanten als „[…] *Wahrnehmungsorgan für Beziehungsstrukturen eines fremden Systems"*

---

[55] Die Wurzeln der Familienaufstellung gehen u.a. auf das Psychodrama nach Jacob Levy Moreno, die Familienrekonstruktion nach Virginia Satir und die Hypnotherapie nach Milton Erickson zurück. Einen Überblick über die Ursprünge und Entwicklungen der Familien- sowie Organisationsaufstellung geben Baumgartner (2006:51-61) und Gleich (2008:11).
[56] Auf die unterschiedlichen Aufstellungsformen der Systemischen Strukturaufstellungen (Syst) geht Sparrer (2000:101-125) ausführlich ein.

(Varga von Kibéd 2000:18). Die Äußerungen der Repräsentanten bzgl. ihrer Körperwahrnehmungen, Gefühle und Empfindungen an den jeweiligen Plätzen in der Aufstellung dienen dem Berater als grundlegende Hinweise für seine Interventionen. Die so genannte ‚repräsentierende Wahrnehmung' ist laut Varga von Kibéd (2000:16) das zentrale gemeinsame Moment aller systemischen Aufstellungsformen. Die Methode geht davon aus, dass eine von einem Repräsentanten geäußerte Wahrnehmung nicht als spezifische Äußerung dieser Person angenommen werden kann. Vielmehr ist sie Ausdruck des repräsentierten Systems. Die Wahrnehmung des Repräsentanten ist also nicht (nur) durch seine Persönlichkeitsstruktur, die individuelle Vorgeschichte, die Erfahrungslage oder Motivation bestimmt, sondern vor allem durch seine Position innerhalb des jeweils repräsentierten Beziehungsgefüges (Simon in Schlötter 2005:II).

Die Annahme, eine beliebige Person könne ein Mitglied eines Systems verkörpern und Aussagen tätigen, die zu dem repräsentierten System gehören, wirft einige Fragen auf: Ist es tatsächlich so, dass die Repräsentanten einer Aufstellung aufgrund ihrer Wahrnehmungen aussagekräftige Aussagen über das repräsentierte System machen können? Wie kommt es zu diesem Phänomen? Oder anders: Wie können Stellvertreter etwas wissen, was sie nicht wissen können (Baecker 2007:23)? Wenn mit Hilfe von wildfremden Repräsentanten das innere Bild eines Klienten dargestellt wird, bildet dieses Bild dann in der Tat das reale System ab (Rüegg-Stürm&Schumacher 2007:66)? Kommen also in einer Systemaufstellung Wahrheiten und Wissen zum Vorschein (Schlötter 2005:197)? In der Literatur zur Systemaufstellung finden sich solche Vermutungen des Öfteren. So heißt es beispielsweise bei Grochowiak & Castella: *„Die Stellvertreter agieren als unvoreingenommene Medien, die die Interaktionsmuster des zu beratenden Systems widerspiegeln. Die Wahrnehmungen der Stellvertreter spiegeln die Realität des Systems wider […]"* (2001:20). Wie Groth (2004:174) dabei betont, wird auffallender Weise nicht die Kausalität an sich angezweifelt, sondern stets darauf hingewiesen wird, dass eine Erklärung[57] für die Art des Zusammenhangs zwischen Realität und Repräsentation (noch) fehle.

Wille (2007:35) weist diesbezüglich darauf hin, dass gerade *„die Rede von der ‚Repräsentation' verhext"*. Eine Repräsentation gilt als Abbild einer realen Situation. Dabei muss die Repräsentation vom Abbild verschieden sein; es liegt jedoch im Begriff der Repräsentation, dass sie richtig oder falsch sein können muss. Dies lässt hinterfragen, ob Repräsentanten einer Aufstellung ‚die Wirklichkeit' abbilden. Wille plädiert dafür, dass eine Theorie der Aufstellungsarbeit – ähnlich wie die Entwicklung der Sprachphilosophie über den ‚linguistic turn' – Abschied von der Vorstellung nehmen muss, ‚die Realität' fände ihre ‚Abbildung' in einer Aufstellung. Es bräuchte vielmehr eine Form der Beschreibung von Aufstellungen, die diese Illusion einer Repräsentation gar nicht mehr aufkommen lässt.

Statt das Phänomen der repräsentierenden Wahrnehmung zu erklären, untersucht Schlötter (2005) in einer quantitativ angelegten Studie die Frage, ob die Rückmeldungen der Stellvertreter aus ihren Rollen als *„Zufallsprodukte"* zu verstehen sind. Damit strebt er den *„empirischen Nachweis"*[58] des Phänomens der repräsentierenden Wahrnehmung an. Die Studie umfasst vier verschiedene Versuchsanordnungen. Deren vergleichende Betrachtung bestätigt laut Schlötter, dass die repräsentierende Wahrnehmung in systemischen Aufstellungen in hohem Maße von den natürlichen Personen der Stellvertreter unabhängig ist.

---

[57] Erklärungen des Phänomens der repräsentierenden Wahrnehmung nehmen häufig Bezug auf die von Sheldrake (2001) formulierte These der morphogenetischen Felder. Das aus der Biologie stammende Modell verweist darauf, dass „[…] *die Differenzierung einer Zelle von ihrer Position in diesem Feld abhängt"* (Prigogine zit. nach Schlötter 2005:184). Sheldrake überträgt dieses biologische Modell auf gesellschaftliche und kulturelle Phänomene und erklärt damit, bezogen auf die Aufstellungsarbeit, die repräsentierende Wahrnehmung. Systemwissen ist demnach in den Beziehungen der Elemente zueinander und nicht in den Elementen selbst eingelagert (Rosselet 2005:19). Allerdings ist es bislang nicht gelungen, Versuchssettings zu entwickeln, die die These der morphogenetischen Felder empirisch stützen.
[58] Vgl. den Titel von Schlötters Dissertation „Vertraute Sprache und ihre Entdeckung. Systemaufstellungen sind kein Zufallsprodukt – der empirische Nachweis".

„Die Untersuchung belegt mit hohem Signifikanzniveau, dass wir –
zumindest in unserer westlichen Kultur – ein überindividuell ähnliches
Erleben der Bedeutung der Stellung von Personen zueinander im Raum
haben und in ähnlichen Positionen zu ähnlichen Deutungen und Erlebnis-
weisen kommen.“ (Simon in Schlötter 2005:III)

Damit gibt es zwar ernstzunehmende Hinweise, dass die Äußerungen in
systemischen Aufstellungen keine Zufallsprodukte sind. Die eigentlichen
Wirkmechanismen der Methode bleiben jedoch weiterhin undurchsichtig.
Für den Klienten einer Aufstellung sind Aufstellungen – trotz ausstehender
Erklärung ihrer Wirkweise – sehr mächtige Werkzeuge, die persönlichste
Themen behandeln. Unabhängig von einer getreuen Abbildung des eigenen
Systems kann das Durchführen einer Aufstellung für den Klienten eine
zutiefst berührende, aber auch verunsichernde Intervention darstellen. Die
Methode der Aufstellungsarbeit wird daher in der Öffentlichkeit, aber auch
von Seiten anderer psychotherapeutischer Fachrichtungen[59] mitunter scharf
kritisiert (Lakotta 2002; Goldner 2003).

1.1.2 Wirkungs- und Wirklichkeitsverständnis

Die Auswirkungen bzw. der Nutzen einer Aufstellung sind ähnlich schwer
zu belegen wie ihre Wirkmechanismen. Galt für die Familienaufstellung
nach Hellinger noch die Vorstellung, eine nachträgliche Wirkungsanalyse
würde die Wirkung der Methode stören[60], so kommt es mit zunehmender
Verbreitung der OA nun zu Evaluationen der Auswirkungen einer Aufstellung (Meyrat 2003; Kohlhauser&Assländer 2005; Lehmann 2006; Gleich
2008). In einer überblicksartigen Zusammenfassung dieser empirischen
Studien nennt Baumgartner (2006:80f) als Effekte einer Aufstellung das
Erlangen neuer Sichtweisen auf ein Problem, was zu mehr Klarheit und
Sicherheit im Umgang mit dem Thema führt. Dabei erleben es Klienten als

---

[59] Kritik kommt bspw. von Seiten der Kritischen Psychologie:
http://www.kripsy.de/archiv/archiv_050211.html. Zugriff am 25.11.08.
[60] Hellinger geht in seiner Arbeit von einem Kraftfeld aus, innerhalb dessen mit einer
Aufstellung Heilung erreicht werden kann. Nachfragen bzgl. der Wirkung stören seiner
Ansicht nach den Prozess dieser Heilung. Er warnt daher zur *„Vorsicht bei Erfolgs-*
kontrollen“ (Hellinger 2001:220).

hilfreich, dass sie in der Aufstellung eine Außenperspektive einnehmen und das Geschehen beobachten können. Baecker verortet den Erfolg des Verfahrens darin, „[…] *dass man als Beobachter wie als Teilnehmer* auf *eine Situation schauen kann,* in *der man zugleich steckt"* (2007:14, Hervorhebung im Original). Die dabei entstehende Perspektive ist häufig durch eine ganzheitlichere und vielfältigere Sicht auf das System geprägt. Aufgrund der Komplexitätsreduktion unterstützt das Durchführen einer Aufstellung den Klienten bei Entscheidungen und zeigt neue Handlungsoptionen auf.

Die Bedeutung der Wirkungsforschung innerhalb der Aufstellungs-Community ist ohne Kenntnis der Diskussion um das Wirklichkeitsverständnis der verschiedenen Aufstellungsformen kaum nachvollziehbar. So geht die Familienaufstellung nach Hellinger in der Annahme eines Kraftfeldes davon aus, dass Aufstellungen auch Auswirkungen auf die nicht-anwesenden Familienmitglieder haben (Hellinger 2001:232). Neben den Bemerkungen der Klienten, dass sie die Äußerungen der Stellvertreter als erstaunlich ‚echt' und ‚übereinstimmend' mit den wirklichen Personen erleben, finden sich in der Literatur zahlreiche Hinweise, dass sich im Anschluss an eine Aufstellung im Realsystem Verbesserungen ergeben haben, ohne dass ein Beteiligter der Aufstellung mit realen Vertretern des dargestellten Systems kommuniziert hätte (Groth 2004:182). Diese Annahme erweitert die Frage, *wie* Aufstellungen wirken, zu der sehr viel mystischer klingenden Frage, *was* in Aufstellungen wirkt (Groth 2004:173). Dies führt zu dem Vorwurf, systemische Aufstellungen seien ein ‚esoterisches' Werkzeug, mit Hilfe dessen auf jenseitige Kräfte oder ähnliches zugegriffen werden könne.

Das Wirklichkeitsverständnis der OA ist von einer systemisch-konstruktivistischen Haltung geprägt und unterscheidet sich darin deutlich von der phänomenologisch[61] orientierten Familienaufstellung. Vor einigen Jahren fand in der Literatur eine ausführliche Diskussion der Einordnung der systemischen Aufstellung in die Kategorien Phänomenologie versus Konstruktivismus statt (Essen 2001; Madelung 2001; Sparrer 2001). Ziel dieser Unterscheidung war sicherlich auch die Markierung eines Unterschieds zwischen der von Hellinger (2001:212) als phänomenologisch bezeichneten Familienaufstellung und der sich als systemisch-konstruktivistisch verstehenden Herangehensweise von Aufstellern wie etwa Varga von Kibéd oder Sparrer (2001). Gerade innerhalb des Kontextes der OA gab es eine starke Betonung der systemisch-konstruktivistischen Haltung und damit einhergehend eine Abgrenzung von sichtbar werdenden ‚Wahrheiten‘. Die Literatur zur OA nimmt von einer ‚mystischen‘ Wirkung Abstand und verweist darauf, dass das erarbeitete Lösungsbild *„als Informations- und Kraftquelle"* dienen könne und *„die Fantasie und den Handlungsspielraum desjenigen, der aufgestellt hat"* (Erb 2001:16), erweitere. Auf einen Nutzen im Sinne einer gemeinsamen konstruktivistischen Verfertigung der Realität verweisen auch Rüegg-Stürm & Schumacher (2007). Ihnen zufolge erlauben Aufstellungen, die sie als systemische Organisationssimulation bezeichnen,

„[…] eine sorgfältige Beobachtung und einen informierten Umgang mit den latenten Strukturen einer Organisation, d.h. mit Regeln und Grundannahmen zur Zusammenarbeit, Führung und Kommunikation einer Organisation, die selbst häufig nicht beobachtbar und kommunizierbar scheinen. […] Der Zugang zu latenten Strukturen, den die systemische Organisationssimulation zumindest vor dem Hintergrund eines konstruktivistischen Verständnisses des Verfahrens anbietet, hat nichts mit der spektakulären Enthüllung von ‚objektiven Wahrheiten‘ zu tun, wie es bisweilen erscheinen mag oder auch so dargestellt wird." (2007:78f)

---

[61] Phänomenologie bedeutet, dass „[…] *die Wahrnehmung einer tiefer liegenden, archaischen Schicht menschlicher Beziehungszusammenhänge entspricht und nicht, wie im Konstruktivismus, einer in Kontexten konstruierten Wirklichkeit. […] Hellinger lehnt vor allem die Leitidee des radikalen Konstruktivismus ab, die besagt, dass wir unsere Wirklichkeit in der Sprache gemeinsam konstruieren"* (Baumgartner 2006:56).

Systemische Aufstellungen werden damit verstanden als ein Verfahren der Organisationsdiagnose und Lösungsfindung (Rüegg-Stürm&Schumacher 2007), nicht aber der direkten Problemlösung vor Ort. Als Nutzen für den Klienten werden die Visualisierung der Problemsituation (Rosselet 2005:16), das Kennenlernen und Einnehmen eines neuen Blickwinkels (Rüegg-Stürm&Schumacher 2007), die Infragestellung und Erweiterung der eigenen Perspektive (Simon in Schlötter 2005:I) oder das Erlangen neuer Impulse für Veränderungen (Kleinschmidt 2005) genannt.

1.2 Herausforderungen beim Aufstellen im Unternehmen

Wendet man die OA im Management eines Unternehmens – also ‚inhouse' – an, so bringt dieses ‚Setting'[62] noch einmal besondere Herausforderungen mit sich. Nicht nur aus Sicht der Unternehmen, sondern auch seitens der Berater, die mit der OA arbeiten, ist die Arbeit in Management-Teams ungewöhnlich und innovativ. Im Folgenden wird dargestellt, was Aufstellungen in Unternehmen auszeichnet und welche Veränderungen des Formats für diese Art der Intervention aus Sicht der Aufstellungsliteratur angezeigt sind.

1.2.1 Das ‚Setting' einer Aufstellung

Die OA kann im Rahmen verschiedener Settings stattfinden. Sehr üblich sind Aufstellungen in so genannten ‚stranger groups': In diesen Seminaren treffen sich Manager aus unterschiedlichsten Kontexten und Arbeitsfeldern in der Regel für ein bis drei Tage, um ihre organisationalen Anliegen aufzustellen. Diese Form der Anwendung hat den Vorteil, dass die Klienten in einer Gruppe von Nicht-Betroffenen (bezogen auf das eigene Thema) offen ihre inneren Bilder aufstellen können, ohne auf anwesende Beteiligte Rücksicht nehmen zu müssen. Von dieser Atmosphäre der Offenheit und Ungeschminktheit profitieren auch die aufgestellten Repräsentanten, die ehrlich und ohne abzuwägen ihre Rückmeldungen äußern können (Weber

---

[62] Als ‚Setting' einer Aufstellung wird das Umfeld bezeichnet, innerhalb dessen die Aufstellung durchgeführt wird.

2000a:39). Da es andererseits sehr aufwendig ist, eine unabhängige Gruppe von 15 und mehr Personen für mehrere Tage zu bilden, werden Aufstellungen vermehrt auch in der Einzelberatung[63] oder innerhalb von Organisationen angewendet. Bei diesen ‚inhouse'-Aufstellungen können nun innerhalb eines Teams Themen aufgestellt werden, die diese Arbeitsgruppe betreffen.

Die Beteiligten einer ‚inhouse'-Aufstellung müssen jedoch mit der heiklen Situation umzugehen wissen, dass Kollegen ihr inneres Bild des Systems im Rahmen der eigenen Organisation ‚veröffentlichen'. Diese Form der Aufstellung kann von Abhängigkeitsgefühlen, Hierarchien und Ängsten vor negativen Konsequenzen beeinflusst werden, was sich mitunter auch auf die Wahrnehmungen und Äußerungen der Repräsentanten auswirkt. Varga von Kibéd & Sparrer (2000) sehen die Vorteile von ‚inhouse'-Aufstellungen vor allem darin, dass die teilnehmenden Personen zu Wissensträgern werden und so innerhalb der Organisation einen Multiplikatoreffekt erzielen können. Weber (2000a; Weber, Schmidt&Simon 2005:41) dagegen warnt eher vor den hierarchischen Abhängigkeitsbeziehungen, die in Organisationen vorherrschen können und eine freie Äußerung der Stellvertreter erschweren. Dass eine derartige Arbeitsform möglich ist, ist unbestritten. Betont wird aber stets, dass diese *„Oberstufe der Arbeit* [...] *einen soliden Erfahrungsschatz in Organisationsaufstellungsseminaren"* (Weber in Rosselet, Senoner&Lingg 2007:10) verlangt. Das, was Weber als *„Die Höhle des Löwen"* (ebd.) bezeichnet, bedarf seiner Meinung nach entscheidende Änderungen und Anpassungen der Vorgehensweise an die Erfordernisse der Unternehmenswelt.

1.2.2 ‚Verdecktes' Arbeiten

Eine Möglichkeit, innerhalb von ‚inhouse'-Aufstellungen Stellvertreterrückmeldungen zu ermöglichen, die nicht durch das Insider-Wissen der be-

---

[63] Diese Arbeit geschieht in Ermangelung der nötigen Stellvertreter mit so genannten Bodenankern wie z.B. Papierkärtchen oder Holzfiguren. Zum genaueren Ablauf einer solchen Aufstellungsform siehe Franke (2003:35-40).

troffenen Mitarbeiter beeinflusst wurden, ist das ‚verdeckte' oder ‚partiell verdeckte' Arbeiten. Benannt wird hiermit der Grad der Offenlegung der Stellvertreterrollen. Ist in einer offenen Aufstellungsform allen Beteiligten bekannt, welche Person welche Stellvertretung übernimmt, so verzichtet man bei einer ‚verdeckten' Aufstellung auf die Offenlegung dieser Zu-ordnung. Die Stellvertreter erhalten Nummern oder Buchstaben des Alpha-bets, deren Bedeutung allein dem Klienten[64] bekannt ist. Bei einer ‚partiell verdeckten' (Rosselet, Senoner&Lingg 2007:100) Aufstellung wissen die Stellvertreter zwar, welche Elemente in der Aufstellung repräsentiert wer-den, nicht aber durch wen genau. Dass diese Art der verdeckten Arbeit überhaupt möglich ist, dass also „[...] *Aufstellungsarbeit unter weitgehen-dem oder völligem Verzicht auf inhaltliche Informationen* [...] *ein ganz natürliches Vorgehen ist"* (Varga von Kibéd 2000:18), hat Varga von Kibéd in einer Vielzahl von Experimenten immer wieder festgestellt. Er betont, dass diese Form des Arbeitens im Organisationsbereich von er-höhter Bedeutung sei, da sie den dort üblichen Formen des Beratungs-kontextes besser entspreche.

1.2.3 Arbeit an ‚brisanten' Themen

Die Angst, persönliche Informationen im beruflichen Umfeld preiszugeben, hängt eng mit dem aufgestellten Thema und den repräsentierten Aspekten der Frage zusammen. Während in der klassischen Familienaufstellung Repräsentanten stets stellvertretend für konkrete Personen stehen, kommt es mit Aufstellungsformen wie der Systemischen Strukturaufstellung oder der OA zu einer Erweiterung der zu repräsentierenden Aspekte eines Sys-tems. Nun können auch abstrakte Aspekte, wie bspw. die Ziele eines Unter-nehmens oder die neue Werbestrategie des Betriebes durch Stellvertreter verkörpert werden. Statt sich bei einer ‚inhouse'-Aufstellung auf einzelne Personen zu beziehen, rät Weber (2000a:42), Teile, Elemente oder Be-ziehungen eines Bereiches zu einem anderen (Außen-)Bereich, wie etwa

---

[64] Arbeitet man ‚inhouse', so kann je nach Anliegen ein einzelner Mitarbeiter oder auch das gesamte Team zum Klienten werden.

dem Markt, den Kunden, den Ressourcen oder Zielen, aufzustellen und es so zu vermeiden, einzelne Personen direkt infrage- oder bloßzustellen. Für brisante, personelle Themen oder Konflikte bieten sich andere, geschütztere Settings besser an. Aufstellungen in Unternehmen sollten die Organisation selbst zum Thema machen und Beziehungsaspekte zwischen einzelnen Personen oder Fragen zu persönlichem Erfolg in den Hintergrund treten lassen. Eine weiterführende Frage einer ‚inhouse'-Aufstellung könnte beispielsweise sein: „Welche Entscheidungen müssen wir als Team treffen, damit die Organisation als Ganzes erfolgreich(er) wird?" (Rosselet, Senoner&Lingg 2007:101). Gleichzeitig bergen auch solche Themen die Gefahr eines ‚drifts', d.h. eines Wechsels von organisationalen hin zu persönlichen Themen, die einzelne Teilnehmer bloßstellen könnten.[65]

1.3 Was macht die OA im Management zur Innovation?

Der Einsatz der OA bedeutet für Unternehmen in zweierlei Weise Neues. Zum einen stellt die OA von ihrer *Form* her ein ungewöhnliches Werkzeug dar: Mit ihrer szenischen Art der Arbeit, ihrem Rückgriff auf Repräsentanten und deren repräsentierende Wahrnehmung ist die OA eine Methode, die Unternehmen ‚bewegt' und das Thematisieren von Problemen unter einer anderen als der bisher üblichen Form erlaubt. Mit dieser Form verbindet sich aber auch der Anspruch der OA, neue *Inhalte* in die Unterneh-

---

[65] Sparrer und Varga von Kibéd haben in ihrer Arbeit in Organisationen den so genannten ‚Strukturebenenwechsel' eingeführt, der die ambige, mehrdeutige Arbeit auf unterschiedlichen Ebenen erlaubt. Dieser ist angezeigt, wenn die aufgestellte Strukturebene – etwa die organisationale – auf eine Strukturebene eines anderen Systems – etwa das familiäre – hinweist. Ein ‚expliziter Strukturebenenwechsel' erfolgt, wenn von dort an eindeutig und offen auf der Familienebene weitergearbeitet und die organisationale Ebene damit verlassen wird. Von einem ‚implizitem Strukturebenenwechsel' wird gesprochen, wenn auf der organisationalen Ebene weitergearbeitet und die Parallele zur Familie nicht angesprochen wird, die Umstellungen und Prozessarbeit jedoch für beide Ebenen gelten, so dass implizit die Familienebene immer mit angesprochen wird. „Dieses systematisch ambige Arbeiten bewährt sich besonders gut dann, wenn es gilt, die Diskretionsbedürfnisse der Klientin zu schützen, was z.B. in Organisationen häufig erforderlich ist" (Sparrer 1999b).

men zu bringen. Die OA ist eine Methode, die sich auf verschiedene systemische Schulen und deren Denkweisen stützt (Baumgartner 2006:54).[66] In ihrem systemischen Blickwinkel auf organisationale Fragestellungen unterscheidet sich die OA von der vorherrschenden Logik und gängigen Praxis des Managements in mehrerlei Hinsicht. Management folgt meist einer mechanistischen Sichtweise. Tabelle 1 gibt einen Überblick über die unterschiedlichen Weltbilder.

Die Merkmale systemischer Beratung und deren Unterschiede zum mechanistischen Weltbild drücken sich bzgl. der OA in folgenden Punkten aus:

- Absichtslosigkeit statt Steuerung (Kapitel 1.3.1)

- Vielfältige Wechselwirkungen statt Kausalketten (Kapitel 1.3.2)

- Relationales statt rationales Denken (Kapitel 1.3.3)

Darüber hinaus ist die OA eine Methode, die noch keine Fashion-Status vorweisen kann und darin als Innovation gelten kann (Kapitel 1.3.4)

---

[66] Die Verwendung des Begriffs des Systemischen ist im Zusammenhang mit dem Verfahren der Aufstellung von Anfang an mit einer Kontroverse unter Aufstellern verbunden gewesen (Varga von Kibéd 2005:227). Hölscher verweist darauf, dass der Verweis auf systemische bzw. systemtheoretische Aspekte der OA den Vorteil mit sich bringt, auch all die Phänomene und Effekte, die einen mehr traditionellen Zuschnitt zu haben scheinen, wie die Konzepte von ‚Kraft', ‚Energie', Macht' und ‚Ritus', oder die Ideen ‚schamanischen' und ‚magischen' Wirkens, als Systemprozesse bezeichnen zu können. „Es ist ein kapitales theoretisches Problem, wie man die (…) soi-disant ‚archaischen' Ebenen, Schichten, Elemente der Aufstellungsarbeit ihrerseits ausreichend ‚systemisch' fassen könnte. Zweifellos sind es alle durch die Bank Prozess […], und als solche Systemprozess, Prozesse des jeweiligen Systems" (Hölscher zit. nach Varga von Kibéd 2005:231).

Mechanistisches Weltbild	Systemisches Weltbild
Objektivität, eine Wahrheit, unveränderte Gesetze	Wirklichkeitskonstruktion, viele „Wahrheiten", Thesen
richtig – falsch, schuldig - unschuldig	Kontextabhängigkeit, Nützlichkeit, Anschlussfähigkeit
(Fremd-)Steuerung	Selbststeuerung, Selbstorganisation
Lineare Kausalketten	Vielfältige Wechselwirkungen, Feedbackschleifen
Messbarer, fixer Unterschied	Sich unterscheiden, verändern
Linearer Fortschritt, ändern	Entwicklung, ändern und bewahren, deblockieren
Formale Logik, Widerspruchsfreiheit, Ausschluss	Integration von Widersprüchen, Einbeziehung
Harte Fakten, rationale Beziehungen	Integration von harten und weichen Faktoren (Emotionen, Intuitionen, Kommunikationsprozessen)
Rollen: Macher, Führer und Geführte, Manipulation	Rollen: Impulsgeber, Gärtner, Befähiger, Entwicklungshelfer, Coach

Tabelle 1: Mechanistisches und systemisches Weltbild
(Abbildung in Anlehnung an Königswieser& Hillebrand 2007:28)

1.3.1 Absichtslosigkeit statt Steuerung

Systemische Beratung stützt sich auf das Verständnis der Organisation als geschlossenes System (Luhmann 1984) und geht von Selbstorganisation und Selbststeuerung statt von Fremdsteuerung aus. Systemische Beratung muss sich insofern zu Recht die Frage stellen lassen: *„Was tut ein Berater in einem selbstorganisierenden System?"* (Baecker 2003). Da systemtheoretisch nicht davon auszugehen ist, dass Systeme von außen gesteuert werden können, ist der Handlungsrahmen des Beraters darauf beschränkt, die Organisation durch Interventionen zu irritieren und als Impulsgeber zur Reflexion anzuregen (Baecker 2003:112). Diese Irritationen sollen es dem System ermöglichen, neue Sichtweisen und Handlungsmöglichkeiten zu entwickeln (Müller, Nagel&Zirkler 2006:32). Damit unterscheidet sich systemische Beratung klar von Expertenberatung[67]. Letztere versucht, anhand von Fachinformationen für die spezifische Situation des Klienten Lösungen oder Lösungsalternativen zu erarbeiten (Müller, Nagel&Zirkler 2006:31).

Das systemische Paradigma der OA fordert als grundsätzliche Haltung von Berater und Klienten Absichtslosigkeit und Zurückhaltung (Weber 2000b:64). Statt eigene Veränderungsvorstellungen und -intentionen zu verfolgen, soll der Aufstellungsleiter absichtslos und ohne vorgefertigtes Bild in den Aufstellungsprozess einsteigen. Die Tatsache, dass der eigentliche Prozess der Aufstellung zwar gewissen Regeln unterliegt, der Verlauf aber nicht von vornherein zu bestimmen ist, spricht gegen ein Instrument, dass ,gemanagt' werden könnte. ,Management' steht seiner rein wörtlichen Bedeutung nach für das ,handhaben', ,leiten' oder auch ,fertig werden mit' Schwierigkeiten oder Herausforderungen (Baecker 2006:1). Laut Hauschildt (1997:25) besteht die Funktion des Managements darin, Strategien und Ziele zu definieren, zu verfolgen und Entscheidungen zu treffen. Die OA dagegen widerspricht dem instrumentellen Denken des Managements. Sie verlangt sowohl von Berater als auch Klienten, *„[...] sich einer Aufstellung und dem, was sich zeigt, mutig zu stellen"* (Zbinden 2003:219).

Das, was sich zeigt, betrifft auch bei der Durchführung einer OA mitunter sehr persönliche und emotionale Themen. Für den Klienten bedeutet dies die Gefahr eines so genannten ,drifts' (Rosselet 2005:25), d.h. dem Wechsel von der Beschäftigung mit organisationalen Fragestellungen hin zur Auseinandersetzung mit persönlichen Thematiken im Rahmen der OA. Die mögliche Thematisierung persönlicher Fragen entspricht nicht dem gewohnten Umgang im Unternehmen. Sie ist mit Recht auch kritisch zu

---

[67] Die grobe Unterscheidung der Beratungsformen in Fach- und Prozessberatung wird von Walger (1995, zit. nach Müller, Nagel&Zirkler 2006:30) in vier Grundformen unterteilt, wobei die ersten beiden Formen der Fach-, die letzten beiden der Prozessberatung zugeordnet werden:
- gutachterliche Tätigkeit
- Expertenberatung
- Organisationsentwicklung
- systemische Beratung

sehen.[68] *„Damit wird* [die Aufstellungsarbeit, A.B.] *– gerade innerhalb von Arbeitskontexten – zu einem reichlich unberechenbaren Diagnose- und Interventionsinstrument "* (Rosselet, Senoner&Lingg 2007:95). Die Methode gilt als ein Werkzeug, das sich im Management nicht nach den eigenen Vorstellungen gebrauchen oder instrumentalisieren lässt. Es entwickelt vielmehr seine ganz eigene Dynamik und ist in seinem Verlauf schwer vorherzusehen und zu kontrollieren. Die Aufstellung widerspricht damit einer gängigen, von dem Wunsch nach Steuerungsfähigkeit geprägten Managementlogik.

1.3.2 Vielfältige Wechselwirkungen statt Kausalketten

Wie bei vielen systemischen Interventionen wird auch bei einer Aufstellung nicht von einer kausalen Wenn-Dann-Beziehung ausgegangen. Statt nach kausalen Ursachen für Probleme zu suchen, tritt im Rahmen der konstruktivistischen Systemtheorie die Beschreibung von Mustern in den Vordergrund (Schumacher 2003:117). So ist es gerade ein Anspruch der OA, Muster einer Organisation abzubilden (Rosselet 2005:20). Der Abschied von einem Denken in Kausalitäten zeigt sich auch bei der Frage der Wirksamkeit einer Aufstellung. Das Durchführen einer Aufstellung ist an sich kein Garant für die Verbesserung der problematischen Situation. Da der Erfolg einer systemischen Intervention von der Bereitschaft des Systems abhängt, sich irritieren zu lassen, ist es weder möglich, den Nutzen der jeweiligen Intervention im Vornherein abzuschätzen, noch kann die Wirkung der Aufstellung im Anschluss klar gemessen werden.

---

[68] Die ambivalente Diskussion um die *„Subjektivierung von Arbeit "* thematisieren Moldaschl & Voß (2003) in ihrem Herausgeberwerk. Unabhängig von der OA benennen die Autoren hier Methoden der Unternehmen, die die Einbindung eines Mitarbeiters als ganzes Individuum ermögichen und reflektieren dies kritisch (Glißmann 2003). Als Kehrseite dieser Entwicklung, die auch private Seiten des Arbeitnehmers in den Blick nimmt und persönliche Stärken und Potenziale fördert, drückt sich diese Subjektivierung in einer immer stärker vom Arbeitnehmer geforderten Selbst-Ökonomisierung und einem Selbst-Management – verkürzt gesagt, in einer Selbstausbeute – aus.

Einem klassischen Managementansatz ist dieses systemische Wirkungsverständnis der OA fremd. Geht man in der klassischen Ökonomie vom Menschenbild des homo oeconomicus aus, der seine Entscheidung aufgrund rationaler Kriterien und unter Ausnutzung aller verfügbaren Informationen trifft, so gibt es im Fall der Aufstellung kaum Gründe, eine Methode mit unklarem Verlauf und schwer messbarem Nutzen als Interventionsmittel zu wählen. Für ein Management, das im herkömmlichen Sinne den Anspruch erhebt, kennzahlenorientiert und rational zu entscheiden, erscheint die Systemaufstellung als ein in höchstem Maße irrationales Werkzeug, das Managern in der Anwendung wenig Sicherheit bieten kann.

1.3.3 Relationales statt rationales Denken

Die OA dient der Visualisierung von Beziehungsstrukturen (Varga von Kibéd 2000). Statt sich an Kennzahlen oder anderen ‚hard facts' zu orientieren, gilt das Augenmerk einer Aufstellung der Beziehung zwischen Menschen und/oder Objekten. Damit betonen Aufstellungen die Bedeutung von Relationalität und unterscheiden sich hierin grundlegend von einer entitativen Sichtweise auf Organisationen. Entitatives Denken geht davon aus, dass Realität mit ihren klar identifizierbaren Merkmalen so ist, wie sie eben ist und deshalb als solche objektiv, etwa in Kennzahlen, abgebildet werden kann (Müller 2005:116). Realität in der relationalen Perspektive der Aufstellung ist dagegen abhängig von den Beziehungen zwischen den einzelnen Personen und Aspekten. Dabei wird der Qualität der Beziehung eine größere Rolle zugeschrieben als den Elementen des Systems (Heideloff 1998:10).

Die einzige Möglichkeit, aus einer relationalen Perspektive heraus Wirklichkeit zu erfahren und somit auch zu gestalten, besteht in Beziehung zu sich selbst und zu anderen. In dem Prozess der Aufstellung werden diese Beziehungen sichtbar. Hierbei sind die „[...] geäußerten Befindlichkeitsveränderungen sämtlicher aufgestellter Repräsentantinnen der relevante Erfolgsmaßstab für die angeregten Interventionen und Lösungen" (Kohlhauser&Assländer 2005:15). Statt rein auf harte Faktoren und rationale Gesichtspunkte zu fokussieren, geraten nun weiche Faktoren wie die Befindlichkeit, die wahrgenommenen Emotionen und Gefühle in den Blickwinkel. Wenn Beziehungen zum Maßstab einer Intervention werden, deutet dies auf ein Verständnis von Organisationen hin, das nicht der klassischen Maschinen-Metapher[69] entspricht. Der Fokus der systemischen Aufstellung auf die Visualisierung von Beziehungsstrukturen veranschaulicht die Abkehr von einem kausalistisch geprägten Maschinenverständnis der Organisation.

Er verdeutlicht außerdem die Grundannahme der Aufstellungsarbeit: organisationale Entscheidungen sollten sich neben den ‚hard facts' auch auf das von Michael Polanyi (1985) so genannte ‚implizite Wissen' einer Organisation stützen, dessen Träger die in diesem Unternehmen tätigen Menschen sind. Da die Stellvertreter in einer Aufstellung nicht einem kognitiven Plan nach, sondern intuitiv aufgestellt werden, soll die OA über die repräsentierende Wahrnehmung auf emotionale und implizite Wissensbestandteile zugreifen (Nonaka&Takeuchi 1997; Neuweg 2004) und über die Bewusstmachung untergründiger Systemdynamiken andere, tief greifende Lösungen ermöglichen (Kohlhauser&Assländer 2005:27; Rosselet 2005:26). Hiermit verbindet sich der Anspruch der Aufstellung, eine wietere Wissensquelle zu erschließen, um neuartige Lösungen zu generieren.

1.3.4 Die OA hat noch keinen Fashion-Status

Die OA hat innerhalb des Managements (bisher) keinen Fashion-Status vorzuweisen. Das unterscheidet sie grundlegend von anderen Management-Methoden, die im Rahmen der Literatur zu Management-Moden diskutiert werden. Zwar gibt es gewisse (vor allem systemisch orientierte) Kreise, in

---

[69] Laut Morgan (2000:27) ist unsere Denkweise über Organisationen stark durch Metaphern geprägt. Die Sichtweise einer Organisation als *Maschine* kann als eine der grundlegendsten organisationalen Metaphern gelten. Eine mechanistische Organisation ist hierarchisch strukturiert: Genau definierte Dienstwege sichern die Ausführung klar definierter Aufgaben. Menschen treten in dieser Behörde als Rädchen in einem System auf, nicht jedoch als (kreative) Individuen. Die Beziehungen unter diesen ‚Rädchen' ist funktional und kein Selbstzweck.

denen die Methode der Aufstellung akzeptiert und geschätzt ist. Innerhalb eines gängigen Management-Diskurses ist die OA jedoch unbekannt. In Werken zu Management und Unternehmensführung wird sie nicht aufgeführt (Steinmann&Schreyögg 2000; Rahn&Olfert 2008). Clark führt als Merkmale einer Management-Mode auf, dass sie durch Printmedien verbreitet wird und *„become widely accepted by the managerial audience"* (2004:300). Gerade diese Akzeptanz in Managementkreisen ist bei der OA (noch) nicht gegeben.

Für Unternehmen, die diese Methode anwenden, bedeutet der fehlende Fashion-Status der OA vor allem, dass über ihren Einsatz keine Legitimation zu erlangen ist. Während Management-Moden ab einem gewissen Punkt über Nachahmungseffekte neue Kunden gewinnen (Abrahamson&Rosenkopf 1993; Kieser 1996:32) und (externe) Stakeholder den Einsatz der Erfolg versprechenden Methode erwarten, gestaltet sich die Situation für die OA umgekehrt: Die Anwendung dieser Methode erzeugt keine Legitimation, sondern muss diese gerade erst kreieren.

2   DAS UNTERSUCHUNGSFELD: DIE OA IN DER FARINA[70]

2.1   Der Produktionsbetrieb FARINA

Die FARINA ist ein in der Schweiz ansässiges mittelständisches Tochter-
unternehmen des großen schweizerischen Konzerns ROSSA. Mit rund 300
Mitarbeitern wies das Unternehmen 2007 einen Jahresumsatz von knapp
180 Mio. Schweizer Franken auf. Das Unternehmen wurde vor 90 Jahren
gegründet, um als Produktionsbetrieb für den Mutterkonzern zu fungieren.
Die Produkte werden auch heute noch überwiegend durch die Konzernmutter vertrieben. Gleichzeitig hat sich die FARINA zu einem Unternehmen
von nationalem und internationalem Ruf entwickelt und erwirtschaftet mit
dem Export rund 25% seines Umsatzes. Der Betrieb ist in zwei Produktionsbereiche – hier Bereich A und Bereich B genannt – aufgeteilt. Beide
Erzeugnisse dienen dem täglichen Gebrauch im Haushalt. Geleitet wird das
Unternehmen von einem Geschäftsführer und seiner 5-köpfigen Geschäftsleitung (GL). Dabei vertritt ein GL-Mitglied den personell und umsatz-
mäßig betrachtet viel kleineren Bereich A. Drei weitere Mitglieder sind
dem Bereich B zugeordnet. Der Finanzchef ist in seiner Funktion für beide
Unternehmensbereiche zuständig.

2.1.1   Unternehmenssituation zum Zeitpunkt der Einführung

Betrachtet man den Zeitpunkt der Einführung der OA in die FARINA, so
fällt die wirtschaftlich kritische Lage auf, in der sich das Unternehmen
Ende 2002 befand. Mit einem negativen EBIT (Earnings before interest and
tax, Gewinn vor Steuern und Zinsen) von 16 Mio. Schweizer Franken wäre
die Tochterfirma ohne die starke ROSSA als Konzernmutter im Rücken vom
Konkurs bedroht gewesen. Mit verursacht wurde die finanziell gefährdende
Situation unter anderem durch die problembehaftete Einführung eines

---

[70] Um die Anonymität des Forschungspartners zu wahren, wurden die Namen der Firma
sowie aller involvierten Personen verändert. Eine der sieben InterviewpartnerInnen ist
eine Frau. Aus Gründen der Anonymität werden in dieser Arbeit jedoch alle InterviewpartnerInnen in der männlichen Form bezeichnet.

neuen Produktionsverfahrens in einem der beiden Unternehmensbereiche. Dabei musste fehlerhafte Ware teils direkt von der Produktion weg verbrannt werden. Lagerbestände verdarben aufgrund unsachgemäßer Lagerung. Dies führte neben ausbleibenden Gewinnen zur Demotivation der Arbeitskräfte. Die Firma beschäftigte damals zusätzlich zur Stammbelegschaft rund 100 temporär Mitarbeitende. Hier, aber auch bei der Stammbelegschaft war die Arbeitsmoral nicht länger zufriedenstellend. Neben dem finanziell nötigen Turnaround wurde es daher als notwendig erachtet, in einer Situation extremer Unsicherheit Vertrauen in die Führung zu schaffen und wieder gemeinsam an einem Strang zu ziehen. Zum 1. Januar 2003 stellte die Konzernleitung einen neuen CEO (Chief Executive Officer, leitender Geschäftsführer) mit dem Auftrag ein, innerhalb von zwei Jahren die *„Schwarze Null"* zu erreichen und in der Firma *„führungsmäßig für Ordnung zu sorgen"* (Interviewaussage CEO). Die ‚Schwarze Null' war nach einem halben Jahr erreicht. Mittlerweile leitet der CEO dieses Unternehmen halbtags. An drei Tagen in der Woche ist er ebenfalls als CEO in einer Schwesterfirma der FARINA tätig. Während seiner Abwesenheit vertritt ihn der CFO (Chief Financial Officer, Finanzchef).

2.1.2 Der erste Kontakt der FARINA mit der OA

Der erste Kontakt der FARINA mit der OA kam durch den neuen CEO des Unternehmens, Herrn Dreyer, zustande. Herr Dreyer war vor seinem Wechsel zur FARINA in einem Schwesterunternehmen der Firma tätig. Das Schwesterunternehmen wurde von dem externen Berater Herrn Fuchs beraten.

Im Rahmen eines von Herrn Fuchs geleiteten ‚offenen' Aufstellungsseminars außerhalb des Unternehmens kam es zwischen ihm und Herrn Dreyer zu einem ausführlicheren Kontakt. Dieses Seminar stellte für Herrn Dreyer eine Möglichkeit dar, die OA vertieft kennen zu lernen und die Arbeitsweise des Beraters genauer zu erleben. Ebenfalls anwesend war der zukünftige Finanzchef der FARINA, Herr Bauer, der zu diesem Zeitpunkt auch in der Schwesterfirma tätig war. Das Seminar war der Auslöser, um über eine gemeinsame Zusammenarbeit in der FARINA nachzudenken, da allen drei bereits bekannt war, dass Herr Dreyer in Kürze CEO des Unternehmens werden würde. Die Einführung der OA in die FARINA durch Herrn Dreyer geschah im April 2003 – also in der Zeit des anstehenden Turnarounds – im Rahmen eines ersten Aufstellungsworkshops. Abgesehen von dem CFO war den anderen GL-Mitgliedern die Methode noch nicht bekannt. Anhand einer ersten Aufstellung erklärte Herr Fuchs, wie die OA im Management angewendet werden kann. Nach dieser Einführung stimmte die GL einer Zusammenarbeit zu.

2.2   Aufstellungen im Management der Farina

2.2.1 Das Setting

Das Gremium, innerhalb dessen organisationale Fragen von Beginn an aufgestellt wurden, war die fünfköpfige GL mit ihrem CEO. Nach dem ersten Jahr des gemeinsamen Arbeitens entschied sich die GL dafür, die künftigen Aufstellungen in einem erweiterten Kreis durchzuführen. Seit August 2004 nehmen nun auch Führungskräfte der FARINA, die nicht der GL angehören, an den Aufstellungen teil. Diese Führungskräfte werden nach dem Kriterium eingeladen, ob die anstehenden Themen für ihren Unternehmensbereich relevant sind, bzw. ob sie als Experten auf ihrem Gebiet Wichtiges für die OA beizutragen haben. Die Aufstellungen finden in Form von halbtägigen Workshops – jeweils montagnachmittags von 13.30 bis etwa 18.00 Uhr – im Sitzungszimmer der GL sechsmal jährlich statt. Von April 2003 bis Ende 2006 wurden je sechs Termine für ein Jahr bereits im Januar festgelegt. Mit Beginn 2007 werden Themen mit Hilfe der OA nun bedarfsorientiert dann bearbeitet, wenn Themen auftauchen und aktuell werden. Das Format der halbtägigen Aufstellungsworkshops bleibt jedoch unverändert.

2.2.2 Der genaue Ablauf

Die Aufstellungsworkshops laufen stets in ähnlicher Form ab: Die Führungskräfte der FARINA und der Berater treffen sich im Besprechungsraum, in dem auch die üblichen GL-Sitzungen abgehalten werden. Nachdem gemeinsam alle Tische auf die Seite geschoben sind, wird in einem Stuhlkreis besprochen, welches Thema aufgestellt werden soll. Die ausführliche Gesprächsphase vor der eigentlichen Aufstellung wird von den Beteiligten als ‚Themenklärung' bezeichnet. Hierbei befragt der Berater den so genannten ‚Themenowner' – die Person, die das Thema eingebracht hat, bzw. die am meisten davon betroffen ist – zur Problemlage und versucht die Frage ‚zu schärfen'. An diese ‚Klärung' schließt sich die Aufstellung an. Dazu wählt der Themenowner ‚Stellvertreter' aus dem Kreis der anwesenden Führungskräfte aus. Die Zuordnung geschieht dabei ‚verdeckt' auf einem umgedrehten Flipchart. Die hier durchgeführte Form der ‚partiell verdeckten Aufstellung' führt dazu, dass die Stellvertreter ihre Rolle und die der anderen Repräsentanten nicht kennen. Für den Berater, den Themenowner und die nicht aufgestellten Anwesenden im Außenkreis kann die Zuordnung jedoch eingesehen werden. Der Themenowner stellt nun die Repräsentanten auf, indem er ihnen die Hände auf die Schultern legt und sie so im Raum platziert. Er selbst nimmt am Rande der Aufstellung Platz und hat die Möglichkeit, das Geschehen von außen zu beobachten und sich Notizen zu machen. Die eigentliche Aufstellung dauert etwa 30 Minuten und verläuft wie in der Literatur zur Aufstellung beschrieben (Weber 2000b; Erb 2001:27-40; Rosselet 2005; Schlötter 2005:17-19; Baumgartner 2006:62-65). Nach der Aufstellung wird das Flipchart mit der Stellvertreterzuordnung für jeden sichtbar platziert. Nun folgt eine Gesprächsrunde, die teilweise mehr Zeit als die eigentliche Aufstellung in Anspruch nehmen kann. Ziel der Diskussion ist es, die Aufstellung zu interpretieren, Hypothesen zu bilden und ein mögliches Vorgehen zu diskutieren. Der Nachmittag bietet Zeit für mehrere Aufstellungen. Meistens kommt es zur Bearbeitung von zwei, mitunter auch drei Themen.

2.2.3 Die Themen

Die aufgestellten Themen behandelten im ersten Jahr vor allem Aspekte der Beziehung zwischen einzelnen Abteilungen, Organisationseinheiten oder Firmen. So fand die erste Aufstellung zu der Frage statt, wie die GL der FARINA zum Kader[71] und den Mitarbeitenden stünde. Auch das Verhältnis der FARINA zum Mutterkonzern sowie die Einbindung in die Gemeinschaft mit den anderen Tochterfirmen war anfänglich ein Thema. Gefragt wurde auch nach Gründen für die Unzufriedenheit der Mitarbeitenden oder die Konsequenzen der Entscheidung, einen Kundenbetreuer aus dem Exportbereich zu entlassen. Im zweiten Jahr sprachen sich die GL-Mitglieder dafür aus, neben dieser Art von Beziehungsaspekten vermehrt *„Fragen aus dem Management"* (Protokoll Berater I:23) zu bearbeiten. Gemeint waren hiermit Themen bzgl. der Strategie der FARINA, aber auch marketingrelevante Fragen oder Produktentscheidungen. Die strategische Ausrichtung der FARINA auf Preis- oder Produktführerschaft wurde in mehreren Aufstellungen thematisiert. Auch die Gründe für den rückläufigen Marktanteil einer Produktlinie wurden mit einer Aufstellung betrachtet. Eine Aufstellung, der man einen experimentellen Charakter bestätigte, hatte das Ziel, den Finanzplan der FARINA auf seine Plausibilität hin zu überprüfen.

Im zweiten Jahr der gemeinsamen Arbeit begann die GL, die Themen der Aufstellungen vor jedem Workshop genauer zu planen. So wurde gewünscht, jeweils eine Aufstellung zu einem strategischen Thema und ein oder zwei Aufstellungen zu einem operativen Thema durchzuführen. Die klare Einteilung und die Strukturierung der Workshops bedeuten für die Beteiligten, dass die aufzustellenden Themen bereits vorab bekannt waren und man sich gedanklich damit auseinandersetzen und Fragen vorformulieren konnte. Da das Unternehmen aus zwei verschiedenen Geschäftsbereichen, A und B, besteht, wurde für das dritte Jahr entschieden, die jährlichen sechs Aufstellungsnachmittage noch klarer thematisch zu unterteilen: Zwei Workshop-Blöcke wurden nun der GL für strategische Themen vorbehalten, zwei Aufstellungsnachmittage behandelten den Bereich

---

[71] Als Kader wird in der Schweiz die Führungsebene bezeichnet, die der Geschäftsleitung folgt.

A und zwei den Bereich B. Bezüglich der personellen Zusammenstellung bedeutete dies nun auch, dass nicht länger die gesamte fünfköpfige GL an einem Workshop-Block anwesend sein musste. Eingeladen wurden vielmehr die betroffenen Führungskräfte; Vertreter des Bereichs A sind bei Aufstellungsnachmittagen zu Bereich B daher in der Regel nicht anwesend, und umgekehrt.

2.2.4 „Wir stellen keine Personen auf"

Bei allen Aufstellungen folgte man der zu Beginn der gemeinsamen Arbeit getroffenen Entscheidung, keine einzelnen Personen oder Funktionsträger aufzustellen, sondern auf einer abstrakten oder kollektiven Ebene zu arbeiten. Allein der CEO war wenn nötig bereit, sich als Person repräsentieren zu lassen. Ansonsten wählte man Repräsentanten für ‚die Geschäftsleitung' oder ‚die Strategie', nicht aber für ‚Mitarbeiter X'. Auf diese Entscheidung wurde in den Interviews immer wieder mit der Formulierung: „Wir stellen keine Personen auf" Bezug genommen.

IV Methodologischer Zugang

1 METHODOLOGIE – WIE KANN ‚WIRKLICHKEIT' ERFORSCHT WERDEN?

Folgt man einer konstruktivistischen Perspektive und geht davon aus, dass Wirklichkeit nicht objektiv existiert und keinerlei Essenz aufweist, sondern stets sozial und diskursiv (re)produziert werden muss, so hat dies weit reichende Konsequenzen auf den forschenden Zugang zur Welt. Wenn wir in einer Wirklichkeit leben, die durch unsere kognitiven und sozialen Aktivitäten definiert wird, sollten Forschende von ‚Operationen' und deren Bedingungen ausgehen und nicht nach Objekten und deren ‚Natur' suchen. Eine Forschung dieser Art kann nicht am Wesen der Dinge interessiert sein, sondern blickt auf die Prozesse, welche Realität (immer wieder neu) produzieren. Eine mögliche Feststellung einer konstruktivistischen Forschung lautet daher nicht „x = y", sondern „x wird von Person z zum Zeitpunkt t als y konstruiert" (Gergen 2002). Tabelle 2 gibt einen Überblick über methodische Anforderungen aus konstruktivistischer Sicht und dem eigenen Vorgehen in dieser Studie.

1.1 Die Forschungsfrage: Vom ‚Was' zum ‚Wie'

In erkenntnistheoretischen Diskussionen muss aus konstruktivistischer Sicht von den gängigen ‚Was'- oder ‚Warum'-Fragen auf ‚Wie'-Fragen umgestellt werden. *Wie* Wirklichkeit konstruiert wird, muss beantwortet werden, um zu erklären, *was* diese ausmacht (Knorr-Cetina 1989:92; Schmidt 1994:5; Moser 2004:16). Betrachtet man den Eingang einer Innovation in ein Unternehmen, lautet eine mögliche Fragestellung daher nicht „*Was* bewirkt die Innovation im Unternehmen?" oder „*Warum* setzen sich gewisse Innovation durch, andere dagegen nicht?" Derartige Fragen gehen von dem Wesen einer gewissen Innovation aus und begeben sich auf die Suche nach allgemeingültigen Erfolgsfaktoren.

	Anforderungen an die qualitative konstruktivistische Forschung	Vorgehen in dieser Studie
Wie kann Wirklichkeit erforscht werden?	Wirklichkeit als sozial und diskursiv verfertigte weist keinerlei objektive Essenz auf. Wie Wirklichkeit konstruiert wird, muss beantwortet werden, um zu klären, was diese ausmacht.	Kapitel IV.1 beschreibt die Grundannahmen und möglichen Fragestellungen qualitativer konstruktivistischer Forschung.
Methoden der Datensammlung	Die Nähe zum Forschungsfeld ist grundlegende Bedingung von Forschung. Dabei bedarf es Forschungsmethoden, die Narrationen und sprachliche Konstruktionen zugänglich machen.	Kapitel IV.1.2, IV. 2 + 3 beschreiben die verwendeten Methoden der • teilnehmenden Beobachtung, • Dokumentenanalyse, • Metaphernanalyse und des • narrativen Interviews
Qualität	Quantitative Gütekriterien werden dem Paradigma einer als konstruiert verstandenen Wirklichkeit nicht gerecht. Gleichzeitig muss sich auch qualitative Forschung an Gütekriterien messen lassen.	Kapitel IV.4 benennt mögliche Gütekriterien der qualitativen Forschung und bezieht diese auf die vorliegende Studie.
Verhältnis Forscherin – Beforschte	Qualitative Forschung muss sich der eigenen Subjektivität und dem Einfluss auf das Untersuchungsfeld bewusst sein. Diese Einflüsse müssen offengelegt und reflektiert werden.	Kapitel IV.4.3 reflektiert den eigenen Forschungsprozesses.

Tabelle 2: Methodologische Anforderungen und eigenes Vorgehen

Ein folgenreicher Perspektivenwechsel geschieht, wenn an die Stelle der Was-Fragen Wie-Fragen treten: *„Wie nimmt ein System wahr? Wie erzeugt ein System in sich die Vorstellung, ,Wirklichkeit' wahrzunehmen?"* (Hejl 2000:40). Forschungsleitend für diese Studie ist daher die Frage:

• *„Wie geht eine Organisation mit einer unbekannten Beratungsmethode um?"*

Dass diese Fragestellung bei Forschungen zur OA ungewöhnlich ist, zeigt auch ein Vergleich mit bestehenden Studien. Der gängigen Annahme folgend, dass die Effizienz einer Management-Methode in engem Verhältnis zu ihrem Durchsetzungsvermögen auf dem Markt der Management-Moden stünde, lautet eine nahe liegende Fragestellung bei der Untersuchung der Methode der OA: *„Welche Wirkung zeigt die Durchführung einer OA?"* Der Annahme, eine neue Methode würde sich aufgrund ihrer Effizienz und ihres Nutzens für den Kunden auf dem Beratungsmarkt durchsetzen, folgt bspw. die qualitative Studie von Kohlhauser & Assländer (2005). Ziel ihrer Studie, die Organisationsberatungskunden zu den Auswirkungen ihrer OA, zur Nachbetreuung und zur Einschätzung des durch ihre Aufstellung erfahrenen Nutzens befragt, ist es: *„[...] Gemeinsamkeiten herauszufiltern, um ein fallübergreifendes Gesamtbild hinsichtlich* der Wirksamkeit *von Organisationsaufstellungen zu erhalten."* (Kohlhauser&Assländer 2005:68, Hervorhebung A.B.). Studien zur Wirksamkeit der OA liegen zwei Annahmen bzgl. ihrer Verbreitung in organisationalen Kontexten zugrunde.

Zum einen folgt die Wirkungsforschung der Annahme, es gäbe eine Entität OA, die bei fachgerechter Anwendung durch den Leiter eine bestimmte und zu messende Wirkung zeige. Zwar verweisen Kohlhauser & Assländer darauf, dass:

> *„Systemaufstellungen kein standardisiertes Werkzeug sind. Vielmehr erscheint es adäquater, von einem sich ständig weiterentwickelnden Beratungsansatz in Händen vieler zu sprechen. Das Beratungsereignis Aufstellung und dessen Auswirkungen im und auf das ‚reale' Leben von Organisationsmitgliedern sind dabei in hohem Maße von der Ausbildung, der Erfahrung, der Persönlichkeit und letztlich auch vom Weltbild einer Aufstellungsleiterin geprägt."* (Kohlhauser&Assländer 2005:13, Hervorhebung im Original)

Diese Relativierung müsste bereits deutlich machen, dass eine Evaluation ‚der' OA gar nicht zu leisten ist, da sich die Methode in jedem Beratungskontext anders ausprägt. Dennoch wird als Ziel der qualitativen Studie angegeben, „die Wirksamkeit" der OA zu erheben. Die Verwendung des Singulars macht die zugrunde liegende Annahme deutlich, die OA als ‚stabile' Methode hätte eine Wirkung, die sich bei genügend großem Sample[72] empirisch fundiert erheben lasse. Dass Wirkung eine subjektive

---

[72] Das Sample oder die Stichprobe bezeichnet die Auswahl an Probanten einer Untersuchung.

Kategorie ist, die im Sinne des Weick'schen Sensemaking erst a posteriori durch jeden einzelnen Teilnehmer gegeben wird, wird hier vernachlässigt. Auch wenn im Theorieteil des Buches immer wieder betont wird, dass nach einem systemischen Verständnis gearbeitet wird – Systeme also nicht von außen gesteuert und beeinflusst werden können (Kohlhauser&Assländer 2005:27-29) – macht die große Bedeutung der Wirkungsforschung in den bisherigen Publikationen zur OA deutlich, dass dennoch die Hoffnung besteht, ‚die' OA hätte eine Wirkung, die der Methode inhärent sei und nicht als Zuschreibung von außen zu gelten habe.

Auffällig ist zweitens, dass ein gestaltender Einfluss auf die Methode zwar benannt wird, dieser jedoch nur auf Seiten der Aufstellungsleiter – nämlich beeinflusst durch deren Ausbildung, Erfahrung, Persönlichkeit und letztlich auch deren Weltbild – vermutet wird. Zu den „vielen", die laut Kohlhauser & Assländer (2005:13) den Beratungsansatz in ihren Händen entwickeln und formen, scheinen die Kunden nicht zu zählen. Diese Annahme beobachtete und kritisierte bereits Clark (2004) bzgl. anderer Management-Moden.

> Studien zur OA haben sich bisher auf die Erklärung des auffälligen Phänomens der repräsentierenden Wahrnehmung bzw. auf die Evaluationen der Methode beschränkt. Mit Bezug auf Kieser (1996), Abrahamson (1996), Meyer & Rowan (1977) geht die vorliegenden Studie davon aus, dass die ‚relevante' Legitimierung einer neuen Management-Methode über deren Anschein an Rationalität geschieht. Damit will diese Arbeit den Blick weg von der Frage nach der Wirksamkeit und Wirkweise hin zur Rationalisierung der OA lenken. Sie tut dies im Rahmen einer qualitativen Einzelfallstudie und mit Blick auf einen spezifischen Aufstellungskunden. Im Vordergrund der Studie steht nicht die Evaluation der Methode, sondern die Frage, welchen Sinn die Manager der OA zuschreiben.

1.2   Die Auswahl der Forschungsmethoden

Zur Beantwortung der Forschungsfrage, *wie* eine neue Management-Methode Eingang in ein Unternehmen findet, kann eine konstruktivistisch orientierte Forschung nicht auf Distanz gehen, sondern muss sich seinem Forschungsgegenstand nähern. Die Nähe zum Untersuchungsfeld dient in der qualitativen Sozialforschung nicht in erster Linie der Verifikation oder Verbesserung von Deskription – angestrebt wird nicht die getreue Abbildung der ‚Realität' –, sie ist nach vorliegender Auffassung vielmehr grundlegende Bedingung der Möglichkeit und Motor von Entdeckung (Knorr-Cetina 1989:94). Da Innovationen aus der in Kapitel II beschriebenen wissenschaftstheoretischen Sicht nicht direkt zugänglich sind, sondern nur indirekt über Beschreibungen ‚begriffen' werden können, widmen sich die zugrunde gelegten Methoden vor allem der Sprache über dieses Phänomen.[73] Wenn Konstruktionen als sprachlich eingebundene, sozial entwickelte Narrationen beschrieben werden können, aufgrund derer sich Menschen im sozialen Umfeld zurechtfinden (Fried 2001:51), so bedarf es Forschungsmethoden, die diese Narrationen zugänglich machen.

Methodologisch bedeutet dies, dass die Strategien der Datenerhebung selbst einen kommunikativen[74], dialogischen Charakter aufweisen sollten (Flick, Kardorff&Steinke 2000b:21). Narrative Formen der ‚Organization Studies' finden sich dabei am ehesten in Fallstudien (Czarniawska 2004). Als Forschungsdesign für diese Arbeit wird daher die qualitative Einzelfallstudie (Yin 2003) gewählt, die sich sowohl für sprachliche Äußerungen,

---

[73] Kieser (1998) spricht in diesem Zusammenhang *„Über die allmähliche Verfertigung der Organisation beim Reden"* (und spielt damit auf die Betrachtung von Kleist „Über die allmähliche Verfertigung der Gedanken beim Reden" an). Bezüglich organisatorischen Wandels stellt Kieser die Kommunikation in den Vordergrund auf, dass Metaphern, Leitbilder und Geschichten in der Phase der Initiierung eine besondere Rolle spielen, da darin Deutungsangebote zentraler Grundannahmen und Ziele der Reorganisation enthalten sein können (Schumacher 2003:138).
[74] Qualitative Forschung versteht sich als Kommunikation, vor allem zwischen Forscherin und zu Erforschendem. Dabei rückt der Prozess des gegenseitigen Aushandelns der Wirklichkeitsdefinition zwischen Forscherin und Erforschtem in den Mittelpunkt des Interesses (Lamnek 2005:22).

als auch beobachtbare Narrationen in Form von Dokumenten, Ritualen oder Alltagspraktiken interessiert. Angestrebt wird mit dieser Art der Forschung das Erstellen einer „dichten Beschreibung" (Geertz 2001). Das vertiefte und differenzierte Verständnis des Einzelfalls soll zu einer kritischen Auseinandersetzung mit den gängigen Theorien der Innovation führen. Eine Forschung, die sich selbst als Lernprozess begreift und auf die Erschließung des Konstruktionsprozesses sozialer Wirklichkeit abzielt, kann nicht auf geschlossene Instrumente zurückgreifen. Wenn Deutungen die gesellschaftliche Konstruktion der Wirklichkeit formen (Berger&Luckmann 1987), muss auch die Theoriebildung über diesen Gegenstandsbereich als interpretativer Prozess, d.h. als rekonstruktive Leistung angelegt sein (Lamnek 2005:35). Bei der Analyse aller Daten muss der Forscherin bewusst sein, dass sie selbst stets Konstruktionsarbeit leistet und Bedeutungen im Sinne des decodings in den Text hineinlegt und nicht herausliest. Als geeignete Methoden haben sich für diese Fallstudie die *teilnehmende Beobachtung,* die *Dokumentenanalyse,* sowie das offene, unstrukturierte *narrative Interview,* erwiesen, die im Sinne einer Methodentriangulation[75] (Mayring 2002:147) angewendet werden. Zusätzlich zur Analyse der im Feld gewonnenen Daten wird das Transkript eines Tagungsworkshops aus dem Jahre 2003 mithilfe der *Metaphernanalyse* ausgewertet.

Teilnehmende Beobachtung

Das hervorstechende Kennzeichen der teilnehmenden Beobachtung ist die Anwesenheit der Forscherin „[...] in der natürlichen Lebenswelt der Untersuchungspersonen" (Lamnek 2005:548). Die Bezeichnung ‚teilnehmend' verdeutlicht hierbei, dass sich die Forscherin in das soziale Feld

---

[75] Die Triangulation des Forschungsgegenstandes führt zu dessen Betrachtung von (mindestens) zwei Punkten aus (Flick 2000b:309). Wurde die Triangulation anfangs als Instrument zur Validierung verstanden, wird sie heute als methodische Technik diskutiert, die zu einer breiteren und tieferen Erfassung des Untersuchungsgegenstandes führen soll, nicht aber auf objektive Richtigkeit des Forschungsergebnisses abzielt (Steinke 2000:320; Denzin&Lincoln 2008:7).

begibt und dort eine wie auch immer geartete Rolle übernimmt. Diese kann von aktiv partizipierend zu passiv teilnehmend – beobachtend – reichen. Eine Einflussnahme durch die alleinige Anwesenheit der Forscherin im Feld ist jedoch stets gegeben und soll durch die Bezeichnung ‚teilnehmend' deutlich gemacht werden:

> *„While the traditional role of the scientist is that of a neutral observer who remains unmoved and unchanged in his examination of phenomena, the role of the participant observer requires sharing the sentiments of people in social situations, and thus he himself is changed as well as changing to some degree the situation in which he is a participant."* (Bruyn 1963:224 zit. nach Lamnek 2005:567)

Dem interpretativen Paradigma der Offenheit[76] folgend, ist die teilnehmende Beobachtung *unstrukturiert*, besser: *nicht standardisiert* (Lamnek 1995:255), und richtet sich nach den spontanen Gegebenheiten im Feld. Da sich die Gegenstände und Perspektiven der Beobachtung erst während der Beobachtung im sozialen Feld entwickeln, ist die teilnehmende Beobachtung *offen und flexibel* angelegt. Angestrebt wird eine *face-to-face-Interaktion* mit den Akteuren, die zu *kommunikativen Kontakten* führen kann und von *Authentizität* und *Natürlichkeit* geprägt ist. Damit unterscheidet sich die teilnehmende Beobachtung deutlich von einer Laborsituation (Lamnek 2005:572). Beobachtungen wurden in der vorliegenden Studie bei einer GL-Sitzung im Oktober 2006 sowie bei einem Aufstellungsworkshop im Dezember 2006 durchgeführt.

Dokumentenanalyse

Mit der Dokumentenanalyse wird empirisches Material ausgewertet, *„das nicht erst vom Forscher durch die Datenerhebung geschaffen werden muss"* (Mayring 1996:33). Damit spielt die Subjektivität des Forschenden nur bei der Auswahl, nicht aber bei der Erhebung der Dokumente in den

---

[76] Qualitatives Vorgehen versucht, Offenheit auch für hypothetisch nicht erwartete, unvorhergesehene Ereignisse zu bewahren, um durch diesen nicht eingeplanten Informationsgewinn zu weiter- und tiefergehenden Erkenntnissen zu gelangen (Lamnek 2005:565).

Prozess hinein. Wie Nagel (2001:112) betont, ist die Dokumentenanalyse insbesondere in der Einzelfallstudie von Bedeutung, um den jeweiligen Handlungskontext zu begreifen und Aussagen, Diskussionsbeiträge oder Seitenbemerkungen verstehen und einordnen zu können.

Für die Dokumentenanalyse standen Aufzeichnungen des Beraters zu den Aufstellungen, die zwischen April 2003 und 2005 stattgefunden haben sowie der Kontrakt zwischen Berater und CEO zur Verfügung.[77] Diese Dokumente belegen, welche Informationen von Seiten des Beraters als ‚merkwürdig' galten und daher schriftlich festgehalten wurden. Dokumente der Aufstellungen, die nicht durch den Berater entstanden sind, lagen im Unternehmen nicht vor.

Die **Metaphernanalyse** ist eine besondere Form der Interpretation eines Textes, die in Kapitel IV.2.3 genauer erläutert wird. Analysiert wurde hierbei das 30-seitige Transkript eines Workshops während einer Fachtagung im November 2003. Reizvoll an diesem Dokument ist auch sein früher Entstehenszeitpunkt. Während die **narrativen Interviews** (diese Methode wird in Kapitel IV.3 dargestellt) Ende 2006 geführt wurden, stellt das Workshop-Transkript ein frühes Dokument der Arbeit mit der OA dar.

1.3   Der Forschungsprozess

Das Projekt stand unter der Leitung von Prof. Dr. Michael Zirkler, Universität Basel. Die Datenerhebung vor Ort wurde von der Autorin durchgeführt. Der erste Kontakt zum Forschungspartner FARINA entstand während einer Fachtagung im April 2006, in deren Rahmen CEO und Berater ihre gemeinsame Arbeit mit der OA vorstellten. Durch diesen persönlichen Kontakt zu CEO und Berater gestaltete sich der Feldzugang zur FARINA für uns sehr unkompliziert. Unsere Forschung wurde von Beginn

---

[77] Die 50seitige Dokumentation umfasst 17 Nachmittage mit 33 Aufstellungen. Die Aufstellungen von Anfang 2006 bis zum Abschluss des Projekts im Juni 2007 wurden nicht mehr durch den Berater dokumentiert. Der Kontrakt beschränkt sich auf ein einseitiges Dokument.

an durch den Geschäftsleiter ermöglicht und unterstützt.[78] Das Forschungsprojekt wurde im Juni 2006 zwischen Prof. Zirkler, dem CEO der FARINA,
dessen Berater und der Autorin zum ersten Mal besprochen und im August
2006 der GL der FARINA im Rahmen einer halbstündigen Präsentation
vorgestellt. Festgelegt wurde hierbei unter anderem die Anonymisierung
der Daten und deren Freigabe durch den Forschungspartner. Nachdem sich
der Forschungspartner für eine Kooperation mit uns entschieden hatte,
begann die Studie im Oktober 2006 mit einer Betriebsführung durch beide
Produktionsbereiche. Der daraus entstandene erste Einblick in die Unter-
nehmenslandschaft war vor allem für das Verstehen der aufgestellten
Themen unverzichtbar. Beobachtungen wurden bei einer GL-Sitzung im
Oktober 2006 sowie bei einem Aufstellungsworkshop im Dezember 2006
durchgeführt. Begleitend zu den Beobachtungen wurden zwischen Oktober und November 2006 sieben Interviews mit den GL-Mitgliedern, dem
CEO und dem Berater geführt. Im Frühling 2007 fand die Auswertung der
Daten und eine Interpretation der Fallstudie statt. Die Anwesenheit der
Forscherin im Forschungsfeld endete im Juni 2007 mit einer Präsentation
der Ergebnisse vor der GL des Unternehmens. Erste schriftliche Ergebnisse
wurden in einem Forschungsbericht (Berreth&Zirkler 2007) zusammengefasst. Bei der Präsentation der Ergebnisse auf einer Fachtagung im März
2007 wurden die Thesen der Forscherin einem Publikum an Aufstellern
und Beratern zugänglich gemacht. Die Präsentation im Rahmen der Basler
Management Dialoge im Mai 2007 richtete sich an ein Publikum von Beratern, Wissenschaftlern und Praktikern. Das EGOS Colloquium, die Kon-
ferenz der European Group for Organizational Studies, im Juli 2007 in
Wien bot eine weitere Plattform, erste Ergebnisse der qualitativen Fallstudie einem wissenschaftlichen Publikum zu präsentieren. Abbildung 2
gibt einen Überblick über den zeitlichen Ablauf der Fallstudie.

---

[78] Für die Offenheit uns und unserem Forschungsinteresse gegenüber sowie für die zur
Verfügung gestellte Zeit möchte ich allen Beteiligten in der FARINA sehr danken.

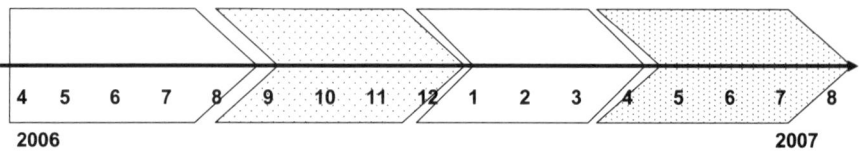

4	5	6	7	8	9	10	11	12	1	2	3	4	5	6	7	8

2006   **2007**

Phase 1: Kontaktaufnahme
- Fachtagung 04/2006
- erstes Treffen mit CEO und Berater 06/2006
- Präsentation in der GL 08/2006

Phase 3:
Datenauswertung 01-03/2006
- narrative Interviews nach der Basler Methode
- Beobachtungen
- Dokumentenanalyse

Phase 2: Datensammlung
- Betriebsführung 10/2006
- Beobachtung GL 10/2006
- Beobachtung eines OA-Workshops 12/06
- Interviewführung 10-11/2006

Phase 4:
Präsentation erster Ergebnisse
- Vortrag Fachtagung 03/2007
- Rückspiegelung an Farina 06/2007
- Basler Management Dialoge 05/2007
- EGOS Colloquium 07/2007
- Forschungsbericht 09/2007

Abbildung 2: Zeitlicher Ablauf der Fallstudie

Die Metaphernanalyse – angewendet auf das Transkript eines Workshops während einer Fachtagung 2003 – stellt eine Erweiterung der primär im Feld gewonnenen Daten da. Nach der Transkription des Workshopmitschnitts wurde die Analyse zwischen Herbst 2007 und Frühjahr 2008 durchgeführt. Erste Ergebnisse wurden parallel zum Analyseprozess auf verschiedenen internen und externen Doktorandenseminaren präsentiert und diskutiert. Im Folgenden sollen nun die Metaphernanalyse (Kapitel 2) sowie das narrative Interview (Kapitel 3) näher vorgestellt werden.

2 DIE METHODE DER METAPHERNANALYSE

Betrachtet man die Frage, wie unbekannte und innovative Methoden in eine Organisation gelangen, so kann man mit Hargadon & Douglas (2001:7) davon ausgehen, dass neue Ideen – in ihrem Fall die Glühbirne – sehr viel größere Durchsetzungschancen haben, wenn sie im äußeren Design an Bekanntes anknüpfen. Eine Glühbirne, die dem Erscheinungsbild einer Kerze ähnelt, findet daher schneller Akzeptanz. Unternehmer müssen ihre Ideen innerhalb eines existierenden Gedankensets anbringen und sie gleichzeitig von bereits bestehenden Produkten soweit abheben, dass ein Zusatznutzen erkennbar ist:

> *„So while innovations must appear novel to draw attention and suggest an advantage, entrepreneurs must initially present the meaning and value of their innovations, including their novel features, in the* language *of the existing institutions by giving them the appearance of familiar ideas. [...] Purely novel actions and ideas cannot register because no established logics exist to describe them."* (Hargadon&Douglas 2001:478, Hervorhebung A.B.)

Um gehört zu werden, muss das Neue in der ‚Sprache' des bereits Existierenden präsentiert werden. Design ist dabei eine Form der Sprache, mit der an bestehende Logiken angeknüpft werden kann. Ein geläufiges Äußeres erinnert die Nutzer an Bekanntes und erlaubt somit, der Innovation Sinn zuzuschreiben. Eine andere Form der *„Übertragung"*[79] alter Attribute auf neue Ideen ist neben dem Design die Verwendung von Metaphern. Metaphern wird die Fähigkeit zugeschrieben, als Hilfsmittel bei neuen Erkenntnissen zu dienen und eine Innovationsfunktion zu erfüllen (Hroch 2005:43). Metaphern – wie etwa die Forderung, dass Organisationen *„Zelte statt Paläste"* (Kieser 1998:58) sein sollen – lösen Assoziationen aus, die bislang noch nicht mit der Organisation verbunden waren: Zelte kann man relativ leicht auf- und abbauen, man ist in Zelten aber auch kaum von der

---

[79] Hierbei sei an die Definition der Metapher durch Aristoteles erinnert, der die Metapher als *„eine auf verschiedene Weise mögliche Übertragung eines fremden Nomens auf einen ihm nicht zugehörigen Gegenstand"* versteht (Fischer 2005:11). Dazu genauer siehe Kapitel IV.2.1.

Umwelt abgeschirmt (Kieser 1998:58). Damit regen Metaphern konstruktive Prozesse an, die die Bildung neuer Assoziationen unterstützen und so zu neuen, ungewohnten Sichtweisen führen (Funke 2005:165). Dabei beruht die Wirkung von Metaphern auch darauf, dass die von ihnen hervorgerufenen Bilder emotional besetzt sind und sie diese Emotionen auf den Gegenstandsbereich transferieren (Gloor 1987:20). Die Metapher erlaubt also nicht nur, Neues zu denken, sondern schließt auch das Neuen an das Alte an.

Eine zentrale Annahme dieser Arbeit ist, dass die OA als Beratungs- und Interventionsform eine innovative und bislang wenig verbreitete Methode darstellt, deren Anwendung der Legitimation bedarf. Um die neue Methode im Unternehmen anwenden zu können und Akzeptanz für diese andersartige Managementform zu finden, müssen Unternehmer und Berater, die mit der OA arbeiten, dieses Neue in der Sprache existierender Vorstellungen bzgl. ‚guter Managementpraxis' anbringen. Metaphern kommt aufgrund ihrer Innovationsfunktion bei der Entstehung und Legitimation neuer Formen eine besondere Rolle zu. Möchte die OA den Status einer anerkannten Management-Methode erhalten, muss es gelingen, die Rede über OA an einen rationalen Diskurs anzuschließen. Belegt werden muss, dass die OA eine Methode ist, die mit rationalen Maßstäben des Managements vereinbar ist und zu ökonomischen Ergebnissen führt.

Das Kapitel ist wie folgt aufgebaut:

- Kapitel 2.1 geht auf die verschiedenen Metapherntheorien ein und erläutert, wie man zu einem konstruktivistischen Metaphernverständnis gelangt, das Lakoff & Johnson (1998) in der Annahme folgt, Metaphern würden Ähnlichkeit konstruieren und darin unser Denken und Handeln strukturieren.

- Kapitel 2.2 beleuchtet die Funktionen der Metapher genauer und erläutert, wie Metaphern bei der Verbreitung neuer Ideen helfen.

- Kapitel 2.3 beschreibt die Metaphernanalyse nach Schmitt (1995) und die Datenerhebung und -analyse der vorliegenden Studie.

2.1 Metapherntheorien

Das Wort Metapher, das sich von dem griechischen *metà phérein* herleitet, bedeutet „anderswohin tragen", oder wie Glasersfeld spezifiziert: *„[...] etwas von einem Ort an einen anderen tragen"* (2005:146). Mit seinem wegweisenden Artikel „Metaphor" aus dem Jahr 1954 hat Max Black (1996) den Versuch unternommen, die verschiedenen Erklärungsversuche und Theorien zur Metapher zu klassifizieren und kritisch zu würdigen. Er gliederte die Theorien in drei grundlegende Erklärungsmodelle, die er Substitutions-, Vergleichs- und Interaktionstheorie nannte. Aristoteles' Verständnis der Metapher – das von Black als *Substitutions-* oder *Vergleichstheorie* bezeichnet wurde – nimmt an, dass Wörter eine ‚eigentliche' Bedeutung haben (Kapitel 2.1.1). Da die Annahme der wörtlichen Bedeutung eines Wortes spätestens seit dem ‚linguistic turn' nicht mehr haltbar ist, musste sich die *Interaktionstheorie* (Kapitel 2.1.2) in diesem Punkt weiterentwickeln. Mit dieser Theorie kam erstmalig der Gedanke auf, dass Metaphern keine Ähnlichkeiten zwischen zwei Wortfeldern beschreiben, sondern diese durch die Gegenüberstellung erst schaffen. Die *kognitive Metapherntheorie* – grundlegend geprägt durch die Arbeiten von Lakoff & Johnson (1998) – ist für die spätere Metaphernanalyse in dieser Arbeit von zentraler Bedeutung. Sie wird in Kapitel 2.1.3 ausführlicher behandelt.

2.1.1 Aristoteles' Substitutionstheorie

„Der Mensch ist ein Wolf"[80]

Aristoteles bezeichnet die Metapher als eine *„Übertragung eines Wortes (das somit in uneigentlicher Bedeutung verwendet wird), und zwar*

---

[80] Metaphern, die metaphorische Ausdrücke wiedergeben oder im Sinne der Substitutions- und Interaktionstheorie verwendet werden, sind in diesem Text kursiv und fett gedruckt: **Lebensweg**. Handelt es sich um metaphorische Konzepte im Sinne Lakoff & Johnsons (1998), werden diese in Kapitälchen wiedergegeben: DAS LEBEN IST EINE REISE.

entweder von der Gattung auf die Art, oder von der Art auf die Gattung,
oder von einer Art auf eine andere oder nach den Regeln der Analogie"
(1982 Poetik 21, 1457b). Mit dieser Definition der Metapher als
Übertragung erläutert Aristoteles die Metapher nach dem Modell einer
Etikettentheorie[81]. Ausgehend von der Vorstellung einer vorsprachlichen
Seinsordnung der Dinge sah die ontologisch orientierte Philosophie der
Antike in der Sprache ein mehr oder minder genaues Abbild der
Wirklichkeit. Die Metapher als Ortsveränderung eines Wortes verwendet
für einen Gegenstand nun nicht den eigentlichen Namen, sondern tritt als
‚uneigentlicher' Wortgebrauch auf. Aristoteles Theorie wurde dabei
Substitutionstheorie[82] der Metapher genannt, weil sie davon ausgeht, „[...]
daß ein metaphorischer Ausdruck anstelle eines äquivalenten wörtlichen
Ausdrucks gebraucht wird" (Black 1996:61). Die Substitutionstheorie
basiert auf der Annahme, dass die Metapher als Ersatz für einen wörtlichen
Ausdruck steht, mit der metaphorischen Bezeichnung also nur ein anderes
Symbol – ein anderer Name – benutzt wird, um auf dasselbe ‚Objekt' Bezug zu nehmen. Das ersetzende Wort, die Metapher, muss dabei die Bedingung erfüllen, mit dem ‚echten' Nomen gewisse Ähnlichkeiten aufzuwei-
sen. Aristoteles versteht die Metapher damit als ein rein sprachliches Phänomen und gleichsam als grundsätzliches Prinzip sprachlicher Kreativität:
das (Er-)Finden von guten Metaphern ist Ausdruck des Talents,
Ähnlichkeiten zwischen unverbundenen Dingen wahrnehmen zu können.

---

[81] Nach diesem topologischen Sprachmodell – demzufolge jedes Wort eine feste
Bedeutung und damit einen festen Ort in der Sprache besitzt (Debatin 1995:16) – ordnet
die Sprache den ‚Gegenständen' der Wirklichkeit wörtliche Etiketten zu, die als ihre
eigentlichen Namen an ihnen kleben.
[82] Ein Sonderfall der Substitutionstheorie ist laut Black (1996:66) die *Vergleichstheorie.*
Ihr zufolge ist jede metaphorische Aussage durch einen wörtlichen Vergleich zu
ersetzen, wobei der metaphorische Ausdruck in der Bedeutung seinem wörtlichen
Äquivalent ähnlich oder analog ist. Die Metapher „*Achill ist ein Löwe*" steht für den
verkürzten Vergleich „Achill ist wie ein Löwe" (Gloor 1987; Hroch 2005).

2.1.2 Interaktionstheorie

„Die Armen sind die Neger Europas"

Die eingangs gestellte Frage, wie Metaphern in der Lage sind, Neues in die Welt zu tragen, neue Beschreibungen von Wirklichkeit hervorzubringen und neue Sinnbezüge zu stiften, ist unter einer aristotelischen Theorie der Metapher nicht recht fassbar. Aus konstruktivistischer Perspektive ist die Annahme, Wörter und Sätze hätten eine feste, inhärente Bedeutung, darüber hinaus eine Fiktion (von Glasersfeld 2005:149). Diesen Mängeln der Substitutionstheorie folgend, wird in der zweiten Hälfte des 20. Jahrhunderts die Metapher nicht länger als rein sprachliche Erscheinung gesehen, sondern als unentbehrliches Denk- und Erkenntnisinstrument des Menschen dargestellt (Hroch 2005:22). Diese Vorstellung findet in der Interaktionstheorie ihren Ausdruck. Sie löst sich von der Vorstellung präexistierender, objektiv gegebener Ähnlichkeiten, die durch die Metapher aufgedeckt werden und geht stattdessen davon aus, dass die Metapher die Ähnlichkeit zwischen Bildspender und Bildempfänger erst konstruiert (Haverkamp 1996:18). Damit stellt die Interaktionstheorie der Substitutions- und Vergleichstheorie eine Auffassung gegenüber, die in der Metapher das grundlegende Prinzip von Sprache, Denken und Welterschließung sieht. Der Grundgedanke der Interaktionstheorie ist das Zusammenwirken – die Interaktion – von zwei verschiedenen und in wechselseitiger Abhängigkeit zu interpretierenden Bedeutungssphären, die durch die Metapher aufeinander projiziert werden (Pörksen 2005:266). Da Interaktionsmetaphern die Ähnlichkeit zweier Bildbereiche nicht einfach enthüllen – wie es die aristotelische Theorie nahe legt –, sondern sie vielmehr konstruieren und auf diese Art die Bedeutungen beider Wortfelder erweitern, lässt sich der kognitive Gehalt einer solchen Metapher nicht in *„normaler Sprache"* (Black 1996:78) wiedergeben.[83] Der interaktionstheore-

---

[83] Für Black gibt es neben den Interaktionsmetaphern auch stets Metaphern, die vollständig mit der Substitutions- oder der Vergleichstheorie erklärbar sind. Diese sind

tische Ansatz hat sich in der Metaphernforschung inzwischen durchgesetzt. Fortgeführt wurde er vor allem in der von Lakoff und Johnson begründeten kognitiven Metapherntheorie (Fischer 2005a:15).

2.1.3   Kognitive Metapherntheorie

„Zeit verschwenden"

Die kognitive Metapherntheorie wurde maßgeblich von dem Linguisten George Lakoff und dem Sprachphilosophen Mark Johnson beeinflusst. Lakoff & Johnson (1998) beschreiben Metaphern als eine der wesentlichen Strukturierungen unseres Denkens. Metaphern fungieren als handlungs- und erkenntnisleitende Schemata, die neue Wirklichkeiten erzeugen und etablierte Glaubens- und Begriffssysteme verändern können (Fischer 2005a:9). Mit dem Begriff ‚Metapher' meinen die Autoren ein metaphorisches Konzept:

> „Deshalb ist, wann immer wir in diesem Buch von Metaphern wie z.B. ARGUMENTIEREN IST KRIEG sprechen, das so zu verstehen, daß mit dem Begriff Metapher ein metaphorisches Konzept gemeint ist."
> (Lakoff&Johnson 1998:14)

Dieses metaphorische Konzept besteht laut Lakoff & Johnson aus einem Quellbereich, der mit einem Zielbereich verbunden wird. Die Metapher DAS LEBEN IST EINE REISE vereinigt den Zielbereich ‚Leben' mit dem Quellbereich ‚Reise'. Einem solchen Konzept lassen sich verschiedene metaphorische Ausdrücke wie *„Am Beginn des Lebens", „Lebensweg"* oder *„Stolpersteine"* zuordnen. Die Autoren gehen davon aus, dass die sprachlichen Bilder aus einem (Quell-)Bereich von Erfahrungen stammen, der sich in elementaren körperlichen und physisch erlebbaren Erfahrungen begründet, die bereits vor dem Spracherwerb gemacht werden (Fischer 2005a:9). Der Zielbereich dagegen ist abstrakt und schwer vorstellbar; ihm sind Konzepte wie Emotionen, Ideen oder Zeit zugeordnet. Da mit Hilfe von Metaphern ein Erfahrungsbereich von einem anderen Erfahrungs-

---

„ohne Verlust an kognitivem Gehalt [zu ersetzen, A.B.]. *‚Interaktionmetaphern' dagegen sind unentbehrlich."*

bereich her verstanden werden kann (Lakoff&Johnson 1998:137), kann der Zielbereich über die Metapher mit konkretem, sinnlich erlebbarem Inhalt gefüllt werden. Die Metapher ist somit als Übertragung einfacher und sinnlich wahrnehmbarer Erfahrungseinheiten auf komplexe und abstrakte Begriffe zu verstehen. Sie ist damit nicht eine Frage der Sprache, sondern des Denkens.

War es im Verständnis von Substitutions- und Interaktionstheorie von Bedeutung, ob eine Bezeichnung als ‚lebende' oder ‚tote'[84] Metapher gelten muss, so sind nach der kognitiven Metapherntheorie Lakoff & Johnsons alle metaphorischen Konzepte, nach denen wir leben, ‚lebendig' – egal ob sie im Wörterbuch stehen oder nicht. Als Beispiel nennen die beiden Autoren Ausdrücke wie *„Zeit verschwenden", „Positionen angreifen"*, oder *„separate Wege gehen"* (Lakoff&Johnson 1998:69) – Formulierungen, die uns so geläufig sind, dass wir ihren metaphorischen Charakter erst auf den zweiten Blick erkennen. Lakoff & Johnson richten ihre Aufmerksamkeit gerade auf diese konventionellen Metaphern – und weichen damit in dem Aspekt der Usualität von den meisten anderen Ansätzen ab (Hroch 2005:40). Sie verstehen tote Metaphern als unbewusst verwendet und vermuten im unreflektierten Sprachgebrauch einen Schlüssel zu unserem Denken, das den Autoren zufolge von Grund auf metaphorischer Natur ist:

> *„Wir haben dagegen festgestellt, daß die Metapher unser Alltagsleben durchdringt, und zwar nicht nur unsere Sprache, sondern auch unser Denken und Handeln. Unser alltägliches Konzeptsystem, nach dem wir sowohl denken als auch handeln, ist im Kern und grundsätzlich metaphorisch. [...] Wenn, wie wir annehmen, unser Konzeptsystem zum größten Teil metaphorisch angelegt ist, dann ist unsere Art zu denken, unser Erleben und unser Alltagshandeln weitgehend eine Sache der Metapher."*
> (Lakoff&Johnson 1998:11)

---

[84] Diese dichotome Unterteilung spiegelt den Grad der Lexikalisierung einer Metapher wider. Als ‚tote' Metaphern werden dabei Sprachbilder bezeichnet, die bereits dahingehend lexikalisiert sind, dass sie dem gängigen Sprachgebrauch entsprechen und insofern keinerlei Überraschungseffekt hervorrufen. Ehemals neue, als überraschend empfundene Metaphern nutzen sich also mit der Zeit ab und werden zu konventionellen, ‚toten' Metaphern (Hroch 2005:39).

Unser Denken geschieht also metaphorisch. Es ist der Sprache vorgelagert und hat seinen Ursprung in grundlegenden physischen und kulturellen Erfahrungen. Da Sprache und Denken laut Lakoff & Johnson homolog strukturiert sind, kann die Sprache die unbewussten[85] Strukturen unseres Denkens widerspiegeln (Hülsse 2003:29). Wie Metaphern unser Erleben, unser Fühlen und unser Verhalten organisieren, ist gerade in den unbewusst verwendeten konventionellen Metaphern zu erkennen. Der Metapher kommt damit eine Indikatorfunktion zu (Hroch 2005:27). Die These Lakoff & Johnsons (1998:11), dass unser konzeptuelles System, in dem wir sowohl denken als auch handeln, grundsätzlich metaphorisch sei, verdeutlichen die Autoren über die Gliederung metaphorischer Konzepte in *konzeptionelle*, *orientierende* und *ontologische* Metaphern.

Konzeptionelle Metaphern

Konzeptionelle Metaphern, auch Strukturmetaphern genannt, bilden den Kern der Aussage Lakoff & Johnsons: sie strukturieren einen Zielbereich metaphorisch durch einen physisch erfahrbaren Herkunftsbereich (Lakoff&Johnson 1998:22; Hroch 2005:38). Als Beispiel führen die Autoren das metaphorische Konzept ARGUMENTIEREN IST KRIEG an, das in vielfältigen Metaphern Ausdruck findet: eine Diskussion wird *„gewonnen"*, *„verloren"*, *„ausgefochten"*, man kann darin *„Niederlagen"* erleben und *„Kräfte messen"* (Schlee&Kieser 2000:163). Stereotype Eigenschaften des Krieges werden also auf den Bereich der Diskussion übertragen. Diese metapherngeleitete Übertragung beeinflusst nicht nur, in welcher Form über Diskussion gesprochen wird, sie strukturiert auch unser Handeln in der Argumentation (Lakoff&Johnson 1980:4). Wird eine Diskussion als

---

[85] Der kognitive Metaphernansatz geht von meist unbewusst verwendeten Metaphern aus. Bezüglich der Frage nach der Intentionalität der Metaphern – das heißt der ‚agency' oder des Handlungsspielraumes des Sprechers – nimmt dieser Ansatz ein mittleres Maß an Intentionalität an. Einerseits läuft die Verwendung von Metaphern weitgehend automatisch ab und lässt sich kaum durch einen autonomen Akteur steuern. Andererseits erkennt auch der kognitive Metaphernansatz, dass Sprecher einzelne metaphorische Konzepte bewusst und strategisch verwenden können (Hülsse 2003:31).

Krieg begriffen, dann wird, dem Wunsch nach Kohärenz zwischen Denken und Handeln folgend, auch das Handeln danach ausgerichtet. Auf diese Wiese verstärkt sich die Kraft der Metapher und ihre Akzeptanz, bis sie nicht mehr hinterfragt wird und als Selbstverständlichkeit gilt (Hroch 2005:30).[86]

Orientierende Metaphern

Der Namen dieses metaphorischen Konzeptes verweist auf die Orientierung im Raum, auf die sich diese Metaphern beziehen: oben-unten, innen-außen, vorne-hinten, zentral-peripher. Metaphorische Orientierungen finden ihre Grundlage in unseren physischen und kulturellen Erfahrungen: *„Beispielsweise liegt in einigen Kulturen die Zukunft vor den Menschen, während sie in anderen Kulturen hinter den Menschen liegt"* (Lakoff&Johnson 1998:22, Hervorhebungen im Original). Dabei bieten unsere physischen und kulturellen Erfahrungen unterschiedlichste Fundamente für Raummetaphern. Welche Grundlagen ausgewählt werden, hängt von der jeweiligen Kultur ab.[87] Ein Beispiel für die räumliche Strukturierung eines ganzen Systems von Konzepten ist: GUT IST OBEN – SCHLECHT

---

[86] Lakoff & Johnson fordern den westlich geprägten Leser mit dem Gedankenspiel heraus, Argumentation im Sinne der Tanz-Metapher zu denken und machen damit deutlich, wie ungewohnt es ist, einer metaphorisch als Kampf strukturierten Sache ein anderes metaphorisches Konzept aufzuzwingen: *„Stellen wir uns einmal eine Kultur vor, in der man den Argumentationsvorgang als Tanz betrachtet* [sic!]*, bei dem die Argumentierenden als Künstler auftreten und das Ziel haben, sich harmonisch und ästhetisch ansprechend zu präsentieren"* (Lakoff&Johnson 1998:13).

[87] Betrachtet man die Deutsche Gebärdensprache (DGS), so ist deren Zeitlinie entsprechend den Metaphern der deutschen Lautsprache angeordnet: Die Zukunft liegt vor dem Gebärdenden. In afrikanischen Gebärdensprachen dagegen befindet sich Vergangenes vor dem gebärdenden Menschen, da dies die Erlebnisse sind, die man bereits ‚gesehen' hat. Die unvorhersehbare Zukunft wird dagegen hinter dem Rücken des Gebärdenden vermutet. Systemaufstellungen im europäischen Raum, die mit einer Zeitachse arbeiten, legen ebenfalls den uns vertrauten Zeitverlauf an, der die Zukunft vor uns verortet. Auch Lakoff & Johnson machen darauf aufmerksam, dass metaphorischen Konzepten wie dem der oben-unten Orientierung nicht in allen Kulturen die Prioritäten so zugeschrieben werden, wie wir das tun. Es gibt Kulturen, in denen z.B. Gleichgewicht oder Zentralität eine viel wichtigere Rolle spielen, als dies in unserer Kultur der Fall ist (Lakoff&Johnson 1998:33).

IST UNTEN. Diesem metaphorischen Konzept können Metaphern wie: *„Die Entwicklung zeigt nach* oben. *Letztes Jahr haben wir eine* Spitze *erreicht, aber seither geht es* bergab. *Die Lage hat einen Rekord*tief*punkt erreicht. "* (Lakoff&Johnson 1998:25, Hervorhebungen im Original) zugeordnet werden. Lakoff & Johnson gehen davon aus, dass die fundamentalen Werte einer Gesellschaft nur im Einklang mit diesen metaphorischen Schemata formuliert werden können.

Ontologische Metaphern

Die Raumorientierung eines Objekts ist für Lakoff & Johnson nur ein Aspekt unter mehreren. Wenn wir unsere Erfahrungen generell von Objekten und Materien her verstehen, können wir auch bestimmte Teile unserer Erfahrung herausgreifen und diese wie separate Entitäten gleicher Art behandeln. Ontologische oder vergegenständlichende Metaphern konzeptionalisieren immaterielle, kaum abgrenzbare Dinge als Objekte oder Subjekte. Sie nutzen die Tatsache, dass wir komplexe Erfahrungstatsachen als einfache Objekte, Entitäten oder Materien vergegenständlichen und diese sprachlich als Substantive wie konkrete Objekte funktionieren lassen: *„Wenn Dinge nicht eindeutig Einzelgebilde sind oder scharfe Grenzen haben, dann kategorisieren wir sie so, als ob sie diese Eigenschaften besäßen, z.B. Gebirge, Nachbarschaft, Hecke usw. "* (Lakoff&Johnson 1998:35). Als eines der wichtigsten Beispiele für ontologische Metaphern kann die Containermetapher gelten, zu der auch die Aufteilung in innen/außen gehört. Der Mensch ist in dieser Metapher nicht nur körperlich eine Einheit, sondern wird auch im psychischen Bereich als ein Behälter verstanden, in dem sich vieles sammelt, staut und wieder hinausströmt. Dies ist vor allem an bestimmten Verben zu erkennen: *„Er kam aus sich heraus", „Er öffnete sich".* Weitere ontologische Metaphern sind etwa das Weg-, Zyklus-, Skalen- oder Gleichgewichts-Schema.

2.2   Funktionen der Metapher

In Anlehnung an Morgan (2000:15) lautet die oberste hier geltende Prämisse, dass unsere Theorien und Erklärungen der Welt[88] auf Metaphern beruhen, die es uns ermöglichen, Wirklichkeit differenziert und doch nur ausschnittsweise zu betrachten und zu begreifen. *„[T]he use of metaphors implies a way of thinking and a way of seeing that pervade how we understand our world generally"* (Morgan 1986:12, zit. nach Kieser 1998). Metaphern kommen unterschiedliche Funktionen zu, die unsere Betrachtungsweise der Wirklichkeit formen.

2.2.1   Die erkenntnisfördernde Funktion

Mit der Loslösung von der aristotelischen Etikettentheorie gerät die erkenntnisfördernde Funktion der Metapher in den Blick. Diese Funktion leitet Fischer (2005c) vom abduktiven Schlussprozess her, dessen Ergebnis die Metapher ist. Das sprachliche Phänomen der Metapher wird als Ergebnis von Schlüssen begreifbar, das auf einem Denken in Ähnlichkeiten beruht – wobei nicht mehr davon ausgegangen wird, dass die Metapher die Ähnlichkeit aufdeckt, sondern herstellt. Wie Fischer, angelehnt an Ricoeur (1988), feststellt, besteht die Sprachstrategie, die bei der Metapher am Werk zu sein scheint darin, die Grenzen der tradierten Logik zu verwischen, um *„neue Ähnlichkeiten sichtbar zu machen, die von der früheren Klassifizierung verdeckt wurden"* (Fischer 2005c:52). Damit weist die Metapher einen dekonstruktiven Charakter auf. Sie negiert den normalen Sprachgebrauch mit seinen alten Denkgleisen und Denkzwängen und setzt neue Denkordnungen, neue Sichtweisen und neue Grenzen. Die Metapher ermöglicht damit das, was Bateson (1981) in seiner Lerntheorie eine Veränderung zweiter Ordnung (Lernen II) genannt hat, nämlich eine Veränderung des ‚frames', der Form der Betrachtung oder Darstellung. Sie ermöglicht das Neue, die Erweiterung unseres Wissens, indem sie gegen etablierte Logiken und Denkgesetze verstösst. Dabei schafft die Metapher jedoch

---

[88] Dasselbe gilt für die ‚Welt' der Organisation oder einzelne Organisationsvorgänge.

keine endgültige Sichtweise der Welt. Sie löst eine Ordnung nur auf, um eine andere zu erfinden und kann darin als dekonstruktives Zwischenspiel zwischen Beschreibung und Neubeschreibung verstanden werden (vgl. Ricoeur zit. nach Fischer 2005c).

2.2.2 Metaphern erleichtern den Wandel

Der Metapher kommt eine entscheidende Funktion zu, wenn es darum geht, bisher Ungedachtes, Neues zu erkennen oder zu schaffen. Wie Gloor (1987:41) betont, entsteht das Neue nicht im luftleeren Raum, sondern in Verknüpfung mit früherem Denken, Erkennen und Erfahren. Um gedanklich und sprachlich bewältigt werden zu können, muss Neues mit schon Bekanntem verbunden werden. Die Metapher übernimmt hier eine wichtige Funktion: sie erlaubt, Neues in den Worten bereits bekannter Erfahrungen auszudrücken. Pondy (1983:163) verweist auf die metaphorische Möglichkeit, das Bekannte mit dem Fremden sprachlich zusammenzuführen und vermutet hierin eine weitere Funktion der Metapher: die Erleichterung des Wandels. *„Metaphor facilitates change by making the strange familiar, but in that very process it deepens the meaning of values of the organization by giving them expression in novel situations"* (Pondy 1983:164). Die Metapher erfüllt eine duale Funktion: sie ermöglicht Wandel *und* sorgt für Kontinuität[89].

2.2.3 Metaphern in der Wissenschaft

Obwohl von Wissenschaft und der verwendeten Wissenschaftssprache Eindeutigkeit und Präzision erwartet wird, finden sich in den Fachsprachen der Wissenschaft Metaphern zuhauf.[90] *„In der Wissenschaft sind es metaphor-*

---

[89] Einen Wandel, der keine Kontinuität garantiert, betrachtet Pondy (1983:164) als Bruch und Veränderung, nicht aber als die angestrebte Erweiterung des Bestehenden.
[90] *„In der Tat beruht jede wissenschaftliche Erzählung [...] auf der metaphorischen Rede. [...] Und gerade in ihrem Gebrauch haben die Mathematiker und Naturwissenschaftler der Moderne eine bewundernswerte Fähigkeit bewiesen, ihre Konzepte, Entdeckungen und Hypothesen zu verbalisieren. Ihre Metaphern-Produktion zeugt von beneidenswertem poetischem Talent. In der Astronomie, der Kosmologie und der Physik gibt es Fackeln, Fleckenherde, Koronae, Sonnenwinde, Tierkreislicht, galaktisches*

ische Vergleiche und Analogien, die oft einen theoretischen Brückenkopf in unerforschte Gebiete schaffen" (von Glasersfeld 2005:153). Ihren Gebrauch legitimieren Metaphern in der Wissenschaft dabei nicht durch ihre Verifizierbarkeit, sondern vielmehr durch ihre Nützlichkeit (Gloor 1987:62). Diese Nützlichkeit entsteht gerade dadurch, dass Worte nicht in ihrer wörtlichen Bedeutung verwendet werden und nur das sagen, was allgemein bekannt ist, sondern die sprachlichen Bilder die Interpretation des Gesagten vielmehr offen halten. Von Metaphern erwartet niemand, dass sie überprüft werden. *„Sie werden als Fiktionen für sofortigen Effekt erfunden und benützt"* (von Glasersfeld 2005:55) und *"they place explanation beyond doubt and argumentation"* (Pondy 1983:163). Von besonderem Interesse sind dabei die Metaphern, die Wissenschaftler verwenden, um theoretische Annahmen zu versprachlichen, für die es bisher noch keinen adäquaten wörtlichen Ausdruck gibt (Boyd 1979:360).

2.2.4 Highlighting und Hiding

Bei all diesen ermöglichenden Funktionen der Metapher darf nicht vergessen werden, dass das sprachliche Bild keineswegs ‚neutrale' Beschreibungen der ‚Wirklichkeit' liefert, sondern unsere Wahrnehmung durch den Effekt des *Highlightings* und *Hidings* strukturiert. Wie Modelle, so heben auch Metaphern gewisse Eigenschaften eines Objekts hervor, während sie andere verdecken (Hroch 2005:31).

> *„Indem ein metaphorisches Konzept uns erlaubt, daß wir uns auf einen bestimmten Aspekt dieses Konzepts (z.B. die kriegerischen Aspekte einer Argumentation) konzentrieren, kann es uns davon abhalten, daß wir uns auf andere Aspekte dieses Konzepts konzentrieren, die mit dieser Metapher nicht konsistent sind."* (Lakoff&Johnson 1998:18)

Indem Metaphern bestimmte Denkvorgänge nahe legen und andere verhindern, erlauben sie eine Komplexitätsreduktion der Wahrnehmung zu

---

Rauschen, Bremsstrahlung, Urknall, Eichfelder, Schwarze Löcher [...]. Die Mathematik kennt Wurzeln, Fasern, Keime [...] Schmetterlinge und Enten." (Enzensberger 2002:271f)

analogen und einfacher strukturierten Mustern. Damit verhindern sie aber auch Differenzierungen und alternative Handlungsformen (Schmitt 1996).

Mit der Metaphernanalyse soll nun aufgezeigt werden, wann bei der Beschreibung der OA auf metaphorische Konzepte zurückgegriffen wird und welchen Mustern diese Konzepte folgen. Davon ausgehend, dass eine bestimmte Metapher stets gewisse Aspekte betont (highlighting), andere dagegen ausblendet (hiding), möchte diese Analyse beschreiben, welchen Logiken die verwendeten Metaphern folgen. Die These lautet, dass die Sprecher bewusst und unbewusst metaphorische Konzepte verwenden, die ihre Zuhörerschaft überzeugen. Auf diese rein sprachliche Art wird eine Methode anschlussfähig gemacht.

2.3   Durchführung der Metaphernanalyse

2.3.1   Warum Metaphernanalyse?

Die Metaphernanalyse ist ein Weg, die Metaphern eines Textes zu erarbeiten, indem alle metaphorischen Äußerungen erhoben und gesamthaften Modellen zugeordnet werden. Geht man mit Lakoff & Johnson (1998) davon aus, dass Metaphern nicht nur unsere Sprache durchdringen und rhetorischer Schmuck sind, sondern auch unser Denken und Handeln strukturieren, ist es für das eigene und das Verständnis Anderer wichtig, die grundlegenden Metaphern zu kennen, nach denen wir unser Leben strukturieren und ihm Sinn geben (Fischer 2005a:9). Auf diese Art macht es die Metaphernanalyse möglich, „[...] *Wirklichkeitskonstruktionen aufzudecken, die anderenfalls unentdeckt blieben* [...]" (Hülsse 2003:24), obwohl sie unser Denken und Handeln grundlegend beeinflussen. Da der Metapher laut Hülsse (2003:168) die Funktion zukommt, Selbstverständlichkeiten zu konstruieren, sind diese Wirklichkeitskonstruktionen besonders wirksam. Diesen Selbstverständlichkeiten schreibt Suchman eine hohe Bedeutung für die Erzeugung von Legitimität zu: gerade unter dem *„umbrella of pre-existing taken-for-granteds"* (1995:586) gelingt die Einführung neuer Handlungen oder Techniken. Was als Selbstverständlichkeit gilt, ist dabei so sehr Teil unserer Normalität, dass es vernünftigerweise nicht mehr hinterfragt, nicht mehr anders bestimmt und entsprechend nicht mehr anders gestaltet werden kann.

> *„In Anbetracht dessen ist die Metaphernanalyse auch ein politisches Projekt. Indem sie zeigt, wie es dazu kommt, daß wir etwas für normal und selbstverständlich halten, macht sie deutlich, daß es nicht zwangsläufig selbstverständlich sein muß. Die Wirklichkeit könnte immer auch anders sein. Somit ‚entzaubert' die Metaphernanalyse Selbstverständlichkeiten und führt sie dadurch in die politische Debatte zurück. Sie deckt die normativen Ansprüche auf, die in der metaphorischen Rede geltend gemacht werden, ohne daß die zugrunde liegenden Wertmaßstäbe und Interessen benannt werden."* (Hülsse 2003:175)

Der Gedanke der Kontingenz, den Hülsse hier umschreibt, wird auch von Debatin (2005) aufgegriffen. Durch die Verfremdung der Metapher im

Rahmen der Reflexion macht die Metaphernanalyse die Offenheit und Ungewissheit des Selbstverständlichen und fraglos Anerkannten bewusst. Erklärungen und Sichtweisen auf ein Thema sind nie endgültig gesetzt, sondern stets als Ausdruck einer gerade akzeptierten Metapher zu betrachten. *„Metaphernreflexion bringt die Kontingenzen unserer Unterscheidungen ans Licht, und die Tatsache, dass selbst die plausibelsten Unterscheidungen stets noch metaphorisch-hypothetischer Natur sind"* (Debatin 2005:41). Mit ihrem Anspruch, Realität im Sinne der Kontingenz stets auch anders als der gängigen Weltsicht folgend denken zu können, ist die Metaphernanalyse ein Werkzeug der qualitativen Sozialforschung, das dem Gedanken des sozialen Konstruktivismus folgt. Mit Hülsse wird die Metapher innerhalb eines Diskurses als Produzent von Wissensobjekten gesehen: *„Sie konstruieren, indem sie den abstrakten Diskursgegenstand ins Licht des Bekannten und Alltäglichen rücken"* (Hülsse 2003 34). Dabei bestimmt der Diskurs, wie über einen Gegenstand gesprochen werden kann und wie nicht. Das bedeutet auch, dass in einem Diskurs bestimmte Metaphernverwendungen zur Verfügung stehen, andere dagegen nicht. Im Sinne eines poststrukturalistischen Verständnisses ist bei der Metaphernanalyse von Interesse, *„[…] 'what a text does' rather than 'what it says'"* (Czarniawska 2004:88). Die Bedeutung der Metapher für die Managementforschung wird auch an zahlreichen Publikationen deutlich (Lakoff&Johnson 1980; Pondy 1983; Gloor 1987; Schmitt 1995; Morgan 2000; Schlee&Kieser 2000; Geideck&Liebert 2003; Hülsse 2003; Fischer 2005b; Hroch 2005). Wie Czarniawska (2004:41) betont, ist es jedoch nicht ausreichend, die alleinige Präsenz von Metaphern in den Erzählungen der Akteure zu belegen. *„The point is: what are the consequences of scientific rhetoric and what are the consequences of storytelling – for those who tell the stories and those who study them?"* (Czarniawska 2004:41). Diesen Fragen sind die Diskussionen des Kapitels V sowie das Kapitel VII mit seiner übergreifenden Interpretation gewidmet.

2.3.2 Metaphernanalyse nach Schmitt

Schmitt (2003b [3]), dessen Untersuchungen sich vor allem auf den Bereich des psychosozialen Handelns und Helfens beziehen, legt eine systematische Metaphernanalyse zugrunde. Sein Ansatz nutzt dabei die Erkenntnisse der kognitiven Linguistik Lakoff & Johnsons und erweitert diese um Ablaufschritte der systematischen Rekonstruktion von metaphorischen Mustern. Ein solches Vorgehen erscheint auch im Folgenden sinnvoll, da das Augenmerk Schmitts gerade auf den konventionellen Metaphern liegt, die vom Sprecher häufig unbewusst verwendet und von den Forschenden mitunter übersehen werden. Um diesen Sprachbereich betrachten zu können, weitet Schmitt die Definition der Metapher dahingehend aus, dass er auf bildliches Sprechen überhaupt abzielt. Damit müssen alle Worte, die nicht in strengem Sinn wörtlich sind, als Metaphern gedeutet werden (Schmitt 1996):

> *„Als metaphorische Wendung nehme ich alle Formulierungen, die in einem strengen Sinn mehr als nur wörtliche Bedeutung haben. Diese Operationalisierung des Metaphernbegriffs offenbart auch Metaphorisierungen in scheinbar neutralen Formulierungen [...]. "* (Schmitt 1997:18)

Systematisch sollte eine Metaphernanalyse gerade deshalb sein, um trotz der Konventionalität ‚toter' Metaphern auch diese gewohnten Sprachbilder nicht zu übersehen. Schmitt geht daher bei der metaphernanalytischen Textauswertung in fünf Schritten vor (Schmitt 1997; Schmitt 2003b):

1. **Identifizieren des Themas der Metaphernanalyse**: Hierbei geht es um die Bestimmung des Themas und die Präzisierung der Fragestellung.

2. **Unsystematische Sammlung der Hintergrundmetaphern**: Vor der gezielten Materialsammlung ruft Schmitt den Forschenden dazu auf, möglichst heterogene Materialien[91], die das Themenfeld berühren, nach Metaphern zu durchsuchen. Auf diese Art entsteht eine erste

---

[91] Genannt werden Lexika, Zeitschriften, populärwissenschaftliche Darstellungen sowie Forschungsliteratur.

Übersicht der kulturell möglichen metaphorischen Konzepte. Diese kulturelle Folie verweist später auf das Fehlen metaphorischer Modelle oder auf metaphorische Erweiterungen des untersuchten Textes.

3. **Systematische Analyse einer Subgruppe**: Schmitt greift hierbei auf sprachliche Äußerungen in Form von Texten zurück, die in einer gewissen Subgruppe getätigt werden. Dieser Schritt geschieht in zwei Durchgängen – einer die Texte zergliedernden Identifikation von Metaphern (3a) und einer anschließenden Rekonstruktion metaphorischer Konzepte (3b):

a. Dekonstruierende Zergliederung des Textes in metaphorische Bestandteile: Indem der Text in seine metaphorischen Äußerungen zerlegt wird, gehen Informationen, die in seiner Struktur des Ablaufs enthalten sind, verloren. Diese Wort-für-Wort-Analyse erlaubt es, auch konventionelle Metaphern zu erkennen. Hierfür werden in einer Kopie des Textes alle metaphorischen Bestandteile ausgeschnitten und in ein neues Dokument unsortiert kopiert. Übrig bleibt ein Text, der keinerlei sprachliche Bilder mehr aufweist.

b. Synthese von kollektiven metaphorischen Modellen: Diesem Schritt liegt die Annahme zugrunde, dass einzelne metaphorische Redewendungen nicht zufällig sind, sondern einigen wenigen metaphorischen Konzepten zugeordnet werden können und auf diese verweisen. Aussagen wie „Wir sind nicht sehr weit gekommen" und „In welche Richtung geht es in eine Lösung?" sind beispielsweise zu dem Konzept BERATUNG IST EIN GEMEINSAMER WEG zusammenzufassen. Sie teilen sich den gleichen Quellbereich „Weg" wie auch den Zielbereich „Beratung". Die Rekonstruktion orientiert sich an der Frage, welche metaphorischen Wendungen der gleichen Bildquelle entstammen und den gleichen Zielbereich beschreiben. Diese Äußerungen werden – in Anlehnung an Lakoff & Johnson – zu metaphorischen Konzepten im Sinne „ZIEL IST QUELLE" geordnet.

4. **Rekonstruktion individueller Metaphorik**: Auf der Ebene eines individuellen Textes kann nun untersucht werden, wann welche Metaphernmodelle eingesetzt werden, welche kollektiv üblichen Metaphern fehlen und welche Modelle sich möglicherweise widersprechen.

5. **Methoden-Triangulation**: Angelehnt an Flick (2000a) empfiehlt Schmitt auch für die Bearbeitung einer Forschungsfrage mit Hilfe der Metaphernanalyse eine Triangulation.

2.3.3 Datenerhebung und Datenanalyse

Die Legitimierung einer Management-Methode findet nicht nur innerhalb des Unternehmens statt. Laut Abrahamson (1996) ist der Glaube an die Rationalität eines Werkzeugs das Produkt einer Management-Fashion-Setting Community, bestehend aus so genannten Management Gurus, Beratern, Managern, Wissenschaftlern Buchverlegern oder Journalisten. Eine solche Community trifft sich im Fall der OA auf den genannten Fachtagungen. Als Datenmaterial für die **systematische Metaphernanalyse** diente daher das Transkript eines Workshops, den Berater und CEO 2003 gemeinsam im Rahmen einer Tagung geleitet haben. Dieser 3-stündige Workshop richtete sich an Organisationsaufsteller, Berater, Wissenschaftler sowie Manager. Dargestellt wurde die gemeinsame Arbeit mit OA in der FARINA. Vor einem Publikum von etwa 25 Teilnehmenden konnten Berater und CEO der untersuchten Firma ihre gemeinsame Arbeit präsentieren. Für die Analyse transkribiert wurden die ersten zwei Stunden der Tonbandaufzeichnung, in der CEO und Berater die Arbeit mit der OA vorstellten und anhand von Aufstellungsbeispielen erläuterten.[92] Das 30-seitige Transkript

---

[92] In der letzten Stunde wurde eine Aufstellung durchgeführt, die nicht mehr metaphernanalytisch ausgewertet wurde.

wurde im Sinne Schmitts systematisch in seine sprachlichen Bilder zerlegt und dann in metaphorische Konzepte gegliedert.

Für die Forschung von Interesse ist an diesem Setting die Authentizität des Materials, da es nicht für Forschungszwecke kreiert wurde, sondern im öffentlichen Raum entstand. Die Aufzeichnung des Audiomaterials geschah durch ein professionelles, auf Kongressaufzeichnungen spezialisiertes Unternehmen. Kann anhand der Interviews auf die Äußerungen und Sichtweisen der betroffenen GL-Mitglieder Bezug genommen werden, so erlaubt das Datenmaterial aus dem Workshop eine sprachliche Analyse der Äußerungen von Berater und CEO in einem dem Unternehmen fremden Kontext. Dieser Kontext ist jedoch für die Methode der OA und ihre Verbreitung im Sinne einer Management-Mode von großer Bedeutung: Mit Bezug auf Kieser (1996) kann diese Tagung als Teil der Arena gelten, die sich um die OA gebildet hat. Legitimiert werden muss die OA nicht nur gegenüber den potentiellen Beratungskunden. Legitimation bedarf es auch innerhalb der Aufstellungsszene für die Anwendung ‚inhouse' und damit für die Arbeit mit den direkt Betroffenen. Bezogen auf das erweiterte Kundenverständnis sind an dieser Tagung nicht nur Firmenvertreter potenzieller Beratungskunden anwesend, sondern vor allem andere Beratende, die womöglich eine Ausbildung im Bereich der OA anstrebten.

Um die Metaphernanalyse im Sinne Schmitts abzurunden, wurde die Analyse des Transkripts ergänzt um eine **unsystematische Sammlung der Hintergrundmetaphern** in der Literatur zur OA. Für diese Sammlung wurden ausnahmslos Texte gewählt, die sich auf die Aufstellungsarbeit in organisationalen Kontexten beziehen, nicht jedoch auf Familien oder therapeutische Kontexte. Im Rahmen dieser Auswahl ist es laut Schmitt (2003b [8]) sinnvoll, möglichst heterogene Materialien heranzuziehen. Gewählt wurden daher Artikel, Aufsätze und Herausgeberwerke zur OA, die zum einen zeitlich möglichst breit gestreut sind[93]. Zum anderen wurde eine möglichst große Varianz bzgl. der Autorenschaft angestrebt. Hierfür wurden sowohl Texte von bekannten ‚Aufstellern' (Varga von Kibéd 2000; Kohlhauser&Assländer 2005; Weber, Schmidt&Simon 2005), als auch von Wissenschaftlern (Groth&Simon 2005; Baumgartner 2006) gewählt. Die Publikationen sollten sowohl Zeitschriftenartikel in ‚aufstellungsfremden' Journalen (Groth&Simon 2005; Hartge 2005; Schlüter&Kreimeyer 2005), als auch Aufsätze in Herausgeberwerken (Varga von Kibéd 2000) sowie Monographien (Weber, Schmidt&Simon 2005; Baumgartner 2006) abdecken. Um einen möglichst übergreifenden Blick auf den Diskurs zur OA zu ermöglichen, wurden zuletzt die Titel der „Literatur zur Organisations- und Strukturaufstellung" analysiert. Diese Liste der zur OA veröffentlichten Werke wird von dem Verein INFOSYON, dem internationalen Forum für System-Aufstellungen in Organisationen und Arbeitskontexten, gepflegt und veröffentlicht[94].

Tabelle 3 gibt einen Überblick über die fünf Schritte der Metaphernanalyse nach Schmitt und deren konkrete Umsetzung in dieser Studie:

---

[93] Als eine der ersten zusammenhängenden Publikationen bzgl. der OA kann das Herausgeberwerk von Weber aus dem Jahre 2000 gelten.
[94] http://www.infosyon.com/fileadmin/dokumente/literaturlisteOA.pdf;
Zugriff am 11.03.08.

Metaphernanalyse in fünf Schritten	Beschreibung	Eigenes Vorgehen
Identifizieren des Themas der Metaphernanalyse	• Bestimmung des Themas • Präzisierung der Fragestellung	Alle Äusserungen mit Bezug auf die Intervention mit der OA
Unsystematische Sammlung der Hintergrundmetaphern	• möglichst heterogene, das Themenfeld berührende Materialien nach Metaphern durchsuchen • Zeitschriften, Forschungsliteratur Populärwissenschaftliches, Lexika	• Artikel, Herausgeberwerke, Titelsammlung zur OA • zeitlich breit gestreut • Autorenschaft bei Aufstellern, Wissenschaftlern, Journalisten
Systematische Analyse einer Subgruppe	• Textzergliedernde Identifikation von Metaphern • Rekonstruktion metaphorischer Konzepte	Transkript eines Workshops gehalten von Berater und CEO der Forschungsfirma im Rahmen einer Fachtagung 2003
Rekonstruktion individueller Metaphorik	• Welche Metaphernmodelle werden verwendet? • Fehlen übliche Metaphern? • Widersprechen sich Modelle?	Dieser Punkt wird in Kapitel V ausführlich behandelt
Methoden-Triangulation (angelehnt an Flick 2000)	• Betrachtung eines Gegenstandes aus mehreren Perspektiven • Neben der Metaphernanalyse Verwendung anderer Methoden	• narrative Interviews • Beobachtungen • Dokumentenanalyse

Tabelle 3: Metaphernanalyse in fünf Schritten

3 DIE METHODE DES NARRATIVEN INTERVIEWS

> *"[I]n order to understand their own lives*
> *people put them into narrative form –*
> *and they do the same when they try to*
> *understand the lives of others."*
> Czarniawska 2004:5

In einem zweiten Teil der empirischen Studie wurde mit narrativen Interviews gearbeitet. Mit seinem Fokus auf Sprache ist das narrative Interview eine Forschungsmethode, die dem sozialen Konstruktivismus und dessen Annahme der sprachlichen Verfertigung der Wirklichkeit gerecht wird. Das narrative Interview dient dazu, die subjektiven Konstruktionen der Wirklichkeit jedes einzelnen Interviewpartners zu erfassen (Bernart&Krapp 1998). Ziel ist dabei nicht die Rekonstruktion von ‚Tatsachen' oder das Gewinnen eines Verständnis dafür, wie es ‚wirklich' war. Wie Flick mit Bezug auf Bruner (1987:12) betont, ist die Vorstellung, es gäbe das ‚Leben an sich', nicht haltbar. ‚Leben' ist eine narrative, interpretierende Leistung – dieselbe Art der Konstruktion menschlicher Phantasie, wie es eine Erzählung ist.

> *„Der Gegenstand, den qualitative Forschung (hier) untersucht, ist also*
> *bereits im Alltag in der Form, in der sie ihn untersuchen will, konstruiert*
> *und interpretiert. In der Situation des Interviews wird diese alltägliche*
> *Interpretations- und Konstruktionsweise genutzt, um diese Erfahrungen*
> *einer symbolischen Welt – der Wissenschaft und ihren Texten – zuzu-*
> *führen."* (Flick 2000a:162)

Eine biographische Erzählung des eigenen Lebens kann nicht – ebenso wenig wie das Leben selbst – als Abbildung faktischer Verläufe gesehen werden, sondern ist stets als interpretierende Erzählung zu verstehen.[95]

---

[95] Unter der Bezeichnung ‚Doing Biographie' wird Biographie in der sozialwissenschaftlichen Biographieforschung als soziales Konstrukt der eigenen Lebensgeschichte thematisiert. Wie Alheit et al. (1990:13) aufzeigen, stellt die Biographieforschung soziobiographische Leitfragen wie: *„Welchen Sinn und welche Bedeutung hat Biographie für Gesellschaftsmitglieder im Laufe sozialisatorischer und soziohistorischer Entwicklungen erlangt? Welche Funktionen nimmt sie ein auf der lebensweltlichen Ebene des sozialen Handelns und welche im Gesamtgesellschaftlichen? Wie werden biographische Strukturen erzeugt, erhalten und verflüssigt?"* Biographien werden damit

„When we think of narrative as maps of reality we realise that they are a construction, crafted for a particular purpose, and they are not true" (Wilkins&Thompson 1991:22). Wie Wilkins & Thompson betonen, sind diese Geschichten jedoch "[...] *often all we have to go on"* (1991:20). Da die qualitative Forschung unter einem konstruktivistischen Forschungsparadigma nicht von einer objektiven und zu entdeckenden Wirklichkeit ausgeht, ist die Subjektivität und Konstruktionsleistung der Erzählungen in den Interviews kein Manko sondern Gewinn.[96] Die entstehende Narration liefert kein getreues Abbild ‚der Realität' und ist offen für Interpretationen. *„What is considered a vice in science – openness to competing interpretations – is a virtue in narrative. This openness means that the same set of events can be organized around different plots."* (Czarniawska 2004:7) Gerade dieser 'plot' und die Organisation der Ereignisse nach einem eigenen Handlungsfaden ist es, was an der Narration und ihrer Verwendung für die qualitative Forschung interessiert. Wie Bruner (1990) bzgl. der Narration betont, ist es „[...] *the plot rather than the truth or falsity of story elements that determines the power of the narrative as a story"* (Bruner zit. nach Czarniawska 2004:8). Im narrativen Interview wird daher nicht nach einem vorher festgelegten Leitfaden Wissen abgefragt. Die

---

nicht als etwas gesehen, was Menschen ‚haben', sondern etwas, das sie – über Narrationen – konstruieren und am Leben erhalten. Solche Narrationen finden sich in Tagebüchern, (Auto-)Biographien, in der alltagssprachlichen Kommunikation, bei beruflichen Bewerbungen im Sinne eines ‚Lebenslaufs', aber auch in religiös-weltanschaulichen Kontexten wie der Beichte oder auf dem Sozialamt.

[96] Das ambivalente Verhältnis von ‚wissenschaftlichem Wissen' und Narration zeigte Jean-Francois Lyotard (1986) auf. Demnach ist das Kriterium der Annehmbarkeit einer wissenschaftlichen Aussage ihr Wahrheitswert, der mithilfe der Falsifikation überprüft wird. Narratives Wissen dagegen muss sich der Frage seiner eigenen Legitimierung gar nicht erst stellen. Es beglaubigt sich selbst durch die eigene Übermittlung im Rahmen von Erzählungen. Statt sich auf externe Referenzwerte – wie ‚die Wahrheit' – zu beziehen, beweist eine Narration ihre Legitimation allein durch das eigene Fortbestehen. Demnach ist das Publikum die Instanz, welche eine Geschichte am Leben erhält und ihr somit im Sinne Lyotards zu Legitimation verhilft. Für den Interviewprozess bedeutet dies auch, dass aktives Zuhören und die implizite Aufforderung zum Weitererzählen dem Interviewpartner die Bedeutung seiner eigenen Narration spiegelt und ihn im Erzählen bestärkt.

Interviews orientierten sich vielmehr an dem ‚Leitfaden des Angebotenen'. Durch diese Art der offenen Interviewführung verspricht jede Narration den privilegierten Zugang zu den Erfahrungen der Befragten, die den ganz eigenen ‚plot' jedes Interviewpartners aufweisen. Erreicht wird die Konstruktion und Rekonstruktion der eigenen Geschichte durch eine Einstiegsfrage, die geeignet erscheint, eine Erzählung anzuregen. In der vorliegenden Studie wurden die Interviews mit folgender Frage eingeleitet:

> *„Herr/Frau..., wenn Sie sich daran erinnern, wie Sie zum ersten Mal mit der Aufstellungsarbeit in Kontakt gekommen sind, da kommen Ihnen bestimmt Bilder aus dieser Zeit. Also Erinnerungen an konkrete Erlebnisse und Geschichten, die Sie damals mit der Aufstellung hatten. Bitte erzählen Sie mir davon!"*

Die Interviewerin zeigte dann durch aktives Zuhören Interesse an der entstehenden Geschichte und hielt die Narration wenn nötig durch konkretes Nachfragen aufrecht. Mögliche Fragen waren hierzu zum Beispiel: *„Wie muss ich mir das genau vorstellen?" „Wie ging es dann weiter?" „Können Sie eine konkrete Situation erzählen, in der Sie sich so (wie eben beschrieben) verhalten haben?"*

3.1 Datenerhebung

Als Datengrundlage dienten dieser Studie sieben narrative Interviews, die zwischen November und Dezember 2006 entstanden sind. Die etwa 45-minütigen Interviews wurden mit den fünf Mitgliedern der GL, dem CEO sowie dem externen Berater in ruhiger Atmosphäre – meist in den Büros der jeweiligen Interviewpartner – geführt, digital aufgenommen und anschließend wortwörtlich transkribiert. Dieses Sample entspricht den Personen, die die ersten eineinhalb Jahre den Kreis von Führungskräften bildeten, der in der FARINA mit der Methode der OA arbeitete. Mit jedem Interviewpartner wurde persönlich Kontakt aufgenommen, ein Termin vereinbart und im Vorfeld eine Vereinbarung bzgl. Vertraulichkeit und Publikation der Daten zugeschickt.

Die Interviewpartner waren allesamt deutschsprachige Schweizer. Fünf Interviews wurden auf Schweizerdeutsch gegeben. Bei den beiden anderen

Interviewpartnern wurde vergessen, darauf hinzuweisen, das Interview in der eigenen Muttersprache zu führen. Die Interviewpartner sprachen daraufhin Schriftdeutsch. Bei der wörtlichen Transkription[97] wurde der Text ins Hochdeutsche übersetzt, Wort- und Satzstellungen der Mundart aber weitestgehend beibehalten, um sicherzustellen, dass Aussagen in ihrer Bedeutung nicht verfälschend interpretiert wurden. Die in dieser Arbeit abgedruckten Zitate wurden jedoch mit Hinblick auf ihre Lesbarkeit – mit Respekt bzgl. ihres narrativen Charakters – überarbeitet und sprachlich geschliffen.[98]

3.2 Interviewauswertung

Bei der Datenanalyse wurde versucht, das Material ohne vorgefasste Kategorien oder eigene Vorstellungen zu lesen und stattdessen „durch die Augen der interviewten Personen" (Bryman 1988:63) zu blicken. Um die Validität der Interpretationen zu erhöhen, wurde die Analyse in mehreren Schritten vollzogen. Die vorerst individuelle Einzelauswertung folgte der Frage „Was ist das Thema der interviewten Person?" „Was will mir die Person mit dieser Episode erzählen?" Pro Interview wurden etwa sechs bis zehn so genannte ‚Themen' formuliert – Variationen oder Muster einer Aussage, die sich an mindestens drei Stellen im Interview finden lassen

---

[97] Unter einer Transkription versteht man die graphische Darstellung ausgewählter Verhaltensaspekte von Personen, die an einem Gespräch (z.B. einem Interview) teilnehmen. Ziel der Herstellung eines Transkripts ist es, die geäußerten Wortfolgen möglichst genau auf Papier darzustellen (Kowal&O'Connell 2000:438). Für das hier zugrunde gelegte Auswertungsverfahren sind Informationen wie die lautliche Gestaltung einer Wortfolge (etwa durch Tonhöhe oder Lautstärke) sowie redebegleitendes nichtsprachliches Verhalten (wie Lachen, Räuspern, nichtvokale Gesten oder Blickverhalten) nicht von Bedeutung. Auf deren Transkription wurde ebenso verzichtet wie auf das Festhalten von Äußerungen wie ‚ähm' oder ‚hm'. Die Verschriftlichung folgt hier der Standardorthographie (Kowal & O'Connell 2000:441).
[98] Den Interviewpartnern wurde das Transkript des eigenen Interviews zugesendet, von ihnen auf Richtigkeit geprüft und freigegeben. Mehrere Interviewpartner zeigten sich daraufhin geschockt über die ‚mangelhafte' Sprache. Ein ‚Schleifen' der Interviewzitate geschieht daher nicht nur aus lesefreundlichen Gründen, sondern auch, um mündliche Aussagen, die stets ‚unvollkommener' sind als das geschriebene Wort, unseren Maßstäben an Ausdrucksfähigkeit anzupassen und die Interviewpartner auf diese Art nicht bloßzustellen.

und als charakteristisch für das Interview gelten können. Anschließend wurden in Validierungsgruppen von zwei bis drei Personen die individuellen Interpretationen eines Interviews verglichen und diskutiert. Das zur Datenauswertung zur Verfügung stehende Team von WissenschaftlerInnen[99] war bereits über eigene Forschungsprojekte praktisch mit der Methode vertraut, jedoch – abgesehen von Prof. Zirkler – nicht in das vorliegende Projekt eingebunden. Wie Bohnsack (1991:8-9) betont, ist das Erlernen qualitativer Forschungsmethoden an ein in der Forschungspraxis selbst erworbenes Erfahrungswissen gebunden. Ein lediglich lehrbuchartig angeeignetes Wissen bietet keine ausreichende Grundlage.

Die gemeinsam erarbeiteten Themen wurden in einer Themenlandschaft zusammengefasst. Im Sinne eines konstruktivistischen Weltverständnisses repräsentiert diese Landkarte nicht die ‚objektive Wirklichkeit' des Interviewten, noch viel weniger stellt sie ein psychologisches ‚Abbild' der Person dar. In einem letzten Schritt wurden die Themenlandschaften der sieben Interviews in der Forschungsgruppe diskutiert und anschließend auf einer aggregierten Ebene Thesen gebildet. Diese Themenlandschaft ist in Kapitel VI abgebildet. Erst auf dieser aggregierten Ebene wurde die Forschungsfrage wieder in den Blick genommen und nun versucht zu verstehen, wie der Eingang einer neuartigen Beratungs- und Management-Methode in der FARINA genau vonstatten ging und auf welche Weise sie dort zur Anwendung kommt.

---

[99] An dieser Stelle sei Prof. Werner R. Müller, Prof. Michael Zirkler, Silvia Hess-Kottmann, Ulrike Burkhardt und Matthias Freivogel ganz herzlich für die Unterstützung bei der Validierung der Interviews gedankt.

4 GÜTEKRITERIEN DER FORSCHUNG

4.1 Überlegungen zur Qualität qualitativer Forschung

Wenn der Konstruktivismus – oder die „Wirklichkeitsforschung"
(Watzlawick 1997) – nicht länger von einer zu entdeckenden, sondern von
einer zu erfindenden Welt ausgeht, kann das Kriterium für konstruktivistische Forschung nicht ‚Wahrheit' im Sinne einer zunehmend verbes-
serten Abbildung von Wirklichkeit sein (Knorr-Cetina 1989:94). Prüfstein
für wissenschaftliche Theorien ist daher nicht länger ‚Objektivität', sondern
vielmehr das Kriterium der ‚Viabilität', das von Glasersfeld als die ‚Nützlichkeit' des Wissens definiert (Ameln 2004:95). Um das Verhältnis von
Wissen und Wirklichkeit zu klären, führt von Glasersfeld (1997:19) die
begriffliche Trennung von ‚Stimmen' und ‚Passen' ein. ‚Stimmen' beschreibt einem realistischen Verständnis nach, dass menschliches Wissen
deckungsgleich mit der ‚Realität' und somit wahr ist. ‚Passen' dagegen
steht für das konstruktivistische Verständnis einer funktionalen Verbindung
von Wissen und Wirklichkeit: dieses Wissen wird nach dem Kriterium
bewertet, ob es brauchbar, relevant und lebensbefähigend ist (Fried
2001:31), also ob es der Erfahrungswelt standhält und uns befähigt, Vor-
hersagen zu machen. *„Logisch betrachtet, heißt das aber keineswegs, daß
wir nun wissen wie die objektive Welt beschaffen ist; es heißt lediglich, daß
wir einen gangbaren Weg zu einem Ziel wissen [...]"* (Glasersfeld
1997:22f).

Wendet man die konstruktivistische Aussage der sozialen Konstruiertheit von Wirklichkeitsphänomenen auf den Aussagenden selbst an (Knorr-
Cetina 1989:89), so muss auch die hier entstehende qualitative Fallstudie
als nur eine mögliche – wenn auch keineswegs beliebige – Narration betrachtet werden, die keinen Anspruch auf objektive Wahrheit erheben kann.
Sie soll jedoch im Sinne der Viabilität Beschreibungen eines Phänomens
liefern, die sich im menschlichen Erleben bewähren (Fried 2001:31). Ob
Forschungsergebnisse nicht nur nach dem Verständnis des Forschenden
selbst ‚passen', sondern auch von Außenstehenden als nachvollziehbar

gesehen werden, ist in der qualitativen Forschung ein entscheidender Aspekt. Auch die qualitative Forschung, die notwendigerweise eine subjektive Form der Forschung ist, muss sich gewissen Gütekriterien stellen. Erschwert wird dieser Anspruch durch den mangelnden Kanon an gültigen Kriterien für eine qualitative Forschung (Lamnek 2005:143)[100]. Während Autoren wie Yin (2003) den aus der quantitativen Forschung gängigen Kriterien der Validität[101] und Reliabilität verhaftet bleiben[102], thematisiert Steinke (2000) die Probleme einer simplen Übertragung quantitativer Kriterien auf qualitative Forschung. Steinke nennt mögliche eigenständige Gütekriterien, die im Folgenden ausgeführt werden.

4.2 Kriterien der qualitativen Forschung[103]

Im Gegensatz zu quantitativer Forschung kann qualitative Sozialforschung nicht den Anspruch erheben, intersubjektiv überprüfbar oder wiederholbar zu sein. Anzustreben ist vielmehr die **Glaubwürdigkeit** der durchgeführten

---

[100] Dies ist auch darauf zurückzuführen, dass weder der Theorie noch dem Kontrollinstrument in der konstruktivistischen qualitativen Forschung absoluter Wahrheits- oder Richtigkeitsanspruch zugestanden wird. Eine Forschungsmethode, die behauptet, längerfristig gültige, unwiderlegbare, zweifelsfrei wahre Aussagen zu liefern, würde sich mit der eigenen Epistemologie widersprechen (Lamnek 2005:144).

[101] Validität (Gültigkeit einer Aussage), Reliabilität (Messgenauigkeit, Maß für die Replizierbarkeit der Ergebnisse) und Objektivität (Beobachterübereinstimmung) stellen die Hauptkriterien quantitativer Forschung dar. Gerade in einer Forschungstradition, in der von Ursache-Wirkungs-Verhältnissen ausgegangen wird, haben diese Kriterien eine wichtige Bedeutung. O'Connor (1995:794) zufolge repräsentieren Reliabilität und Validität „ [...] *forms of normalizing, unifying, and generalizing knowledge. They valorize ideas such as simplicity, closure, and universality.*"

[102] Yin (2003:33-39) fordert unter Berücksichtigung der spezifischen Merkmale qualitativer Forschung das Orientieren an ‚Construct validity', ‚Internal validity', ‚External validity' und ‚Reliability'. Mit seinem Anspruch, somit kausale Beziehung herstellen zu können, dass die Ergebnisse generalisierbar sind und eine Überprüfung durch wiederholbare Versuchsanordnungen ermöglichen (Yin 2003:34), verpflichtet sich Yin stark den Ansprüchen an eine quantitative Forschung.

[103] Denzin (in Lincoln 2000:101) fordert für die qualitative Forschung die Reflexion der forschenden Person als Produzentin im Forschungsfeld explizit zu machen und das ‚Ich' mit in den Forschungstext aufzunehmen. Dies soll helfen, die Kluft zwischen der beobachtenden Person und dem Beobachtungsfeld zu überwinden (vgl. auch Steinke 2000:321). Dieses und das folgende Kapitel sind daher in der ersten Person Singular geschrieben.

Studie, die auch als Validität benannt wird (Lincoln&Guba 1985:296; Endrissat 2008:104). Glaubwürdigkeit verlangt die Auseinandersetzung mit dem Anspruch der qualitativen Forschung, die Welt durch die Augen der Befragen (Bryman 1988:63) zu betrachten. Dies bedeutet zum einen, dem Interviewpartner tatsächlich genügend Raum für den Aufbau des eigenen ‚plots' einzuräumen und damit ein Sehen durch die Augen des Erzählers zu ermöglichen (Steinke 2000:327). Dieser Forderung versucht das offene, nicht-strukturierte narrative Interview gerecht zu werden. Zum anderen müssen die Befragten im Sinne einer kommunikativen Validierung (Steinke 2000:320) – auch ‚member check' (Lincoln&Guba 1985:314) genannt – in den Interpretationsprozess mit dem Ziel eingebunden werden, die Ergebnisse hinsichtlich ihrer Gültigkeit zu bewerten. In dieser Studie wurde versucht, Glaubwürdigkeit folgendermaßen zu erreichen:

⇨ Allen Interviewpartnern wurde das Interviewtranskript zur Bestätigung zugesandt.[104]

⇨ Mit dem Berater wurde die Interpretation seines Interviews im persönlichen Gespräch kommunikativ validiert.

⇨ Die Gesamtergebnisse der Studie wurden mit dem CEO des Unternehmens in einem etwa 60-minütigen Einzelgespräch diskutiert.

⇨ Alle Interviewpartner wurden im Juni 2007 zu einer halbstündigen Präsentation mit anschließender halbstündiger Diskussion eingeladen, die von allen Beteiligten besucht wurde.

⇨ Eine kommunikative Validierung der Interviewauswertung GLM wurde mit den Betreffenden jedoch nicht durchgeführt. Bei der Zusendung des Interviewtranskripts kam bereits die Rückmeldung,

---

[104] Zwei Interviewpartner wiesen auf eine ungenügende Anonymisierung hin, die umgehend angepasst wurde. Angemerkt wurde auch die ‚mangelhafte' Sprache, mit der Bitte, das gesamte Dokument in ‚sauberes Hochdeutsch' zu übertragen. Diesem Wunsch wurde mit einem Hinweis auf die Bedeutung des Transkripts in der Sozialforschung (Kowal&O'Connell 2000) nicht nachgekommen.

neben ihrem täglich anfallenden Geschäft bliebe kaum Zeit, dieses rund 20-seitige Dokument zu lesen.

Der **Codes of Ethics**[105] (Hopf 2000a; Christians 2008) diskutiert die Rolle der beteiligten Forschungs- und Interviewpartner. Zwei Ausprägungen dieser ethischen Verhaltensrichtlinien sind für die vorliegende Studie besonders relevant:

- Das Prinzip der *informierten Einwilligung* verlangt, dass die Beteiligten über die Methoden der Forschung, deren Ziele und Konsequenzen informiert wurden. Auf Grund dieser offenen Information sollen sich die Forschungspartner zur freiwilligen Teilnahme an der durchgeführten Studie entscheiden können.

- Die Forderung nach *Datenschutz und Vertraulichkeit* zielt auf den verantwortungsbewussten Umgang der Forscherin mit den erhobenen Daten ab. Kommen Ergebnisse zur Veröffentlichung, ist die Anonymisierung des Forschungskontextes unerlässlich.

In dieser Studie wurde der Codes of Ethics wie folgt umgesetzt:

⇨ Um eine informierte Einwilligung zu ermöglichen, wurde die GL im Rahmen einer halbstündigen Präsentation über das angedachte Projekt informiert. Darüber hinaus erläuterte ich den konstruktivistischen Forschungsansatz, dessen Methoden, die erwartete Laufzeit von sechs Monaten, sowie die Notwendigkeit eines universitären Forschungsteams, die entstandenen Ergebnisse anonymisiert zu publizieren.

⇨ Nach Zustimmung aller Beteiligten startete das Projekt mit einer Rahmenvereinbarung über die Zusammenarbeit. Zugesichert wurde der vertrauliche Umgang mit den erhobenen Daten, die Transparenz im Vorgehen, das Angebot eines Feedbacks, sowie die Anonymi-

---

[105] Während die amerikanische Soziologie bereits in den 1960er Jahren durch forschungsethische Prinzipien geleitet wurde, geschah dies in der deutschen Soziologie erst Anfang der 1990er Jahre (Hopf 2000a:590).

sierung der Daten in einem von der Firma gewünschten Grad. Wichtig war dabei auch die Vertraulichkeit hinsichtlich der Beteiligten innerhalb des Unternehmens.

Qualitative Forschung muss nicht nur den beteiligten Personen gerecht werden, sondern sich auch nach außen hin vertreten lassen. **Intersubjektive Nachvollziehbarkeit** des Forschungsprozesses nennt Steinke (2000:324-326) daher als Hauptkriterium bzw. Voraussetzung qualitativer Sozialforschung. Drei Arten lassen sich hier unterscheiden:

- Die *Dokumentation des Forschungsprozesses* soll ermöglichen, die Untersuchung Schritt für Schritt nachzuvollziehen und zu bewerten (Lamnek 2005:146).[106]

- Die *Interpretationen in Gruppen* ist eine diskursive Form um Intersubjektivität und Nachvollziehbarkeit zu gewährleisten (Steinke 2000:326). Dabei ist „[d]*ie Möglichkeit der Kritik innerhalb der Forschergruppe und seitens der wissenschaftlichen Öffentlichkeit* [als, A.B.] *zentrales, konstitutives Merkmal des Forschungsprozesses* [...]" (Bohnsack 1991 15) zu sehen.

- Die Forscherin ist zur *Verwendung kodifizierter Verfahren* aufgerufen. Vereinheitlichte Verfahren bieten dem Leser Informationen zur Kontrolle bzw. zum Nachvollzug der Ergebnisse, was intersubjektive Nachvollziehbarkeit möglich macht (Steinke 2000:326).

Intersubjektive Nachvollziehbarkeit wurde in dieser Studie über folgende Schritte erreicht:

⇨ Zur Dokumentation beschreibt diese Studie den Forschungsprozess (vgl. Kapitel IV.1.3), die Forschungsmethoden (vgl. Kapitel IV.2 und 3) und den Erhebungskontext (vgl. Kapitel IV.2.3.3 und 3.1).

---

[106] Ein Vorzug dieser Forderung für die Forscherin selbst besteht darin, dass die Leser nicht an vorgegebene Kriterien zur Bewertung der Untersuchung gebunden werden, sondern die Studie im Licht ihrer eigenen Kriterien beurteilen können.

⇨ Die Interviews wurden in einem interdisziplinären Team validiert. Die Arbeitsschritte der Metaphernanalyse wurden im Rahmen mehrerer Doktorandenseminare (Basel 10/07, 02/08, 03/08, sowie Berlin 11/07) vorgestellt und mit Wissenschaftlern verschiedener Disziplinen diskutiert.

⇨ Sowohl die durchgeführte Metaphernanalyse als auch das narrative Interview können als kodifizierte Verfahren gelten (vgl. Kapitel IV.2.3 und 3).[107]

Die Gütekriterien qualitativer Forschung verlangen darüber hinaus nach der Beurteilung der **Indikation des qualitativen Forschungsprozesses** (Steinke 2000:326-327). Überprüft werden müssen

- die *Indikation des qualitativen Vorgehens* angesichts der Frage-stellung: Legt diese Fragestellung einen qualitativen Zugang nahe?

- die *Indikation der Methodenwahl*: Sind die Methoden zur Erhebung und Auswertung dem Untersuchungsgegenstand angemessen?

Die Fragestellung, wie neue Methoden Eingang in Unternehmen finden, ist stark geprägt von der in Kapitel II.1 beschriebenen erkenntnistheoretischen Perspektive des sozialen Konstruktivismus. Die Annahme, dass ‚Wirk-lichkeit' nicht objektiv besteht, sondern subjektiv konstruiert wird, verlangt nach der Anwendung qualitativer Forschungsmethoden, da diese davon ausgehen, „[…] *that knowledge is subjective rather than being the objective Truth,* [and, A.B.] *that the researcher learns from participants to understand the meaning of their lives* […]" (Marshall&Rossman 1999:4). Da sich die vorliegende Studie für die individuellen Wirklichkeits-konstruktionen der Akteure interessiert, ist es sinnvoll, auf einen offenen,

---

[107] Als Publikationen, die sich auf die Metaphernanalyse nach Schmitt (1995; 1996; 1997; 2003b; 2003a) stützen, können die Arbeiten von Hroch (2005) und Hülsse (2003) angeführt werden. Die Methode des narrativen Interviews und seine Auswertung nach der ‚Basler Methode' wurde in diversen Publikationen angewendet (Zirkler 2005; Endrissat&Müller 2006; Kaudela-Baum 2006; Meißner 2007; Endrissat 2008).

qualitativen Forschungsprozess zurückzugreifen. Ein qualitatives Vorgehen ist daher angemessen.

Die Methodenwahl ist angezeigt, da Metaphernanalyse und narratives Interview dem so genannten ‚narrative turn' (Czarniawska 2004) innerhalb der Sozialwissenschaften Rechnung tragen. Folgt man der Annahme, dass „[…] *in order to understand their own lives people put them into narrative form* […]"(Czarniawska 2004:5), so sind Narrationen der Ort, an dem Leben nachträglich Sinn gegeben wird. Wenn es dem Interviewer gelingt, die Erzählaufforderung so zu formulieren, dass der Gesprächspartner ins narrative Erzählen gerät und seine Haupterzählung[108] autonom gestalten kann, ist das offene narrative Interview eine hervorragende Methode, um (autobiographische) Narrationen *„hervorzulocken"* (Hopf 2000b:356; Rosenthal&Fischer-Rosenthal 2000:458).

Das Kriterium der **Kohärenz** verlangt danach, dass die im Forschungs-prozess entwickelten Theorien in sich konsistent sind (Steinke 2000:330). Die Forscherin muss überprüfen, ob die Daten und Interpretationen Widersprüche aufweisen. Ungelöste Fragen sollen offen gelegt werden. Das Vorgehen muss auch bzgl. der Forschungstradition, innerhalb derer sich die Forscherin bewegt, kohärent sein. Aufgrund dieses auch als *‚soundness'* bezeichnete Kriteriums hat die Autorin zu beweisen, dass ihre Studie „[…] *is the result of a series of decisions she has made based on knowledge gained from the methodological literature and previous work"* (Marshall&Rossman 1999:11). Um sicherzustellen, dass die Forschungs-frage innerhalb meiner Forschungstradition von Bedeutung ist, wurde die eigene Fragestellung in Kapitel II in einem umfassenderen wissenschaft-lichen Diskurs verortet.

Die Frage nach der **Relevanz** (Steinke 2000:330) bewertet die For-schung und ihre Theorien aus Sicht ihres pragmatischen und theoretischen

---

[108] Unterschieden werden können vier Phasen des narrativen Interviews: 1. die Erzähl-aufforderung, 2. die autonom gestaltete Haupterzählung, 3. das erzählgenerierende Nachfragen sowie 4. der Interviewabschluss (Hopf 2000b:356).

Nutzens. Die Relevanz dieser Studie wird in Kapitel VII im Rahmen der Diskussion genauer erörtert.

Eine qualitative Forschung ist sich aufgrund des sozialkonstrukti-vistisches Paradigmas der eigenen Subjektivität und Interpretationsleistung bewusst (Denzin&Lincoln 2008:31). Dem Kriterium der **reflektierten Subjektivität** (Steinke 2000:330) folgend, sollen Subjektivität der For-scherin und ihr Verhalten im Forschungsprozess möglichst weitgehend me-thodisch reflektiert und in die Theoriebildung einbezogen werden. Welches sind die Forschungsinteressen, Vorannahmen, Kommunikationsstile? Kapitel 4.3 ist einer Reflexion meines Forschungsprozesses gewidmet.

4.3   Reflexion des eigenen Forschungsprozesses

Den subjektiven Einfluss, den die Forscherin in der qualitativen Sozialforschung stets ausübt, gilt es in zwei Aspekten zu reflektieren. Die Phase
der *Datensammlung* ist daraufhin zu prüfen, ob es Hinweise auf ein nicht
zustande gekommenes Arbeitsbündnis zwischen Forscherin und inter-
viewter Person gibt. Dieses Bündnis soll von Offenheit, Vertrauen, Arbeits-
bereitschaft und einem möglichst geringen Machtgefälle zwischen Forscherin und Informant gekennzeichnet sein (Steinke 2000:320). Der *Interpretationsprozess* ist hinsichtlich der Interessen der Forscherin oder auch
ihrer geistigen Haltung zu analysieren. Die genannten Reflexionen dieses
Kapitels folgen weitestgehend einem Betrachtungsverlauf von der Datensammlung hin zum Interpretationsprozess.

„Wenn ihr alle sagt, da machen wir nicht mehr mit, brechen wir ab"

Mit dieser Aussage betonte der CEO die freiwillige Teilnahme an der beraterischen Intervention mit der OA. Auch über ihre Mitarbeit am Forschungsprojekt sollten die GLM frei entscheiden. Nach der informierenden
Präsentation stimmten die GLM der Durchführung des Projekts zu. Bei der
Terminabsprache der Interviews zeigte sich jedoch, dass einige Personen
der GL wünschten, nicht interviewt zu werden. Der CEO schlug daraufhin
vor, dass sich nötige Interviews auf ihn ,konzentrieren' sollten, da er von
dem ganzen Projekt mehr profitieren würde als die GLM. Auf mein
Insistieren hin erklärte sich schließlich die gesamte GL zu Interviews
bereit. Allerdings fiel in der *Interviewsituation* mit einem Interviewpartner
starke Zurückhaltung auf. Bei den vier anderen Interviewpartnern aus der
GL entstand eine entspannte Atmosphäre, in der die Interviewpartner ins
narrative Erzählen kamen, so dass von einem gelungenen Arbeitsbündnis
ausgegangen werden kann.

„Handlangerin des Beraters sein"[109]

Zwischen dem Berater und mir besteht aufgrund meiner längeren Beschäftigung mit der OA (vgl. „Anhängerin des Ganzen sein") eine persönliche Verbindung. Dieser Kontakt hat mir den Zugang zum Forschungsfeld sehr erleichtert. Auf die GLM könnte diese Bekanntschaft jedoch abschreckend gewirkt haben. Die *Interviewsituation* könnte durch die Befürchtung geprägt gewesen sein, Aussagen würden an den Berater weitergeben. Bei der Auftaktpräsentation wurde daher versichert, dass sich meine Vertraulichkeit auch intern auf Äußerungen gegenüber CEO und Berater beziehen.

„Die Frau von der Uni"

Meine Anbindung an die Forschungseinrichtung Universität Basel hatte in mindestens zweierlei Hinsicht Auswirkungen auf den Forschungsprozess. Innerhalb des *Interviewprozesses* wurde ich mehrmals mit der Erwartung konfrontiert, die ‚Frau von der Uni' würde ‚kluge' Fragen stellen. Meine offene, unstrukturierte Art der Interviewführung wirkte anfangs verunsichernd. Nach dem ersten Interview bin ich dazu übergegangen, zu Beginn zu betonen, dass ich an Erzählungen interessiert bin und keine vorformulierten Fragen mitgebracht habe, was die Interviewsituation merklich entspannte. In der Begegnung mit CEO und Berater habe ich meine Verankerung an der Universität als legitimierend erlebt. Bereits das Zustandekommen des Forschungsprojektes führe ich auf den positiven Effekt zurück, den es für einen Berater und einen CEO haben kann, wenn die Intervention mit der OA wissenschaftlich evaluiert und für ‚gut befunden' wird (Kieser 1996:28).[110] Den Prozess der *Datensammlung* hat diese Offenheit für meine Forschung sehr erleichtert.

---

[109] Die folgenden Titel sind als fiktive Zitate möglicher Beobachter in Anführungszeichen gesetzt.
[110] Bei der Beobachtung eines OA-Workshops stellte mich der CEO den Anwesenden mit folgenden Worten vor: *„Zumindest ist das, was wir hier machen, so speziell, dass sich die Uni dafür interessiert."*

Erschwert hat es für mich jedoch die erste Phase der *Interpretation der Daten*. Diese war von dem Gefühl geprägt, der Berater würde meine Forschung unter dem Namen der Universität zur Legitimierung seiner eigenen Arbeit nutzen. Hierbei hatte ich Sorge, meine Ergebnisse würden ‚falsch‘ zitiert und interpretiert werden. Mit Bezug auf Christians (2008:185) betrachte ich die Aneignung meiner Forschung durch den Berater mittlerweile als positiv, da diese das typische Subjekt–Objekt–Verhältnis der Forschung aufbricht. Auch mein Text wird von den ‚Forschungsobjekten‘ aktiv aufgenommen, übersetzt und interpretiert (vgl. Kapitel VI).

„Anhängerin des Ganzen sein"

Seit meiner Magisterarbeit (Berreth 2007) bin ich über diverse Veranstaltungen[111] mit der Szene der OA vertraut. Die wissenschaftliche Seite sieht im intensiven Eindringen der Forscherin in die Untersuchungswelt die Gefahr des ‚going native‘ (Girtler 2001:78), d.h. die teilnehmende Beobachterin könnte Urteilsmaßstäbe und Verhaltensmuster der Akteure im Feld übernehmen und sich mit ihnen identifizieren. Durch die mögliche Überidentifikation (Lamnek 2005:39) wird eine ‚objektive‘ Forschung als unmöglich erachtet. Das Eintauchen in die Alltagswirklichkeit der Untersuchten erlaubt aber auch ein tieferes Verständnis des Forschungsfeldes (Girtler 2001:79). Bei der Beschäftigung mit der OA schwingt bzgl. der Gefahr des ‚going native‘ der Vorwurf mit, einer esoterischen Methode verfallen und ‚Anhängerin des Ganzen‘ geworden zu sein – wissenschaftliche Glaubwürdigkeit scheint damit unmöglich.

Meiner Nähe zum Untersuchungsfeld verdanke ich den einfachen Zugang zur Forschungsfirma und detailliertes Wissen zu Aufstellungsformen und ihren Bezeichnungen. Den Vorwurf, unkritische Anhängerin einer esote-

---

[111] Ich besuchte Kongresse und Fachtagungen (Kassel 2004, Fulda 2006, Karlsruhe 2007), Experimentalgruppen (Kassel), Peergruppen (München, Basel) und Ausbildungsgruppen (München, Freiburg). Seit Juni 2006 bin ich Mitglied im Verein INFOSYON, dem internationalen Forum für System-Aufstellungen in Organisationen und Arbeitskontexten.

rischen Praktik zu sein, kann ich mit einer sauberen wissenschaftlichen Analyse dieser gesellschaftlichen Praktik entkräften. Problematischer war für mich zu Beginn der *Interpretationsphase* der eigene Konflikt, der Szene keine ‚schlechten' Ergebnisse liefern zu dürfen. Die Metapher der ‚Nestbeschmutzerin' kam mir mehrmals in den Sinn. Diese Sorge löste sich mit meiner Forschungsfrage, die dem Konstruktivismus folgend nicht nach einer Erklärung (dem Warum), sondern einer Beschreibung (dem Wie) fragt und daher nicht wertend auftreten möchte.

Was ist mein Forschungsinteresse?

Mein ursprüngliches Interesse galt der Praktik der OA. Die theoretische Anbindung an wissenschaftliche Literatur war für mich zu Beginn zweitrangig. Unklar blieb lange Zeit, welche Fragestellung meine Forschung leiten sollte. Für die Phase der *Datensammlung* sehe ich diese Offenheit positiv, da sie den Blick nicht zu stark fokussiert. Gerade bei der *Auswertung* narrativer Interviews, aber auch bei der Metaphernanalyse nach Schmitt, ist ein weiter Fokus von Vorteil, da so leichter Abstand von Kategorien genommen und durch die Augen des Beobachteten geblickt werden kann.[112] Dank der Präsentationen meiner Zwischenergebnisse vor einer wissenschaftlichen Community und einer ‚aufstellungsfremden' Öffentlichkeit[113] konnte ich meine Forschungsfrage präzisieren, was auch bzgl. des Punktes „Anhängerin des Ganzen sein" eine wichtige Entwicklung war.

---

[112] Der vollzogene Prozess ähnelt dem von der ‚Grounded Theory' geforderten Gedanken, möglichst ohne vorgefasste Ideen und Theorien ins Feld zu gehen und die Theoriebildung in den empirisch erhobenen Daten zu verankern. Die Forscherin soll sich vom Forschungsprozess leiten lassen. Eine Kenntnis der Theorien ist unverzichtbar, der Umgang mit ihnen erfolgt jedoch eher respektlos (Hildenbrand 2000:33).

[113] Meine Ergebnisse der Interviewauswertung habe ich auf dem 23. Colloquium der European Group for Organizational Studies (EGOS) in Wien vor einer wissenschaftlichen Community sowie im Rahmen der Basler Management Dialoge vor Beratern, Managern und Wissenschaftlern präsentiert.

V   Sprachliche Legitimierung der Organisationsaufstellung

In diesem Kapitel werden die Ergebnisse der Metaphernanalyse angelehnt an Schmitt (1995; 1996; 1997; 2003b) dargestellt.

Das Kapitel ist wie folgt aufgebaut:

- Wie wird ‚Aufstellen im Management der FARINA' von Berater und CEO metaphorisch beschrieben und damit konstruiert? Kapitel 1 stellt als Ergebnis der systematischen Metaphernanalyse des Workshop-Transkriptes[114] die vier relevanten metaphorischen Konzepte vor.

- Welche Metaphern zeichnen den allgemeinen Diskurs über die OA aus? Kapitel 2 widmet sich einer unsystematischen Sammlung der Hintergrundmetaphern in der Literatur zur OA.

- Welche Metaphern fehlen in dem Workshop-Transkript? Welche metaphorischen Konzepte sind im Vergleich zu anderen Texten neu und ungewöhnlich? Kapitel 3 nimmt einen Vergleich der Hintergrundmetaphern mit den Metaphern des Workshop-Transkripts vor.

- Welches Verständnis von ‚Aufstellen im Management der FARINA' produziert und begünstigt die Narration von Berater und CEO? Kapitel 4 ist einer Interpretation der vergleichenden Analyse gewidmet. Hierbei soll aufgezeigt werden, wie es gelingt, eine unverständliche, ‚esoterische' Praktik reizvoll aber dennoch sicher und handhabbar erscheinen zu lassen.

---

[114] Als Datenmaterial für die systematische Metaphernanalyse wurde die Tonbandaufzeichnung eines 3-stündigen Workshops im Rahmen einer Fachtagung gewählt. Auf diese Datenquelle wird nachfolgend als ‚Workshop-Transkript' oder ‚Transkript' Bezug genommen.

1   SYSTEMATISCHE ANALYSE DER METAPHERN IM VORLIEGENDEN FALL

Wie Schmitt (2003b) betont, leiten Metaphern unser Denken und Handeln. Dabei werden Situationen oder Ereignisse selten nach nur einem metaphorischen Konzept strukturiert, deren Interpretation ist vielmehr durch unterschiedliche, teils auch widersprüchliche Metaphern angeregt. Betrachtet man die beraterische Intervention mit der OA in der FARINA, so fallen vier hervorstechende metaphorische Konzepte auf. Diese stehen in einem ergänzenden Verhältnis – ein verständliches Bild entsteht erst, wenn die einzelnen Konzepte miteinander in Verbindung gesetzt werden.

Überblick

In dem analysierten Text wird Aufstellen als IN BEWEGUNG BRINGEN[115] konzipiert. Dieses metaphorische Konzept A konkretisiert sich über die einzelnen Sprachbilder hin zu der Aussage, dass erfolgreiche Beratung als schrittweises Vorangehen auf einem gemeinsamen Weg gedacht wird. Ein Nicht-Vorankommen wird hierbei als Misserfolg gesehen, welcher Lösung verlangt. Der Bewegung, die diese Metapher erzeugt, steht das Konzept B entgegen, wonach Organisationen stabile GEBILDE sind. Mit dieser ontologischen Metapher wird die Organisation gegenüber ihrer Umwelt abgegrenzt. Ideen oder Personen aus der Umwelt müssen zunächst die Aufgabe bewältigen, „*in*" das Gebäude hineinzukommen. Dank der OA ist es möglich, „*in*" die als Container gedachte Organisation Einblick zu erhalten, Leit- und Lösungsbilder in den Raum zu stellen und so Lösungswege sichtbar zu machen. Der Verdienst der OA, nämlich das Sichtbarmachen verdeckter Dynamiken, begründet sich dabei auf dem metaphorischen Konzept C AUFSTELLEN IST VERBORGENES HERAUSHOLEN

---

[115] Metaphorische Konzepte im Sinne Lakoff & Johnsons (1998) werden im Fließtext im Folgenden in Kapitälchen wiedergegeben: AUFSTELLEN IST IN BEWEGUNG BRINGEN. Metaphorische Ausdrücke bilden die Bestandteile dieser Konzepte. Sie werden in diesem Text kursiv und in Anführungszeichen geschrieben: „*Vorgehensweise*". Alle Metaphern stammen aus dem Workshop-Transkript und sind als Zitate zu betrachten.

UND SICHTBARMACHEN. Wissen wird als Helligkeit konzipiert. Die OA holt dementsprechend Dinge ans Tageslicht und bringt Licht in Schweizer Führungsetagen. Dieses Aufdecken verborgener Dynamiken ist eine der mitunter auch gefürchteten Fähigkeiten der OA. Wird die OA ‚inhouse' angewendet, muss gewährleistet sein, dass sie die Betroffenen nicht bloßstellt. Innerhalb des Gebildes Organisation kommt die OA als ein professionelles WERKZEUG im Rahmen der „Workshops" zum Einsatz. Das metaphorische Konzept D AUFSTELLEN IST ARCHITEKTUR UND WERKZEUG steht dabei für eine Intervention, die in klaren, strukturierten Bahnen verläuft und nicht von dem gemeinsamen, nach vorne ausgerichteten Weg „abdriftend". Auf diese Art vermittelt die Metapher der Architektur Sicherheit, Professionalität und Verlässlichkeit. Tabelle 4 gibt einen Überblick über die metaphorischen Konzepte des Workshop-Transkripts und deren zugrunde liegenden Metaphern.

Konzept A: Aufstellen ist in Bewegung bringen
Die beraterische Intervention des Aufstellens innerhalb des Unternehmens wird auf unterschiedliche Arten mit dem Bild der Bewegung verbunden. Zum einen ist die Methode der OA selbst eine „Vorgehensweise", Berater und CEO wollen damit „weiter kommen", Lösungen werden in einer bestimmten „Richtung" vermutet. Auch das gute Ergebnis würde sich in einer Form von „Bewegung" äußern. Eine Intervention war zu Beginn notwendig, weil es „der Firma so schlecht ging": „Diese Firma ist in ziemlich schweres Fahrwasser gekommen". Das Bild des Nicht-Vorankommens und Stehenbleibens ist dabei negativ konnotiert. Systemische Beratung in Organisationen wird als Gestaltung von Kommunikationsräumen verstanden, die dem Management zur Verfügung stehen, damit sie ein Stück ihrer operativen Routinen reflektieren können und „falls notwendig Umsteuerungen vornehmen können". Die Bewegung geschieht also nicht unkoordiniert und willkürlich, sondern gesteuert, was eine Bewegung nach vorne impliziert.

Metaphorisches Konzept	Zugrunde liegende Metaphern aus dem Workshop-Transkript
A Aufstellen ist in Bewegung bringen	Diese Firma ist in ziemlich schweres Fahrwasser gekommen; In welche Richtung geht es denn in eine Lösung?; Falls nötig [muss man, A.B.] Umsteuerungen vornehmen können; Vorgehensweise; Ich bin mit dem ersten Ansatz nicht sehr weit gekommen; Das gute Ergebnis wäre im besten Fall natürlich, wenn da herauskommt: ja tatsächlich haben wir wirklich auch etwas [mit der OA, A.B.] bewegt; Was hat den Christoph [den CEO, A.B.] und seine Geschäftsleitung bewegt in der Zwischenzeit?; Welche Themen bewegen euch in der Firma?
B Organisationen sind Gebilde	Ich erlebe Organisationen als tolle Gebilde; Wir haben in diesem Jahr keine einzige Stelle abgebaut; Das hat letztlich dazu geführt, dass wir eine Firma in der Firma drin hatten. Eine Firma in der Firma funktioniert nicht; Weshalb bin ich darauf gekommen, mit der OA in die Organisation zu gehen?; Ich komme da [in die Unternehmen, A.B.] nicht rein; In die Rossa-Organisation ist ziemlich weit oben ein neuer Mann gekommen, und zwar als Marketingchef; Wenn der Kopf einer Unternehmung nicht mitmacht, dann können Sie unten machen was Sie wollen.
C Aufstellen ist Verborgenes herausholen und sichtbarmachen	Eine unübersichtliche Situation; Wie sieht eigentlich unser Unternehmen aus, wenn wir die Geschäftsleitung, das Kader und die Mitarbeiter anschauen?; Alle Lösungen, die Energie hatten [...], haben eine ganz neue Sichtweise auf eine Problemsituation oder auf ein Thema eingeführt; Die Aufstellung greift auf implizites Wissen zu und macht dieses sichtbar; das Anliegen klären; Klärungsinterview; Themen kristallisieren sich heraus; Fragen tauchen auf; Dinge kommen heraus; ganz offen sein, für das, was da herauskommt.
D Aufstellen ist Architektur und Handwerk	Die OA als Managementtool; Fragen behandeln; Workshopdesign; Struktur; Form; Interventionsarchitektur; stabiles heuristisches Raster; Als Stabilisierung, dass wir in diesem Managementteam [...] nicht in private Ebenen abdriften, habe ich für mich das ‚Maintaler Managementmodell' ausgewählt, das mir bei der Fokussierung der Fragestellung hilft.

Tabelle 4: Überblick über die metaphorischen Konzepte

148

Um diese Bewegung in Folge der Intervention zu ermöglichen, müssen gewisse Themen *„gelöst werden, damit es gut weitergeht"*. Die Aufstellungen orientieren sich dabei selbst an dem, was *„bewegt"*: *„Was hat Christoph* [den CEO, A.B.] *und seine Geschäftsleitung bewegt in der Zwischenzeit?"*. *„Welche Themen bewegen Euch in der Firma?"*. Bewegung ist somit zugleich Maßstab als auch Ziel der Intervention. Gedacht wird dabei jedoch nicht an irgendeine Form von Bewegung. Entworfen wird das Bild, auf einem gemeinsamen Weg zielgerichtet vorwärts zu kommen und sich nicht in wilder Betriebsamkeit zu verlieren: *„Am Schluss haben wir einen Weg gefunden, eine Aufstellung, eine Auflösung, die für alle gut war* [...]*"*.

Die Metapher der Bewegung ist auch verbunden mit dem Bild der *„Energie"*. Gearbeitet wird mit den *„Themen, die Energie haben"*. Der Berater führt ein Klärungsinterview mit der Person, die am *„meisten Energie in der Fragestellung hat"*. Auch die dann folgende Aufstellung ist von dem Vorhandensein von Energie geprägt: *„Das war wahrscheinlich die Aufstellung, das Thema, das am meisten Emotionen und am meisten Energie in sich barg."* Die Lösungen, die sich im Anschluss an die Aufstellungen abzeichnen, sind ebenfalls *„energievoll"* oder *„hatten Energie"*. Diese Energie ist dabei kein ‚Unter-Strom-Stehen'. Entworfen wird kein mechanistisches Bild, sondern vielmehr die Vorstellung einer Art kosmischer Energie. Ähnlich wie bei der Bewegung orientiert sich der Berater an dem Vorhandensein dieser Energie und arbeitet auf eine energievolle Lösung hin. Eine genaue Definition, was als *„Energie"* zu gelten hat, bleibt dabei ebenso aus, wie bei dem, *„was bewegt"*.

Metaphern, die sich auf das Bildfeld des Weges beziehen und denen das Relevanzsystem der Fortbewegung als Herkunftsbereich dient, werden von uns im Alltag ständig benutzt: Patienten machen *„Fortschritte"*; Entwicklungen werden regelmäßig als *„Wege"* metaphorisiert (etwa der Weg zum Erfolg). Die Weg-Metapher konstruiert einen Sachverhalt als Prozess, der einen Anfangspunkt und einen Zielpunkt aufweist (Hülsse

2003:83). Bezogen auf die gemeinsame Arbeit mit der OA bedeutet die Verwendung der Weg-Metapher, dass die Aufstellungen keine fertigen Endergebnisse präsentieren, die, einmal gefunden, für immer taugen. Vielmehr orientiert sich die Intervention an der individuellen Situation der Klienten und begleitet sie auf ihrem eigenen Weg. Auffällig ist, dass ein Zielpunkt nie klar definiert ist. Als Ziel werden die Bewegung an sich und das Finden eines Weges genannt, so dass es weiter geht, nicht aber ein klar umrissener Endpunkt.

Konzept B: Organisationen sind Gebilde

Eine Metapher, die auf den ersten Blick nicht mit der Methode der OA in Verbindung steht, ist das Konzept einer Organisation als *„Gebilde"*. Die FARINA wird in den Worten des Beraters und CEOs als ein Gebäude konstruiert, an dem Stellen auf- und *„abgebaut"* werden können und das in seinem Inneren *„alle Funktionen drinnen"* hat. Durch Verwendung dieser Container- oder Gefäßmetapher (Lakoff&Johnson 1998:39-40) entsteht das Bild eines abgeschlossenen Körpers, der in sich stabil und autonom ist und nach außen Grenzen aufweist. Dieses Sprachbild ermöglicht auch, in den Körper des Unternehmens eine weitere Firma zu setzen. *„Eine Firma in der Firma"* steht allerdings der Funktionalität eines als Gebilde gedachten Unternehmens entgegen.

Wird eine Organisation als Einheit gedacht, so ruft dieses Konzept bestimmte Bilder hervor, die der Metapher entsprechen und durch sie begünstigt werden. Andere Entwürfe dagegen sind nicht mit dem metaphorischen Konzept des Gebäudes kompatibel. Diese ‚Highlighting and Hiding'-Funktion (Lakoff&Johnson 1980:10) der Metapher erlaubt es, bestimmte Aspekte eines Konzeptes zu fokussieren und somit Komplexität zu reduzieren. Aspekte, die dagegen nicht mit dem metaphorischen Konzept in Einklang gebracht werden können, werden als ‚blinde Flecken' aus der Betrachtung ausgeblendet (Hroch 2005:31). Das metaphorische Konzept der Organisation als Gebilde betont besonders die abgegrenzte Einheit der Organisation. Organisationen, die als Gebilde gedacht werden, müssen stets Grenzen aufweisen, um als geschlossen wahrgenommen zu werden. Somit konfrontiert das metaphorische Konzept ORGANISATIONEN SIND GEBILDE Personen oder Ideen aus der Umwelt mit der Herausforderung, *„in"* die Organisation zu gelangen. Die OA ist eine Methode, die bisher noch nicht *„in"* Unternehmen angewendet wurde. In diesem metaphorischen Bild ist eine Verortung der OA außerhalb der Organisation daher logisch. Die Frage *„Weshalb bin ich darauf gekommen, mit der Aufstellungsarbeit in die Organisation zu gehen?"* macht erst innerhalb eines metaphorischen Konzeptes Sinn, welches die Organisation durch definierte Grenzen von seiner Umwelt abtrennt. Hier zeigt sich nun die Verbindung zwischen dem sprachlichen Bild einer Organisation als Gebilde und der Methode der OA, die als etwas Außenstehendes, Fremdes gedacht wird. Erst mit einem solchen metaphorischen Konzept im Hintergrund können Aussagen wie: *„Ich komme da* [in die Unternehmen, A.B.] *nicht rein"* entstehen. Damit verdeckt die hier angewandte Containermetapher aber auch Sichtweisen, die die Grenzen zwischen Organisation und Umwelt aufheben und bspw. davon ausgehen, dass Ideen frei beweglich sind. Auch ein zeitlicher Verlauf ist in diesem Bild nicht denkbar: entweder ist die Organisation ein Gebäude mit klaren Grenzen oder die Metapher bricht. Möchte man eine Veränderung über die Zeit beschreiben, ist ein Rückgriff auf die Wegmetapher hilfreich (Schmitt 1997).

Entsprechend unserer kulturellen Raumerfahrung von GUT IST OBEN – SCHLECHT IST UNTEN (Lakoff&Johnson 1998:25), ist auch die Containermetapher nach dieser orientierenden Metapher organisiert: Macht wird innerhalb des Gebäudes oben angesiedelt, Anweisungen müssen ihren Weg nach unten finden. Diese Orientierungsmetapher ist in unserem Kulturkreis derart verankert, dass wir ganz selbstverständlich davon reden, dass *„in die ROSSA-Organisation ziemlich weit oben ein neuer Mann gekommen ist, und zwar als Marketingchef".* Der Platz des Chefs wird oben verortet. Er ist der *„Kopf einer Unternehmung",* auf den es bei der Umsetzung neuer Ideen – wie der OA – ankommt: *„Wenn der Kopf einer Unternehmung nicht mitmacht, dann können Sie unten machen was Sie wollen* […]. *Wenn der*

oberste Chef mitmacht, dann geht es. Sonst geht es nicht. [...] Sonst verges-
sen Sie es. Wirklich! Vergessen Sie es!" Entsprechend unserer Körper-
erfahrung sitzt der „*Kopf*" eines Unternehmens oben. Er lenkt und steuert
das Unternehmen auf seinem Weg. Er verfügt über seine „*direkt Unter-*
stellten", führt seine „*unterstellten Führungskräfte*" und sorgt dafür, dass
das Wissen „*nach unten diffundiert*". Da unsere Erfahrungen durch die
Orientierungsmetapher DIE MACHT IST OBEN organisiert sind, war es für den
Berater sicherlich von großem Vorteil, dass er über die Beziehung zum
CEO auf der obersten Ebene Eingang ins Unternehmen fand. Auch seine
Zugehörigkeit zu einer Forschungsgruppe der Universität MAINTAL, der
„*Hochburg der klassischen Betriebswirtschaftslehre*", kann der Orientie-
rungsmetapher folgend als Ausdruck von Professionalität gedeutet werden,
steht doch die „*Hochburg*" für Kompetenz, Wissen und Verlässlichkeit.

Konzept C: Aufstellen ist Verborgenes herausholen und
sichtbarmachen

Entsprechend dem in unserer Kultur gängigen metaphorischen Konzept
VERSTEHEN IST SEHEN gestalten sich problematische Situationen, in denen
ein Verstehen noch nicht gegeben ist, als „*unübersichtlich*". Verstehen
wird ermöglicht, wenn man genau hinschaut: „*Wie sieht eigentlich unser*
Unternehmen aus, wenn wir die Geschäftsleitung, das Kader und die
Mitarbeiter anschauen?" Innerhalb dieses Konzeptes gelten Licht, Helligkeit und Klarheit als traditionelle Metaphorik von Wahrheit[116] (Schmitt
1997). Ein erster „*Schritt*" im Vorgehen des Beraters ist es daher, „*das An-*
liegen zu klären", was im Rahmen eines „*Klärungsinterviews*" mit dem
Themenowner geschieht. Wird im Anschluss an das Interview aufgestellt,
so „*schauen alle Stellvertreter auf das Gleiche, in die gleiche Richtung, auf*
das gleiche Problem hin." Die OA kann genutzt werden, um „*einen Ein-*
blick in unsere gemeinsame Arbeit mit Aufstellungsarbeit durch die Aufste-
llungsarbeit in der Organisation zu erhalten". Dadurch ermöglicht sie neue

---

[116] So spricht man etwa von Erleuchtung oder einem hellen Kopf.

„Sichtweisen" auf Probleme. Gute Lösungen werden im Zusammenhang mit einer Aufstellung *„sichtbar"*. Mitunter bringt die OA aber auch etwas *„ans Tageslicht, was nicht ans Tagelicht kommen sollte"*. So würde es als *„sehr ernüchternd und erschütternd* [erlebt, A.B.], *wenn wirklich Licht in die Schweizer Führungsetage käme, also wenn diese Etage transparent wäre."* Lakoff & Johnson (1998:62) bezeichnen aufgrund ihrer Untersuchungen Ideen als Lichtquellen: das Argument ist *„klar"*, Bemerkungen sind *„glänzend"*. Die OA trägt auch dazu bei, Dynamiken *„sichtbar"* zu machen. Allerdings ist sie selbst weniger die Lichtquelle, als vielmehr die Projektionsfläche, auf der *„Lösungsbilder"* und *„Leitbilder"* entstehen können. Betrachtet man dieses metaphorische Bild genauer, so könnte die OA auch als ein Werkzeug betrachtet werden, welches Verborgenes aus der Organisation herausholt und an das *„oben"* oder *„außen"* vermutete *„Tageslicht"* bringt.

Hier vereinigen sich nun die metaphorischen Konzepte VERSTEHEN IST SEHEN und ORGANISATIONEN SIND GEBILDE: Aus dem geschlossenen Container der Organisation müssen Themen, Lösungen oder Ideen herausgeholt und ans Tageslicht gebracht werden. Dort können sie gesehen und somit verstanden werden. Die Aufstellung ist dabei das Werkzeug (vgl. Konzept D), das diesen Prozess des Sichtbarmaches ermöglicht. Dank ihrer gelingt es, organisationale *„Themen heraus zu kristallisieren"*. In dem Prozess des Aufstellens sind dabei *„Fragen aufgetaucht"*, *„Dinge herausgekommen"* oder auch *„zum Vorschein getreten"*, *„die sich zum Teil zwei, drei Monate später erst konkret manifestiert haben"*. Gleichzeitig möchte man als Geschäftsleitung *„ganz offen sein für das, was da herauskommt"*. Als metaphorisches Konzept bzgl. der Methode der OA kann daher benannt werden: AUFSTELLEN IST VERBORGENES HERAUSHOLEN UND SICHTBARMACHEN. In dieses Konzept fügt sich auch die unter Aufstellungsleitern gebräuchliche Semantik, man könne *„offen"*, *„verdeckt"* oder *„partiell verdeckt"* aufstellen (vgl. Kapitel III.1.1.2 sowie Varga von Kibéd&Sparrer 2000; Rosselet, Senoner&Lingg 2007).

Das, was die OA „sichtbar" macht, wird von dem Berater als die „gute Lösung", als „Muster" innerhalb der Organisation oder als „implizites Wissen der Organisation" bezeichnet: „Mir geht es bei der Aufstellungsarbeit darum, das implizite Wissen von Organisationen explizit, sprich sichtbar zu machen." Dabei wird vermutet:

> *„Die an der Ratio orientierten Managementsysteme greifen natürlich nicht auf implizites Wissen zu. Und die Methode der Aufstellungsarbeit tut dies. Also sie greift auf implizites Wissen zu, macht dieses sichtbar. Man kann es dadurch in Verbindung zum expliziten Wissen setzen und kann möglicher Weise neue Handlungsoptionen ableiten."*

Auch wenn es auf den ersten Blick nicht so aussieht, ist das Konzept des impliziten Wissens, das durch die OA sichtbar und explizit gemacht werden kann, eine ontologische Metapher. Sie folgt dem von Lakoff & Johnson (1998:59-62) benannten metaphorischen Konzept IDEEN SIND OBJEKTE. Erst wenn man Ideen oder Wissen als abgegrenzte Objekte konzipiert, ist es möglich, sie zu fassen, sichtbar zu machen oder mit dem ‚expliziten Wissen' in Verbindung zu setzen. Somit macht dieses metaphorische Konzept aus einem Abstraktum eine greifbare Entität. Vor allem aber gelingt es dem sprachlichen Bild des impliziten Wissens, die OA an einen wirtschaftlichen und wissenschaftlichen Diskurs anzuschließen.[117] Hat die systemische Aufstellung mit dem Vorwurf zu kämpfen, sie sei esoterisch, orakelhaft oder mystisch, so kann mit dem Konzept des impliziten Wissens an einen Diskurs angeschlossen werden, der rational und wissenschaftlich geprägt zu sein scheint und im Management eine große Rolle spielt. Für den CEO unterstützt die OA durch ihren Zugriff auf das implizite Wissen in der Situation des Turnarounds:

> *„Turnaround bedeutet immer, Entscheidungen schnell zu treffen [...] – immer auf der Basis von Wissen, das nicht vollständig ist. Es ist eine unübersichtliche Situation. Man weiss nicht alles. Man weiss vieles, aber*

---

[117] Das Konzept des impliziten Wissens wurde 1985 von Michael Polanyi im Rahmen seines gleichnamigen Buches geprägt (Polanyi 1985). Nonaka & Takeuchi (1997) konzipieren implizites Wissen als Teil des betrieblichen Wissensmanagements und stellen die Frage, wie Unternehmen neues Wissen schaffen. Zum Thema betriebliches Wissensmanagement siehe auch Schreyögg & Koch (2005).

immer viel zu spät. Von daher war die Organisationsaufstellung für mich
eine interessante Alternative, eine Ergänzung, ein zusätzliches Hilfselement,
um in dieser Situation zu mehr Informationen zu kommen. "

Die OA verhilft dabei nicht nur quantitativ zu *„mehr Informationen".* Indem sie das so genannte *„implizite Wissen"* aus der Organisation ans Tageslicht befördert, vermittelt die OA Informationen, denen eine andere Qualität und ein exklusiver Status zugeschrieben wird.

Konzept D: Aufstellen ist Architektur und Handwerk

Einem ersten metaphorischen Konzept folgend gilt: DIE OA IST EIN WERKZEUG. Angelehnt an dieses Bildfeld wird das *„Managementtool"* OA in *„Workshops"* durchgeführt. Das Aufstellungslösungsbild, das dort sichtbar wird, kann *„an die Hand genommen und umgesetzt"* werden. Was die Umsetzung betrifft, sieht es der Berater als seine Pflicht, von diesem Schritt *„durchaus die Hände zu lassen"* und dies den Führungskräften zu übertragen, die *„fachlich ihr Handwerk verstehen".* Die Geschäftsleitung schätzt das gemeinsame Aufstellen, weil es eine gut Art und Weise ist, Fragen zu *„behandeln".* Aus den Ergebnissen können dann neue *„Handlungsoptionen"* abgeleitet werden.

Die Intervention mit der OA folgt einem genauen *„Workshopdesign":* Dem Bild des Werkzeugs entsprechend – bzw. es konkretisierend – orientiert sich die gesamte Intervention an einer bestimmten *„Architektur",* die den Berater in seiner Arbeit *„stabilisiert".* Die gewählte *„Interventionsarchitektur",* die auch als *„stabiles, heuristisches Raster", „Modell"* oder *„Design"* bezeichnet wird, dient dazu, *„auf Managementfragestellungen zu fokussieren"* und stellt sicher, *„dass wir nicht in persönliche Dynamiken abdriften".* Zugrunde gelegt wird der Interventionsarchitektur das *„Managementkonzept"* der Universität MAINTAL, der *„Hochburg der klassischen Betriebswirtschaftslehre".* Die Aufstellungen folgen nun einer *„Struktur",* einer klaren *„Form",* einem stabilen *„Raster".*

Der Bewegung aus Konzept A wird mit dem Konzept AUFSTELLEN IST ARCHITEKTUR ein Entwurf entgegen gesetzt, der Stabilität, Planbarkeit und

Steuerbarkeit impliziert. Die OA als Intervention geschieht geplant, nicht chaotisch, sie „bewegt" das Unternehmen und kanalisiert gleichzeitig die auftauchenden Themen im Sinne eines strukturierten und planmäßigen Vorgehens. Notwendig ist der Entwurf einer solch ‚stabilen' Metapher, da die OA stets die Möglichkeit in sich trägt, sich in Richtung unerwünschter Familiendynamiken zu entwickeln und in organisationsfremde Bereiche „abzudriften". Die Herausforderung, welche die OA ‚inhouse' angewendet mit sich bringt, fasst dieses Zitat zusammen:

> „Als Stabilisierung, dass wir in diesem Managementteam – wo es ja speziell heikel wäre, wenn da plötzlich irgendwelche persönlichen Themen in den Vordergrund treten würden – nicht in private Ebenen geraten, habe ich für mich das MAINTALER Managementmodell ausgewählt, das mir bei der Fokussierung der Fragestellung hilft."

Die Arbeit muss auf der richtigen, nämlich organisationalen Ebene ansetzen und darf nicht in private Ebenen oder persönliche Dynamiken „abdriften". Um diese Stabilität sprachlich zu vermitteln, wird auf ein metaphorisches Konzept zurückgegriffen, das die Arbeit an dem Gebilde Organisation als Architektur, und somit als geplant, wissenschaftlich errechnet und professionell durchgeführt, beschreibt. „Wenn die Geister mal da sind, die ich möglicher Weise nicht bewusst gerufen habe, dann werde ich sie nicht mehr so schnell wieder los." Dieses Zitat des Beraters beschreibt, was bei der Arbeit mit OA verhindert werden muss: Der Verdacht, die OA wäre eine esoterische Übung, bei der möglicherweise ungerufene Geister auftauchen, muss entkräftet werden, indem die Interventionsform als stabile Architektur, klare Struktur, heuristisches Raster oder Design beschrieben wird.

2 UNSYSTEMATISCHE SAMMLUNG DER HINTERGRUNDMETAPHERN

Als Grundlage für einen Vergleich wurde eine unsystematische Sammlung der Hintergrundmetaphern in der Literatur zur OA anhand einzelner Texte durchgeführt. Dieses Sample wurde in Kapitel IV.2.3.3 erläutert. Im Folgenden werden sieben sprachliche Bilder vorgestellt, mit denen die metaphorischen Konzepte zur OA sicherlich nicht erschöpft sind. Dennoch stellen sie eine Auswahl dar, die typische Äußerungen zur OA abbildet und mit der sich die meisten Texte zur OA vereinen lassen (vgl. Tabelle 5).

Konzept A: Verstehen ist Sehen

In fast allen Texten zur OA wird auf das metaphorische Konzept VERSTE-HEN IST SEHEN Bezug genommen. Dementsprechend häufig findet sich die Formulierung *„Bei einer Aufstellung zeigt sich"* (Weber, Schmidt&Simon 2005:32). Es können bei der Aufstellung Lösungsanregungen *„aufleuchten"* (Weber, Schmidt&Simon 2005:17), Aufstellungsleiter bekommen durch die Stellvertreter oft gute Hinweise auf wichtige Beziehungsdynamiken, die vorher *„nicht am Licht waren"* (Weber, Schmidt&Simon 2005:38) und Aufstellungen tragen zur *„Klarheit in Bezug auf das Anliegen"* (Kohlhauser&Assländer 2005:19) bei. Aufstellungen gelingt es, nonverbale, vorbewusste oder verdrängte Anteile einer Person *„ans Tageslicht zu holen"* (Hartge 2005:2) oder dazu beizutragen, dass *„Informationsströme das Licht der Aufstellung erblicken und oftmals Neues zutage fördern"* (Kohlhauser&Assländer 2005:14). Das, was ans Tageslicht befördert wird, ist im Gegensatz zu der Metaphorik des Workshop-Transkripts weniger das implizite Wissen einer Organisation. Sichtbar werden vielmehr mit einzelnen Personen verbundene (private) Aspekte. So sprechen Kohlhauser & Assländer beispielsweise vom *„Durchschimmern, Aufblitzen, Auftauchen […] familiärer Muster"* (2005:79). Die Vermutung, dass beim Aufstellen *„ein bestimmtes Muster ans Licht"* (Weber, Schmidt&Simon 2005:21) kommt, ist nur verständlich, wenn man die in Aufstellerkreisen häufig verwendete Metaphorik PROBLEME LÖSEN IST ORDNUNG HERSTELLEN kennt.

Metaphorisches Konzept	Zugrunde liegende Metaphern aus der Literatur
A Verstehen ist Sehen	Es zeigt sich; Es kommt ein bestimmtes Muster ans Licht; Wenn bei der Aufstellung Lösungsanregungen aufleuchten; Ich bekomme durch die Stellvertreter oft gute Hinweise, die vorher nicht am Licht waren; Klarheit in Bezug auf das Anliegen.
B Probleme lösen ist Ordnung herstellen	Die Ordnung des Erfolgs; Nach 40 Minuten Stellungsarbeit herrschte Ordnung im System; Die unsichtbare Ordnung in Arbeitsbeziehungssystemen; Bei der OA wird davon ausgegangen, dass verschiedenen Systemen die gleichen Strukturen und Ordnungsmuster zugrunde liegen.
C Plätze in einem System haben eine Qualität	Bekömmliche und schwierige Plätze in Aufstellungen; Der Körper scheint wie ein Sensor zu sein, für das, was den Plätzen anhaftet; Nachfühlen, ob ein bestimmter Platz in einer aufgestellten Konstellation mit einem bestimmten Gefühl oder spezifischen Empfindungen aufgeladen ist; Die gewählten Repräsentanten werden von ortsspezifischen Gefühlen erfasst.
D Der Körper als Wahrnehmungsorgan	Der Körper der RepräsentantInnen als systemisches Wahrnehmungsorgan; Erstaunliche menschliche Fähigkeit der repräsentierenden Wahrnehmung; Der Körper scheint wie ein Sensor zu sein, für das, was den Plätzen anhaftet.
E Aufstellungen sind eine räumliche Sprache	Ein Bild sagt mehr als 1000 Worte; Vertraute Sprache und ihre Entdeckung; Wenn man Aufstellung als eine Form von Sprache nimmt, als eine Darstellung mit Bildern statt mit Worten; Eine räumlich inszenierte Beschreibung.
F Aufstellen ist innere Bilder veröffentlichen	Raumbild; Das innere Bild eines Klienten darstellen, d.h. zu externalisieren; nicht nur eine zufällig Momentaufnahme, ein fast zufälliger Schnappschuss einer Beziehung; Die räumlichen Bilder kann man nach einer Aufstellung leichter zusammenfalten und zu Hause immer wieder ausfalten.
G Der Zauber des Mystischen	Der Aufstellungsleiter als Zauberer; Die Fernwirkung von Aufstellungen; Ich bin noch ganz bezaubert; Ritualisierte, kraftvolle Sätze; Wunder, Lösung und System; Übergangsritual; Organisationsaufstellung – jenseits von Mystik und Zauberei; Selbstheilungskräfte des Systems.

Tabelle 5: Überblick über die Hintergrundmetaphern

Konzept B: Probleme lösen ist Ordnung herstellen

Bei der OA wird davon ausgegangen, dass verschiedenen Systemen die gleichen *„Strukturen und Ordnungsmuster zugrunde liegen"* (Baumgartner 2006:51). Dementsprechend tragen Bücher über die OA Titel wie *„Die Ordnung des Erfolgs"* (Erb 2001) oder *„Die unsichtbare Ordnung in Arbeitsbeziehungssystemen – konflikthafte Strukturen und Hilfestellungen für ihre Auflösung"* (Ruppert 2000). Wird eine Aufstellung erfolgreich durchgeführt, so kann man abschließend feststellen: *„Nach 40 Minuten Stellungsarbeit herrschte Ordnung im System"* (Kohlhauser&Assländer 2005:10). Mit diesem Zitat geht die Vorstellung einher, Probleme zu lösen sei – entsprechend dem Konzept B – das Herstellen einer Ordnung. Die *„Wahrnehmung übergeordneter Muster"* erlaubt es dabei, *„Einsichten von einem Anwendungsfall oder Bereich auf andere zu übertragen"* (Varga von Kibéd 2000:23), womit die metaphorischen Konzepte A und B in engem Zusammenhang stehen: Aufstellungen *„öffnen den Blick für Beziehungsmuster innerhalb von Organisationen"* (Groth&Simon 2005:63).

Konzept C: Plätze in einem System haben eine Qualität

Der OA liegt neben der Annahme bestimmter Muster und Ordnungen die Vorstellung zugrunde, die Plätze in einem System hätten eine gewisse Qualität. So wird von *„bekömmlichen und schwierigen Plätze in Aufstellungen"* (Weber, Schmidt&Simon 2005:7) gesprochen. Aufgabe der Repräsentanten ist es, nachzufühlen, ob ein bestimmter Platz in einer aufgestellten Konstellation *„mit einem bestimmten Gefühl oder spezifischen Empfindungen aufgeladen ist"* (Weber, Schmidt&Simon 2005:17). Die gewählten Repräsentanten werden im Laufe der Aufstellung *„von ortsspezifischen Gefühlen erfasst"* (Kohlhauser&Assländer 2005:30). Der Körper in der Sprache der Aufsteller wird daher als *„Sensor"* beschrieben, *„für das, was den Plätzen anhaftet."* (Weber, Schmidt&Simon 2005:21).

Konzept D: Der Körper als Wahrnehmungsorgan

Aufgrund der *„erstaunlichen menschlichen Fähigkeit der repräsentie-renden Wahrnehmung"* (Varga von Kibéd 2000:18) kann der *„Körper der RepräsentantInnen als systemisches Wahrnehmungsorgan"* (Varga von Kibéd 2000:18; Varga von Kibéd 2002) genutzt werden. Die Repräsentanten *„fühlen sich an ihren Plätzen ein"* (Kohlhauser&Assländer 2005:17), sie leihen den von ihnen verkörperten Elementen *„ihre (Resonanz-)Körper und können daher als die Wahrnehmungsorgane einer Aufstellung bezeichnet werden"* (Kohlhauser&Assländer 2005:30). Die von den Repräsentanten erlebten *„Veränderungen und Unterschiede in den Körperwahrnehmungen"* geben in einer Aufstellung wichtige und hilfreiche Hinweise bei der Suche nach *„bekömmlichen Plätzen"* (Weber, Schmidt&Simon 2005:20). Spüren die Stellvertreter auf dieser Suche einen *„Bewegungsimpuls"* (Kohlhauser&Assländer 2005:18), sind sie angehalten, diesem zu folgen. Diese *„Fähigkeit"* der repräsentierenden Wahrnehmung beruht laut Varga von Kibéd jedoch nicht auf einem *„eigenen Wahrnehmungskanal"* (2000:18), es wird vielmehr davon ausgegangen, dass jeder Mensch die Fähigkeit zur repräsentierenden Wahrnehmung hat, *„eine Wahrnehmungsform, die wie ein Superzeichen die Zeichen der vertrauten Wahrnehmungsformen überlagert"* (Varga von Kibéd 2000:18-19). Der Sprachgebrauch des ‚Zeichens' verweist auf ein weiteres metaphorisches Konzept bzgl. der OA, wonach Aufstellungen als eine räumliche Sprache verstanden werden.

Konzept E: Aufstellungen sind eine räumliche Sprache

Auf der Grundlage der Arbeiten Varga von Kibéds wird in der Literatur zur OA von einer *„Grammatik der systemischen Aufstellungsarbeit"* (Varga von Kibéd 2000:11) gesprochen – Regeln, die Aufsteller in ihrer Arbeit anleiten. Unabhängig von diesen handlungsleitenden Regeln wird die Parallele zur Sprache aufgrund der Aussagen einer OA gezogen: Aufstellungen werden als eine *„Form von Sprache"* bezeichnet, *„als eine Darstellung mit Bildern statt mit Worten"* (Weber, Schmidt&Simon 2005:34). Die dargestellten Bilder werden als *„Metaphern"* verstanden; diese *„mit Wor-*

ten darzustellen, wäre sehr viel umständlicher und aufwändiger" (Weber, Schmidt&Simon 2005:27). Dementsprechend wird in den Texten zur OA die Methode als eine *„Raummetapher"* (Kohlhauser&Assländer 2005:29) bezeichnet, als eine *„räumlich inszenierte Beschreibung"* (Weber, Schmidt&Simon 2005:27). Die Bedeutung der Sprachmetapher für die Aufstellungsarbeit zeigt sich auch in diversen Titeln. So benannte Schlötter seine Dissertation zur Aufstellungsarbeit *„Vertraute Sprache und ihre Entdeckung"* (2005). Der Titel Assländers *„Ein Bild sagt mehr als 1000 Worte"* (2003) macht hierbei die Verknüpfung zu einem weiteren metaphorischen Konzept deutlich:

Konzept F: Aufstellen ist innere Bilder veröffentlichen

Sinn einer Aufstellung ist es, das *„innere Bild eines Klienten darzustellen, d.h. zu externalisieren"* (Baumgartner 2006:50), also ein *„inneres Bild nach außen zu bringen"* (Weber, Schmidt&Simon 2005:28). Dieses *„Raumbild"* (Schlüter&Kreimeyer 2005:52; Baumgartner 2006:51) ermöglicht die *„Aufsicht auf ein komplexes Beziehungssystem mit einem Blick"* (Weber, Schmidt&Simon 2005:33). Weil die OA dem metaphorischen Konzept VERSTEHEN IST SEHEN verpflichtet ist, bedeutet ein Veröffentlichen und Sichtbarmachen eines inneren, unsichtbaren Bildes bereits einen großen Beitrag zum Verstehen des Problems. *„Im Bilde sein"* (Madelung&Innecken 2002) ist damit schon Ausdruck von Problemlösung. Darüber hinaus birgt dieses *„räumliche Bild"* einige Vorteile: *„Es erspart langes, sequenzielles Nachfragen und ist auch leichter zu speichern und damit leichter zu erinnern. [...] Die räumlichen Bilder kann man nach einer Aufstellung leichter zusammenfalten und zu Hause immer wieder ausfalten."* (Weber, Schmidt&Simon 2005:33). Dem externalisierten Bild wird dabei zugestanden, nicht nur eine *„zufällige Momentaufnahme"* oder ein *„fast zufälliger Schnappschuss einer Beziehung"* (Weber, Schmidt&Simon 2005:29) zu sein, es ist vielmehr ein *„grundsätzliches Abbild relevanter Aspekte"* (Weber, Schmidt&Simon 2005:30) eines Systems. Dem Klienten einer Aufstellung wird empfohlen, das *„Lösungsbild"* in sich „*aufzunehmen*" (Kohlhauser&Assländer 2005:11). Dabei wird darauf vertraut, dass sich die „*Kraft des räumlichen Bildes in den Klienten entfalten kann*" (Weber, Schmidt&Simon 2005:34).

Konzept G: Der Zauber des Mystischen

Bei der unsystematischen Sammlung der Hintergrundmetaphern tauchen regelmäßig explizite Verweise auf den unerklärlichen, esoterischen Charakter der OA auf: So betonen Aufstellungsklienten im Rahmen eines Seminars, dass sie noch immer ganz „*bezaubert*" seien, es „*einfach magisch*" fänden und es als eindrucksvoll erlebten, „*solche magischen Erfahrungen zu machen*" (Weber, Schmidt&Simon 2005:20). Sparrer (2002) betitelt ihr Buch dementsprechend mit „*Wunder, Lösung und System*". In Zeitschriften finden sich Titel wie: „*Psychotechnik ,Organisationsaufstellung': Das Spiel mit dem Feuer*" (Hartge 2005). Die Rede ist von einer „*Aura des Magischen*" (Hartge 2005:1), bzw. einer „*mystischen Aura*" (Groth&Simon 2005:56), welche die OA umgebe. Gewarnt wird dabei vor „*selbsternannten Gurus*" (Hartge 2005:2), welche die OA als „*neue Form des Kaffeesatzlesens*" (Schlüter&Kreimeyer 2005:51) anwenden würden. Innerhalb der Szene ist man bemüht, „*Organisationsaufstellung – jenseits von Mystik und Zauberei*" (Groth&Simon 2005) zu verorten.

Der Bezug auf mystische, rituelle oder esoterische Aspekte der OA wird in den analysierten Texten nicht nur durch eine explizite Thematisierung und Benennung des Mystischen hergestellt, sondern zeigt sich auch implizit in den bisher aufgeführten Konzepten A-F über Verweise auf eine ‚dahinter liegende' Kraft, Weisheit oder Wirklichkeit. So werden Aufstellungen dem metaphorischen Konzept A folgend mit dem „*Wunsch, die Zukunft vorhersehen zu können*" (Schlüter&Kreimeyer 2005:51) in Verbindung gebracht. Die (Auf-)Lösung der problembehafteten Muster (B) geschieht im Rahmen des Interventionsprozesses über „*ritualähnliche Prozesse (Rückgabe, Rangfolge wiederherstellen, Segen geben etc.)*" (Kohlhauser&Assländer 2005:15). Hierbei wird über Sätze, Gesten oder

Männer- und Frauenreihen die „*Verbindung zu Kraftquellen*" hergestellt. Die dadurch nachvollzogen „*inneren Bewegungen*" sollen „*lösend wirken*" (Kohlhauser&Assländer 2005:15). Diese „*heilsame*[n] *Rituale*" (Sparrer 1999a) oder „*Übergangsrituale*" (Weber, Schmidt&Simon 2005:65) helfen, die „*Selbstheilungskräfte des Systems*" (Kohlhauser&Assländer 2005:14) zu aktivieren. Ob bei Aufstellungen von einer „*Fernwirkung*" (Weber, Schmidt&Simon 2005:6) auf nicht anwesende Systemmitglieder auszugehen ist, ist ein ungeklärter Diskussionspunkt. Mit Bezug auf das Konzept C wird von einem Raum ausgegangen, der sich „*durch das Erscheinen innerer Repräsentanzen mit bedeutungsvollen Orten und Plätzen*" (Kohlhauser&Assländer 2005:29) füllt. Aufgabe der Repräsentanten ist es, „*nachzufühlen, ob ein bestimmter Platz in einer aufgestellten Konstellation mit einem bestimmten Gefühl oder spezifischen Empfindungen aufgeladen ist*" (Weber, Schmidt&Simon 2005:17). Allein die Bezeichnung der repräsentierenden Wahrnehmung im Rahmen des Konzeptes D als „*Phänomen*" (Varga von Kibéd 2000:16) stellt die bedeutungsvollen Orte und das Spüren der Stellvertreter in den Kontext des Unerklärlichen. So wird das, was den „*Zugang zu dem Unbewussten zwischen uns*" (Varga von Kibéd 2000:20) erlaubt, dementsprechend als „*wissendes Feld*" (Varga von Kibéd 2000:20) bezeichnet. Während Aufstellungen zum einen als räumliche Sprache (E) metaphorisiert werden, wird im Rahmen einer Aufstellung auch sprachlich interveniert. Hier verwendet der Aufstellungsleiter „*kraftvolle rituelle Sätze*" (Kohlhauser&Assländer 2005:15; Weber, Schmidt&Simon 2005:34), die eine Verbesserung der Befindlichkeit herbeiführen sollen. Dem durch eine Aufstellung veröffentlichten inneren Bild (F) wird eine „*Kraft*" zugeschrieben, die sich „*in den Klienten entfalten kann*" (Weber, Schmidt&Simon 2005:34). Vom Schlussbild einer Aufstellung erhofft sich der Klient, dass es „*seine heilsame Wirkung im realen Leben entfalten*" wird (Kohlhauser&Assländer 2005:16). Dazu ist auch ein „*Vertrauen in die anleitende Kraft der inneren Bilder*" (Kohlhauser&Assländer 2005:16) vonnöten. Auch wenn sich in den Texten zur OA einzelne Verweise auf ‚mathematische' Aspekte der Methode finden – so wird die OA beispielsweise als *„Tool zur 360°-Simulation von Unterschieden"* (Kohlhauser&Assländer 2005:27) bezeichnet – überwiegen in den analysierten Texten dennoch sprachliche Bilder, die sich mit einem mystischen Weltverständnis verbinden lassen.

3 ZUSAMMENFASSUNG UND DISKUSSION

3.1 Vergleich der metaphorischen Konzepte mit den Hintergrundmetaphern

Vergleicht man das Ergebnis der systematischen Analyse der Metaphern, die das 30-seitige Workshop-Transkript auszeichnen, mit dem Eindruck, der aus der unsystematischen Sammlung der Hintergrundmetaphern in der allgemeinen Literatur zur OA entsteht, so fallen sowohl Gemeinsamkeiten als auch Diskrepanzen auf.

Tabelle 6 zeigt eine Gegenüberstellung der Konzepte der beiden Texte.

Metaphorische Konzepte des Workshop-Transkripts	Bemerkung	Hintergrundmetaphern der allgemeinen Literatur	Bemerkung
C Aufstellen ist Verborgenes herausholen und sichtbar machen	Sichtbar gemacht wird das implizite Wissen	A Verstehen ist Sehen	Liegt beiden ‚Texten' als Grundannahme zugrunde
		F Aufstellen ist innere Bilder veröffentlichen	Im Transkript bekannt, wird aber nicht explizit genannt
A Aufstellen ist in Bewegung bringen	Ziel der Intervention im Unternehmenskontext	B Probleme lösen ist Ordnung herstellen	Generelles Ziel einer Aufstellung
		C Plätze im System haben eine Qualität	Taucht auch im Transkript auf, wird aber nicht vertieft
		D Der Körper als Wahrnehmungsorgan	Taucht auch im Transkript auf, wird aber nicht vertieft
		E Aufstellungen sind eine räumliche Sprache	Im Transkript nicht bekannt
B Organisationen sind Gebilde	In der allgemeinen Literatur zur OA nicht relevant		
D Aufstellen ist Architektur und Handwerk	In der allgemeinen Literatur zur OA findet sich nur die Werkzeug-Metapher		
		G Der Zauber des Mystischen	Explizite Verweise auf ‚Zauber' und ‚Mystik' fehlen im Transkript

Tabelle 6: Vergleich der metaphorischen Konzepte mit den Hintergrundmetaphern

Eine Grundannahme der Aufstellungsarbeit scheint in beiden Fällen auf dem metaphorischen Konzept VERSTEHEN IST SEHEN zu basieren, so dass im Workshop-Transkript Aufstellungen als VERBORGENES HERAUSHOLEN

UND SICHTBAR MACHEN bezeichnet werden. Dieses Konzept beinhaltet auch die Vorstellung, Aufstellen sei ein VERÖFFENTLICHEN INNERER BILDER. In diesem metaphorischen Konzept entsprechen sich die untersuchten Texte. Das, was die OA sichtbar macht und ans Tageslicht bringt, wird im Workshop-Transkript als *„implizites Wissen"* bezeichnet – wie in Kapitel V.1 ausgeführt, handelt es sich hierbei um eine Metapher, deren Anschlussfähigkeit an einen rationalen Diskurs ausgesprochen hoch ist.

Das Hintergrundkonzept D DER KÖRPER ALS WAHRNEHMUNGSORGAN ist im Kontext der Fallstudie nicht unbekannt. Es taucht im Workshop-Transkript an einer Stelle auf: Die Stellvertreter „[...] *waren angehalten, sich voll auf die repräsentierende Wahrnehmung einzulassen, also ihren Körper als Resonanzkörper zur Verfügung zu stellen".* Dieses Bild wird jedoch nicht vertieft oder erklärt. Statt den Fokus auf den Körper als Sensor zu legen, wird das ‚unerklärliche Phänomen' der repräsentierenden Wahrnehmung als gegeben angenommen und nicht explizit thematisiert – das Wort ‚Phänomen' taucht dementsprechend im Workshop-Transkript nicht ein einziges Mal auf. Auch die Annahme, die Plätze in einer Aufstellung hätten eine bestimmte Qualität, wird im Workshop nicht explizit genannt. Ebenso werden Bezeichnungen mit Wortstämmen wie ‚Ritual', ‚Orakel', ‚Zauber', ‚Mystik', ‚Magie', ‚Heilung' nicht verwendet. Einzig der Bezug auf Bilder, *„die ja sehr kraftvoll sind",* wird zweimal hergestellt.

Das Workshop-Transkript zeichnet sich zum einen durch das weitgehende Fehlen von Metaphern aus, die dem ZAUBER DES MYSTISCHEN zugeordnet werden können. Gleichzeitig bekommt das analysierte Transkript seinen eigenen Charakter durch die Verwendung metaphorischer Konzepte, die in der Aufstellungs-Community bisher fremd sind. Das metaphorische Konzept B ORGANISATIONEN SIND GEBILDE findet sich in anderen Publikationen nicht, da die OA mit ihrer Anwendung in ‚stranger groups' noch immer überwiegend außerhalb des ‚Gebildes Organisation' stattfindet. Das Konzept A AUFSTELLEN IST IN BEWEGUNG BRINGEN ist dem Beratungskontext, innerhalb dessen die OA in der Fallstudie stattfindet, zuzuordnen. Hier zeigt sich eine Ausrichtung auf ein Vorwärtskommen, die in anderen Texten zur OA weniger vehement anzutreffen ist. Dieses Konzept ähnelt in gewisser Weise dem Konzept PROBLEME LÖSEN IST ORDNUNG HERSTELLEN, ist aber besser mit einer Unternehmensphilosophie zu vereinen, die an Fortschritt, Erfolg und Aufwärtsbewegung orientiert ist.

Als auffälligste und ,eigenwilligste' Metapher des Workshop-Transkripts kann das Konzept D, AUFSTELLEN IST ARCHITEKTUR UND HANDWERK gelten. Sprachliche Bilder, die diesem Konzept zuzuordnen sind, finden sich sehr wohl auch in der allgemeinen Literatur zur OA, so zum Beispiel in der Bezeichnung der OA als *„Werkzeug"* (Wiest 2000). Auch das in Aufstellerkreisen häufig zitierte Sprichwort Paul Watzlawicks *„Wer nur einen Hammer hat, sieht überall Nägel"* (Groth&Simon 2005:63) bringt die Methode der OA mit einem Werkzeug in Verbindung.[118] In der allgemeinen Literatur zur OA erschöpft sich diese Metaphorik jedoch im Bild des Werkzeugs – der Aspekt der Architektur ist in der unsystematischen Sammlung nicht aufzufinden. Gerade mit dieser Metapher gelingt es Berater und CEO der vorliegenden Fallstudie jedoch, Stabilität, Planbarkeit und Berechenbarkeit der Intervention mit der OA zu vermitteln. Während die Metapher der Architektur in der allgemeinen Literatur zur OA nicht anzutreffen ist, spielt sie in dem von Königswieser et al. (Königswieser&Exner 1999; Königswieser&Hillebrand 2007) vertretenen Ansatz der systemischen Organisationsberatung eine wichtige Rolle. Unterschieden werden drei zentrale Interventionsebenen als Kernprozesse systemischer Intervention: Architekturen, Designs und Werkzeuge.

> *„Die Architektur bildet den großen Rahmen des Beratungsprozesses vergleichbar der Struktur des Hauses. Die Designs sind mit der Inneneinrichtung, der Ausgestaltung der Räume zu vergleichen. Die Werkzeuge, die*

---

[118] Mit diesem Zitat wird unter Aufstellern immer wieder darauf verwiesen, dass sich die *„Werkzeugkiste"* der Berater nicht auf die Methode der OA beschränken dürfe, sondern je nach Problemstellung verschiedene *„Tools"* beinhalten müsse. Sonst verkomme die OA zum *„Allheilmittel"* (Groth&Simon 2005:63).

operative Interventionsebene, entsprechen den Installationen, Geräten und Werkzeugen im Haus." (Königswieser&Hillebrand 2007:54)

Architektur ist diesem Bild nach das übergreifende Gebäude, welches sicherstellt, dass die Werkzeuge einem vorher durchdachten Entwurf folgend eingesetzt werden. Die Architektur entspricht der Ebene der Gesamtplanung, Werkzeuge sind auf der operativen Ebene angesiedelt (Königswieser&Hillebrand 2007:56). Wie Königswieser & Exner betonen, steht die Bezeichnung ‚Architekt' für einen Baumeister, der *„Kunst, Technik und Wissenschaft"* (1999:47) vereint. Gute Architekten entwickeln gemeinsam mit dem Bauherrn ihre Entwürfe und berücksichtigen Rahmenbedingungen. Von der Begrifflichkeit her verwenden die Autoren die Bezeichnung ‚Architektur' für die *„Struktur und den Rahmen des Beratungsprozesses"* (Königswieser&Exner 1999:48). Die im Workshop-Transkript verwendete Metapher der Architektur steht auch für eine Intervention, die einer Gesamtplanung folgt und in einen umfassend durchdachten Entwurf eingebettet ist – eine Intervention, die viel Feingefühl erfordert, sich aber auch auf eine fundierte Ausbildung und technisches Können stützt.

3.2 Diskussion

Jede Innovation erfolgt durch eine neue Interpretation, durch eine neue Kontextualisierung oder Dekontextualisierung einer kulturellen Haltung oder Handlung.

Groys 1992:50

Bei der Anwendung der OA im Management-Team der FARINA bringen Berater und CEO ein Instrument auf eine Art zur Anwendung, die als innovativ gelten kann. Sowohl gegenüber den Managern, als auch gegenüber der Aufstellungs-Community muss die Innovation auf eine bestimmte Art kontextualisiert und angepasst werden. Der gängige Diskurs der Aufstellungs-Community, der – wie in Kapitel V.2 aufgezeigt – vom Zauber des Mystischen geprägt ist, muss auf den Kontext der FARINA abgestimmt werden. Denn „[j]*ede einzelne Innovation folgt [...] der ökonomischen Logik der Kultur selbst. In diesem Sinne ist jede Innovation eine Verkörperung dieser Logik, die die entsprechenden kulturellen Kriterien erfüllen soll"* (Groys 1992:63). Gemäß der Logik des Managements muss sich die OA einem rationalen Diskurs anpassen. Metaphern sind dabei laut Pondy (1983:163) eine hilfreiche Form, das Fremde in den Worten des Bekannten auszudrücken, mit der Nennung des Vertrauten gleichzeitig die bestehenden Werte zu bestärken und so Wandel zu ermöglichen.

Betrachtet man die verwendeten metaphorischen Konzepte im Rahmen der Fallstudie, so müssen diese aus Sicht des Managements vor allem eines erreichen: Das Aufstellen organisationaler Themen muss als Management-Handeln konstruiert werden, dessen Rationalität nicht in Frage gestellt wird. Das Durchführen einer OA muss als eine Praxis inszeniert werden, die zu ernstzunehmenden ökonomischen Ergebnissen führt – und das auf effiziente Art und Weise. Zur Widersprüchlichkeit der Rede über OA in Managementkontexten gehört dabei, dass sie gleichzeitig eine Semantik ökonomischer Kontingenz und Andersartigkeit, als auch eine Semantik ökonomischer Normalität hervorrufen muss. Sichtbar werden muss zum einen der ‚Mehrwert', den die OA dem Management liefern kann – wie etwa die Visualisierung impliziten Wissens, der auch ‚mystische' Praktiken willkommen sind. Zum anderen muss jede Rede über OA ihren ‚esoterisch' anmutenden Gehalt ablegen und die OA als sicher, verlässlich, handhabbar darstellen – d.h. als eine Methode, deren Anwendung sich mit ökonomischer Rationalität rechtfertigen lässt und insofern als ‚normal' akzeptiert wird (angelehnt an Stäheli 2006:30-38). Auf dem Spiel steht dabei ein diskursiver Entwurf, dem es gelingt, OA als eine in höchstem Maße rationale Methode darzustellen, welche Steuerbarkeit und Machbarkeit gewährleistet, während sie zugleich grenzüberschreitende Ergebnisse ermöglicht.

Die sprachliche Darstellung der OA durch Metaphern leistet also zweierlei: Zum einen macht sie die unbekannte Methode in ihrer Exklusivität und Andersartigkeit sichtbar. Das Irrationale der Methode darf nicht verleugnet werden; ihm wird bei der Entscheidung nicht-trivialer Fragen sehr wohl Potential zugemessen. Gerade Manager, die den rationalen Mythos aufrechterhalten müssen, sind gezwungen, auch unentscheidbare Fragen zu beantworten – und greifen hierbei gerne auf Irrationales zurück. So betont Kieser (1996:27) mit einem Zitat des Soziologen und Ökonom Thorstein Veblens „*Wenn nämlich ... außergewöhnliche Situationen auftreten und es folglich ganz besonders nötig wäre, sich voll und ganz an das Gesetz von Ursache und Wirkung zu halten, dann sucht das Individuum meist Zuflucht bei der übernatürlichen Macht*" (Veblen 1899/1986:274, zit. nach Kieser 1996:27). Gleichzeitig inszenieren die verwendeten Metaphern das vermeintlich esoterische Potential der OA so, dass die Rationalität der OA nicht aufs Spiel gesetzt wird. Der Manager als potentieller Aufstellungskunde muss in seinem Wunsch angesprochen werden, visionär Neues auszuprobieren, das einen qualitativen Unterschied gegenüber herkömmlichen Methoden verspricht. Das rationale Denken und Handeln des Managers darf dabei jedoch nicht in Frage gestellt werden. So geschieht ein doppeltes ‚framing' der OA als mystisch und dennoch rational. Auf den dahinter liegenden zwiespältigen Wunsch macht auch Abrahamson aufmerksam, wenn er darauf verweist,

"[...] that fashions gratify competing psychological drives for individuality and novelty, on one hand, and conformity and traditionalism, on the other. Applying this explanation to the realm of management fashion suggests that managers demand management fashion to appear individualistic and novel, relative to the mass of managers who are out of fashion. They maintain some measure of conformity and traditionalism, however, by using techniques used by other managers who are in fashion." (Abrahamson 1996:271)

Der Aspekt des Neuen, Individuellen, äußert sich bei der OA in der ‚mystischen' und unerklärlichen Seite. Diese macht einen Großteil des Reizes der Methode aus und darf nicht negiert werden. Gleichzeitig muss die Anschlussfähigkeit der Methode gewährleistet werden; der Manager darf in seinem Wunsch nach Konformität – der sich in unserer Kultur häufig in Rationalität ausdrückt – nicht enttäuscht werden.

Legitimation für eine Anwendung der OA ‚inhouse' muss jedoch nicht nur gegenüber den (potentiellen) Aufstellungskunden – den Managern – gewonnen werden, sondern ist auch innerhalb der ‚Szene' – und damit gegenüber anderen Aufstellungsleitern – von Bedeutung. Aufgrund der Diskussion bzgl. der Vertretbarkeit von ‚inhouse'-Aufstellungen mit den direkt Betroffenen[119], muss der Berater seine Expertise und das Reflektieren des eigenen, ungewöhnlichen Tuns beweisen, um gegenüber der Community nicht verantwortungslos zu erscheinen. Er tut dies mit dem Verweis auf eine – für die Verwendung der OA bisher unbekannte – *„Interventionsarchitektur"*, in welche die OA eingebunden ist. Aus Sicht der Aufstellungs-Community stellt das Konzept der Architektur eine Erweiterung des bisherigen Sprachgebrauches dar. Die OA kam bislang nur als *„Werkzeug"* zum Einsatz. Nun ist ihr Einsatz eingebettet in einen größeren, durchdachten Entwurf, der ein ‚Abdriften' in private Bereiche verhindert.

---

[119] Vgl. die Diskussion bzgl. ‚inhouse'-Aufstellungen in Kapitel III.1.2.

VI Die Übersetzungsleistung des Managements

In diesem Kapitel werden die Ergebnisse der Interviewauswertung nach der Basler Methode dargestellt und interpretiert.

Das Kapitel ist wie folgt aufgebaut:

- Wie wird ,Aufstellen im Management der FARINA' aus Sicht der Interviewten verstanden und definiert? Kapitel 1 stellt die Themen der Interviewten auf einer aggregierten Ebene dar.

- Welchen Unterschied macht die Arbeit mit der OA für die Organisation? Kapitel 2 zeigt auf, was der Einsatz der OA im Management der FARINA ermöglicht, wo aber auch Grenzen der Anwendung erlebt werden.

- Wie vollzieht sich der Eingang der OA in die FARINA? Kapitel 3 formuliert auf Grundlage der beiden empirischen Studien aus Kapitel V und VI Ergebnisse bzgl. der eingangs gestellten Forschungsfrage.

1 AUFSTELLEN IN DER FARINA AUS SICHT DER INTERVIEWTEN

Im Folgenden kommen die Themen der Interviewten auf einer aggregierten Ebene zur Darstellung. Um die Arbeitsschritte, die bei der Interpretation von den individuellen Themen zur aggregierten Themenlandschaft gegangen wurden, nachvollziehbarer zu gestalten, listet Abbildung 3 die individuellen Themen auf.[120] Gleichzeitig stellt eine Themenlandschaft (siehe

---

[120] Im folgenden Kapitel wird im Zuge der Dokumentation der Quellen immer wieder auf Abkürzung zurückgegriffen: I1 steht dabei für Interviewpartner 1. Folgt nach dem Doppelpunkt eine einstellige Nummer (bspw. I 1:2), so bezeichnet dies das Thema Nummer 2 der individuellen Themenlandschaft des Interviewpartners Nummer 1. Eine zwei- oder dreistellige Nummer nach dem Doppelpunkt gibt die genaue Zeilenangabe im Interview an (bspw. I1:325).
In Graphik 1 wird mitunter nur auf den Interviewpartner (bspw. I7), nicht aber auf dessen Thema verwiesen. Dies macht deutlich, dass das aggregierte Thema in dem

Abbildung 4) mehr da, als nur die Zusammenfassung der einzelnen individuellen Themen. Sie versucht, das entstandene Gesamtbild der Fallstudie abzubilden. Dieses ‚Ganze' ist dabei mehr als die Summe seiner Teile, so dass gewisse individuelle Themen mitunter diskriminiert werden, während andere – auch wenn sie nur bei einzelnen Interviewpartnern als eigenständiges Thema auftauchen – betont werden. Die entstandenen Themen A-E sind in der Landschaft über Verbindungslinien miteinander verbunden. Diese Linien zeigen Zusammenhänge auf, die jedoch nicht im Sinne einer Kausalität zu verstehen sind.

Interview dieses Befragten nicht als individuelles Thema zu finden ist. Ein Kriterium, um als Thema einer individuellen Themenlandschaft zu gelten, ist die mindestens dreimalige Nennung oder Variation der Aussage über das gesamte Interview hinweg.

Individuelle Themen

Aggregierte Themen

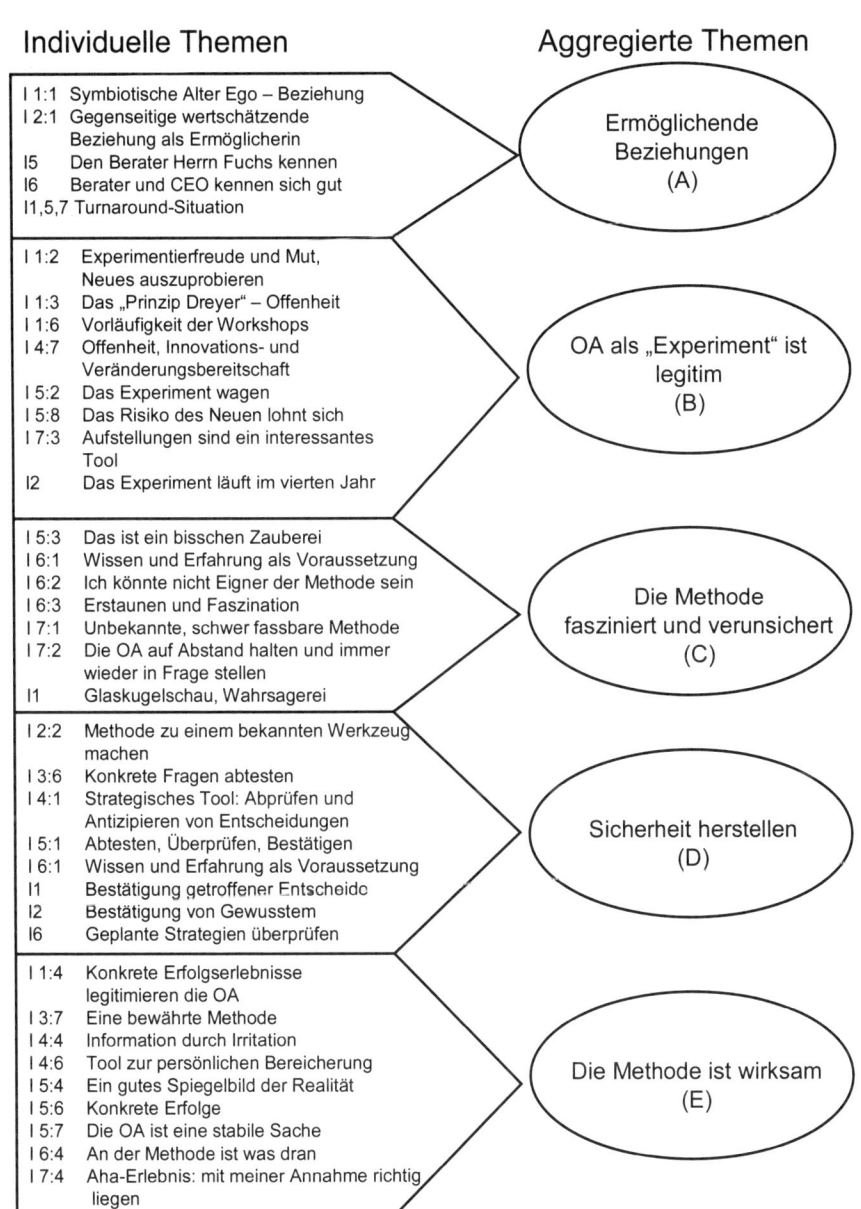

I 1:1	Symbiotische Alter Ego – Beziehung
I 2:1	Gegenseitige wertschätzende Beziehung als Ermöglicherin
I5	Den Berater Herrn Fuchs kennen
I6	Berater und CEO kennen sich gut
I1,5,7	Turnaround-Situation

Ermöglichende Beziehungen (A)

I 1:2	Experimentierfreude und Mut, Neues auszuprobieren
I 1:3	Das „Prinzip Dreyer" – Offenheit
I 1:6	Vorläufigkeit der Workshops
I 4:7	Offenheit, Innovations- und Veränderungsbereitschaft
I 5:2	Das Experiment wagen
I 5:8	Das Risiko des Neuen lohnt sich
I 7:3	Aufstellungen sind ein interessantes Tool
I2	Das Experiment läuft im vierten Jahr

OA als „Experiment" ist legitim (B)

I 5:3	Das ist ein bisschen Zauberei
I 6:1	Wissen und Erfahrung als Voraussetzung
I 6:2	Ich könnte nicht Eigner der Methode sein
I 6:3	Erstaunen und Faszination
I 7:1	Unbekannte, schwer fassbare Methode
I 7:2	Die OA auf Abstand halten und immer wieder in Frage stellen
I1	Glaskugelschau, Wahrsagerei

Die Methode fasziniert und verunsichert (C)

I 2:2	Methode zu einem bekannten Werkzeug machen
I 3:6	Konkrete Fragen abtesten
I 4:1	Strategisches Tool: Abprüfen und Antizipieren von Entscheidungen
I 5:1	Abtesten, Überprüfen, Bestätigen
I 6:1	Wissen und Erfahrung als Voraussetzung
I1	Bestätigung getroffener Entscheide
I2	Bestätigung von Gewusstem
I6	Geplante Strategien überprüfen

Sicherheit herstellen (D)

I 1:4	Konkrete Erfolgserlebnisse legitimieren die OA
I 3:7	Eine bewährte Methode
I 4:4	Information durch Irritation
I 4:6	Tool zur persönlichen Bereicherung
I 5:4	Ein gutes Spiegelbild der Realität
I 5:6	Konkrete Erfolge
I 5:7	Die OA ist eine stabile Sache
I 6:4	An der Methode ist was dran
I 7:4	Aha-Erlebnis: mit meiner Annahme richtig liegen

Die Methode ist wirksam (E)

Abbildung 3: Übersicht über individuelle und aggregierte Themen

Darstellung in Anlehnung an Endrissat 2008:152

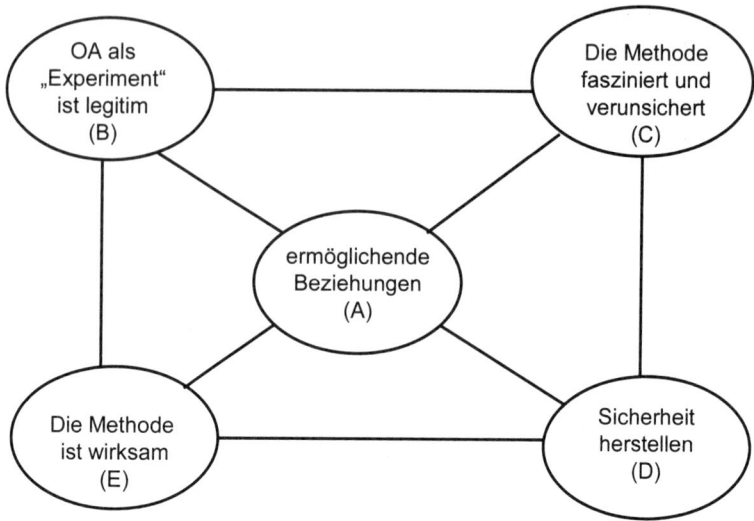

Abbildung 4: Aggregierte Themenlandschaft der Interviews

Thema A: Ermöglichende Beziehungen

Betrachtet man den Zeitpunkt der Einführung der OA in die FARINA, so fällt die Turnaround-Situation auf, in der sich die Firma damals befand.

> *„Das ist eine Turnaround-Situation gewesen, die der Herr Dreyer da antraf. Es war nicht einfach – war ein bisschen schwierig."* (I7:58-60)

> *„Die FARINA ist damals in einer sehr schwierigen Situation gewesen. Sowohl führungsmäßig wie finanziell."* (I1:65-66)

Diese Krisensituation, aber auch die spezifische Konstellation der engen Verbundenheit von CEO und Berater sowie die Tatsache, dass sich mit CEO und CFO der FARINA zwei Autoritäten und Experten für die OA aussprechen, ermöglicht die Anwendung der unbekannten Methode. Aus Sicht des CEOs war diese Krisensituation für die Einführung der neuen

Methode hilfreich, da alle Beteiligten eine Notwendigkeit für Veränderungen sahen und insofern eine Akzeptanz bzgl. neuer Ideen vorherrschte[121]:

> *„Es war natürlich auch insofern ein bisschen einfach* [die OA einzuführen, A.B.], *da wir in einer Turnaround-Situation standen. Es lastete auch eine große Erwartung auf mir, dass man sagte: ‚Hey, der muss es machen.' Von daher wurde zumindest alles, was ich am Anfang präsentierte, akzeptiert und man sagte: ‚Jawohl, wir machen und wir wollen ja Veränderung hinbekommen.'"* (I5:96-100)

In einer Situation von großer Unsicherheit und Veränderung wird an den neuen CEO die Erwartung herangetragen, er als ‚change agent' müsse ‚es machen'. Die von dem CEO ausgestrahlte Autorität wird akzeptiert und seine neuen Ideen werden dankbar aufgenommen. Die ersten Erfahrungen mit der Methode der OA konnten CEO und CFO der FARINA im Rahmen eines ‚offenen' Seminars unter der Leitung von Herrn Fuchs sammeln. Herr Dreyer und sein Finanzchef waren zu dieser Zeit noch gemeinsam in einer anderen Firma tätig. Herr Dreyer beschreibt seinen ersten Kontakt mit der OA folgendermaßen:

> *„Das war im Rahmen eines* […] *offenen Seminars mit Emil Fuchs. Er hatte mich vorher unter dem Vorwand eingeladen: ‚Ja, ich mache da etwas ganz Neues, das interessiert dich vielleicht.' Das hat sich dann irgendwie gut getroffen, dass ich hingegangen bin, mehr aus ‚Gwunder'* [Neugierde, A.B.], *als aus Überzeugung, dass das jetzt wirklich etwas Wesentliches ist. Auf der anderen Seite kannte ich Emil Fuchs schon vorher und dachte, der empfiehlt mir nicht irgendetwas."* (I5:10-23)

Der erste Kontakt der beiden Manager mit der OA kam auch aufgrund einer bereits bestehenden, vertrauensvollen Beziehung zum Berater Herrn Fuchs zustande. Dass Beziehungen während dieses ersten Seminars von besonderer Bedeutung waren, zeigt auch das Zitat des CFOs.

---

[121] Wie Wimmer (1999:176) betont, müssen die Befürchtungen, die mit der anstehenden Veränderung – in diesem Fall der Einführung der OA – verknüpft sind, durch ein Aufzeigen des deutlich größeren Risikos der Nichtänderung überwunden werden. Dafür ist es Voraussetzung, dass das Bedrohungspotenzial, das in einer Fortführung der bisherigen Erfolgsmuster steckt, plausibel gemacht werden kann. In der FARINA wurde die aktuelle Lage sicherlich als drastisch wahrgenommen – eine existentielle Dringlichkeit für eine Veränderung konnte der CEO vermitteln.

„ Wir haben [an diesem Seminar, A.B.] *zufällig noch eine Person getroffen, die wir auch schon kannten […]. Es gab dann so etwas wie die große Verbrüderung zwischen uns vieren; also zwischen ihm, Herrn Fuchs, Herrn Dreyer und mir. Also von dem her ganz positive Erinnerungen. "* (CFO:39-44)

Die Begegnung zwischen den vier Personen wird als Verbrüderung und als positive Erinnerung beschrieben. Hierbei ist vor allem das Verhältnis zwischen CEO und Berater von Anfang an von einem gegenseitigen Vertrauen und dem Wissen geprägt, dass man sich auf den anderen verlassen kann. Dies schildert auch der Berater in seiner Erzählung über Christoph Dreyer:

„[Während des Beratungsmandates in der früheren Firma, A.B.] *habe ich den Christoph Dreyer kennen gelernt und auch schätzen gelernt. Und das war auch umgekehrt so. "* (I2:34-35)

„Ich denke, das Vertrauen von Christoph zu mir ist ungebrochen und sehr groß. Ich weiss nicht, wie die GL zur Aufstellungsarbeit und zu diesen Halbtagen steht. Ich denke, da gibt es Unterschiede. […] Aber ich glaube, ganz wichtig ist der gute Kontakt zwischen mir und Christoph. Das ist eine sehr stabile Achse, die auch ermöglicht hat, über diese Jahre dieses Verfahren durchzuziehen und diese Erfahrungen zu sammeln. " (I2:206-217)

In dem Interview des Beraters erscheint die Beziehung zwischen ihm und dem CEO als ermöglichender Faktor für die mehrjährige gemeinsame Arbeit. Diese stabile Achse erlaubt es Herrn Fuchs, die Methode der OA in einem Unternehmen ‚inhouse' anzuwenden und mit dieser noch ungewöhnlichen Arbeitsform Erfahrungen zu sammeln. Für die GL ist die enge Beziehung zwischen CEO und Berater sichtbar: *„Herr Dreyer kennt Herrn Fuchs auch sehr gut aus seiner früheren Tätigkeit"* (I6:250-251).

Das Plädoyer des CEOs in der GL für die Arbeit mit der unbekannten Methode wird unterstützt von dem neuen Finanzchef, der das offene Seminar ebenfalls besucht hatte und nun von der Arbeit mit der OA im Managementkontext überzeugt ist: *„Herr Dreyer und ich, wir waren beide überzeugt, dass* [die OA, A.B.] *etwas bringt. Wir sind vielleicht auch generell offen für so spezielle Sachen, die über das Management im engeren Sinn hinausgehen"* (CFO:61-63). Die erste Aufstellung in der GL der

FARINA stellt denn auch der CFO als Themenowner auf. Aufgestellt wurde hierbei das Verhältnis der GL zu Kader und Mitarbeitern der FARINA.

> *„Dann haben wir gesagt, der Herr Bauer stellt dann mal auf, wie er die Situation in der FARINA bezüglich der Frage sieht, wo steht die Geschäftsleitung, wo steht das Kader, wo stehen die Mitarbeiter. Ich habe dann einfach locker vom Hocker die Leute hingestellt. Nachher kam dann das Feedback: ‚Genau so ist es.‘ Das hat natürlich Eindruck gemacht.“*
> (CFO:69-80)

Der erste Kontakt der GL mit der neuen Methode überzeugt auf mehreren Ebenen. Zum einen erlebt die GL hier, dass die Aufstellung ihren organisationalen Alltag abbilden kann (vgl. Thema E) und sie in ihren Entscheidungen bestätigt (vgl. Thema D). Darüber hinaus wurde die Aufstellung von dem Finanzchef geleitet, eine Funktion, die als Inbegriff von Rationalität, Kalkulation und betriebswirtschaftlich verlässlichen Entscheidungen steht. Wenn selbst der CFO eines Unternehmens für eine Methode plädiert, die über das Management im engeren Sinne hinausgeht und diese als vertrauenswürdig darstellt, so schafft dies Legitimation. Die unbekannte und schwer zu erklärende Methode der OA wurde in der GL der FARINA von drei Personen präsentiert, die in ihrer Funktion und durch ihr Fachwissen als Autoritäten und Experten wahrgenommen werden. Ihnen kann Expertentum und Entscheidungssicherheit attribuiert werden, so dass die Zustimmung, bei einem solchen *„Experiment“* mitzumachen, leichter fällt.

Thema B: OA als „Experiment“ ist legitim

Das Vorgehen, welches der CEO vorschlägt, ist ein ungewöhnliches und ‚experimentelles‘. So stellt er die neue Methode in der GL denn auch mit den Worten vor: *„Hört mal, ich hätte da eine Methode, mit ein bisschen experimentellem Charakter, aber ich bin persönlich davon überzeugt. Ich konnte das im Rahmen eines Seminars schon ausprobieren und ich würde das gerne in der FARINA einsetzen“* (I5:84-87). Das Label des Experimentellen haftet der OA auch in dem Interview des Beraters an. Dieser hat große Erfahrung im Leiten von Aufstellungen in ‚stranger groups‘. Die Arbeit ‚inhouse‘ ist in dieser Form für ihn jedoch neu. Daher bezeichnet er die gemeinsame Arbeit als *„Experiment, das jetzt im vierten Jahr läuft"* (I2:92) und verlangt für das erste Jahr seiner Beratungstätigkeit keine Entlohnung. Die Arbeit mit der OA ‚inhouse' wird von den ‚Vätern' der OA – wie Gunthard Weber – als schwierig beschrieben. Für Herrn Fuchs war der Mut zu dieser Form der Arbeit ein Stück weit

> *„[...] der Mut des Verzweifelten. [...] Ich kann mich dann noch genau erinnern, dass ich mir einen Ruck geben musste, weil ich von Gunthard Weber und anderen* [Aufstellungsleitern, A.B.] *immer wieder gehört hatte, dass es nicht geht, mit Betroffenen zu arbeiten. Ich sagte dann: ‚Okay! Zwar sagen meine Lehrer es geht nicht, aber lass es uns mal probieren [...].'"* (I2:118-130)

Die Anwendung der OA im Managementteam der FARINA stellte zu Beginn ein doppeltes Experiment dar: Weder der Berater noch die Führungskräfte konnten bei dieser Art der Zusammenarbeit auf bereits gemachte Erfahrungen zurückgreifen. Die Situation ist für beide Seiten unbekannt. Wie in dem Interview eines GL-Mitgliedes sichtbar wird, versteht sich die GL der FARINA als ein Gremium, das Experimenten gegenüber sehr offen eingestellt ist – ein idealer Rahmen für den Berater:

> *„Dann beschrieben CEO und Finanzchef kurz, was sie an dem Aufstellungsseminar gemacht haben und dann diskutierte man bei uns: ‚Interessiert euch das? Wäre das etwas?' Da wir ein relativ offenes Gremium sind, eigentlich für alle Experimente, haben wir gesagt: ‚Ist gut. Komm, wir schauen uns das einmal an.'"* (I4:19-26)

Beim Lesen der Interviews und Dokumente gewinnt man den Eindruck, dass Offenheit für Experimente in der FARINA als positive Eigenschaft gesehen wird. In der FARINA herrscht eine Kultur, die das Ausprobieren erlaubt:

> *„Also in der FARINA können Sie fast alles ausprobieren."* (I4:554)

> *„Es ist ein offenes Klima, in dem man einen Haufen Ideen verwirklichen kann. Das passt schlussendlich auch zu der Strategie: Ein innovatives Unternehmen muss relativ viel zulassen, muss relativ viel ausprobieren. Muss eben aber auch sagen: Das ist es nicht gewesen, vergessen wir es wieder."* (I4:562-566)

Die Bezeichnung der OA als Experiment fügt sich in die innovative Kultur der FARINA und begünstigt ein unkompliziertes Vorgehen. Von einem Experiment wird nicht erwartet, dass man vorher bereits weiss, ob es funktioniert. Das Austesten der Grenzen ist Bestandteil des Versuchs. Unter diesen Vorzeichen ist es legitim, Neues einfach auszuprobieren und sich dem Ganzen unvorbereitet zu nähern. Funktioniert das Vorhaben nicht, so wird es als misslungenes Experiment mit Erfahrungswert beendet. Ein Experiment ist somit ein Versuch, der nicht scheitern kann – im schlimmsten Falle stellt sich heraus, dass das geplante Vorhaben doch nicht umzusetzen ist und anders angegangen werden muss.

Die Bezeichnung des Experimentes wird auch im späteren Verlauf der gemeinsamen Aufstellungsarbeit immer wieder verwendet, um neue Aufstellungsformen auszuprobieren. Die Offenheit der Manager für neue Aufstellungsformen bezieht sich nicht nur auf die Einführungsphase der neuen Methode, sondern wird mit zunehmender Erfahrung mit der OA teilweise so groß, dass es dem Berater zu weit geht. Er befürchtet, eine gewisse Form der Anwendung, wie sie in der FARINA mitunter praktiziert wird, ginge bereits in den Bereich des Esoterischen. Für die Manager der FARINA dagegen ist ihr Umgang mit der OA keineswegs esoterisch, sondern geprägt von Experimentierfreude und der Frage, wie weit man damit gehen kann:

> *„Im letzten Jahr gab es manchmal so Aussagen, dass nachher auch Herrn Fuchs ein wenig unwohl geworden ist. ‚Hey jetzt müsst ihr aber aufpassen, dass es nicht zu …' – wie soll ich dazu sagen? fast ‚…zu esoterisch wird.' Für uns war es einfach ein bisschen Experimentieren: ‚Geht das auch noch?'"* (I1:224-229)

Eine Aufstellung des Budgets, bei der verschiedene Größen des Finanzplans – wie Umsatz, Materialkosten oder EBIT – mit der Frage aufgestellt wurden, ob man an alles gedacht hätte, bezeichnet der CEO als

> *„[…] bewusst experimentelle Sachen […]. Wir stellten das Budget auf: Umsatz, Kosten, Ertrag. Dort sagten wir im Voraus: ‚Wir wissen nicht, ob es funktioniert. Eine Organisationseinheit, in der Menschen drinnen sind, das mag ja noch gehen, aber so etwas Abstraktes und Trockenes wie ein Umsatz, wie kommt eigentlich das heraus?' Auch dort hat sich Erstaunliches*

gezeigt. Die Organisationsaufstellung zeigte auf, dass Materialkosten falsch liegen. " (I5: 188-192)

Eine unerklärliche, noch nicht legitimierte Methode wie die OA findet ihren Weg in die von Rationalität geprägte Welt des Managements sehr viel leichter unter der Rhetorik des Experiments. Die Wahrscheinlichkeit des Widerstandes gegenüber einem zunächst einmaligen Experiment ist geringer als bei der Einführung einer permanenten Einrichtung. Darüber hinaus wird mit dieser Bezeichnung offen deklariert, dass man die Methode nicht in allen Zügen kennt und ihr Nutzen noch nicht benannt werden kann. Gleichzeitig besteht bei einem solchen Versuch die Hoffnung, dass die unbekannte Methode Lösungsmöglichkeiten aufzeigt, an die man vorher nicht gedacht hat und somit Unvorstellbares ermöglicht. Der Schritt zu einem Experiment ist ein niedrigschwelliger. Das Scheitern ist nicht als Misserfolg, sondern als akzeptierter Teil des Versuches zu werten – schließlich werden Experimente mit dem Ziel durchgeführt, auf diese Art die Zusammenhänge besser kennen zu lernen – und dazu gehören auch die Grenzen der Methode. Das Risiko scheint in diesem speziellen Fall sehr gering zu sein. Mit CEO und CFO sprechen sich zwei verlässliche Vertreter für die Methode aus, die beide bereits Erfahrung damit gesammelt haben. Die Tatsache, dass der Berater für das erste Jahr der Zusammenarbeit keine Entlohnung verlangt, nimmt dem Unternehmen das finanzielle Risiko des Versuchs und erlaubt gleichzeitig einen schnellen und unkomplizierten Start in das Projekt.

Liest man den Kontrakt zwischen CEO und Berater, so überrascht die Geschwindigkeit, mit der die Kooperation begann: Der Vertrag bezieht sich auf das zweite Jahr der gemeinsamen Arbeit. Da das erste Beratungsjahr der Firma nicht in Rechnung gestellt wurde, verzichtete man auf eine vertragliche Regelung und begann die Zusammenarbeit mit mündlicher Vereinbarung direkt nach der Präsentation der Methode und der Abstimmung in der GL. Auch in den Worten des CEO klingt das mündliche Abkommen zu der gemeinsamen Arbeit mit dem Berater sehr spontan und offen für Experimente. Er erinnert sich, wie er in der ersten Zeit als CEO von dem Berater angesprochen wurde:

> „‚Hör mal, du weisst, ich biete dir die offenen Kurse an. Aber was ich gerne hätte, wäre in die Firmen herein zukommen und dort zu ganz konkreten Ideen oder Anliegen zu arbeiten. Du bist jetzt in einer neuen Funktion. Es ist eine Turnaround-Situation. Du wirst immer knapp sein mit Informationen und dem Wissen um Zusammenhänge. Wäre das nicht etwas?' Auf der einen Seite fand ich es gut und auf der anderen Seite zögerte ich noch. Dann kam er von sich aus und sagte: ‚Hör mal, jetzt machen wir einen Deal. Das ist auch für mich neu. Ich komme, das Ding passiert gratis, und wenn du am Ende des Jahres zufrieden bist, zahlst du mir das, was du für richtig hältst. Und wenn du das Gefühl hast, das stimmt für dich nicht, dann musst du auch nichts zahlen. Denn dann hören wir ja sowieso auf.' Und so sind wir in das Experiment eingestiegen." (I5:65-74)

Auffällig an diesem Zitat ist die Wortwahl. Gesprochen wird von einem „Ding", einem „Deal" oder an anderer Stelle auch von „Spielregeln" für das „Experiment". Stets gewinnt man den Eindruck, die Anwendung der OA sei keine große Sache und das Risiko – des finanziellen oder sonstigen Scheiterns – kaum vorhanden. Darüber hinaus sichert der CEO dem Gremium jederzeit die Möglichkeit zu, „auszusteigen": „Also wenn ihr alle kommt und sagt, das ist nichts, da machen wir nicht mehr mit – dann brechen wir ab" (I5:91-92). Von diesem Angebot wurde in der FARINA kein Gebrauch gemacht, und man gewinnt als Außenstehender den Eindruck, dass ein Stoppen des Versuchs sehr viel Aktivität und Entscheidungskraft bräuchte.

Auch wenn die Bezeichnung des Experimentes in den Interviews der Manager häufig sehr positiv konnotiert wirkt, lässt der anhaltende Verweis auf die experimentelle Natur der OA die Frage aufkommen, warum eine seit vier Jahren kontinuierlich angewendete Methode noch immer mit einem vorläufigen Versuch in Verbindung gebracht wird. Hier zeigt sich die Rhetorik des Experimentellen: die OA wird damit als momentaner Versuch und nicht als dauerhafte Einrichtung eingeführt. Dennoch wird das scheinbar ‚Vorübergehende' zu einer Art Institution, deren Beendigung einer bewussten Entscheidung bedürfte. Gleichzeitig kann man die Methode der OA in der FARINA trotz ihrer langen Durchführung noch nicht als verankert betrachten. Dies macht die Bezeichnung der OA als *„Versuchs-kaninchen"* durch einen Interviewpartner deutlich: *„Obwohl* [die Einfüh-rung der OA, A.B.] *jetzt schon einige Jahre her ist, schaue ich* [die OA, A.B.] *noch immer als Versuchskaninchen an"* (I7:160-161). Punktuell be-trachtet bedeutet das: *„Die Methode ist soweit bei uns akzeptiert"* (I6:39). Die längerfristige Arbeit mit der OA steht jedoch immer wieder zur Dis-kussion:

> *„In der Diskussion heute ist schon* [die Frage, A.B.] *gekommen: ‚Brauchen wir Aufstellungen jetzt auf Dauer? Oder war das eine Krücke, um aus der schwierigen Situation 2002 herauszukommen?' Dort stehen wir jetzt ein bisschen."* (I1:107-109)

> *„Es mag sein, dass mit der Zeit – also im letzten Jahr – eine gewisse Müdig-keit herein gekommen ist: ‚Wollen wir jetzt noch weiterfahren?'"* (I1:248-251)

Der experimentelle Status der OA ist eng verknüpft mit der unerklärbaren Funktionsweise der Methode.

Thema C: Die Methode fasziniert und verunsichert

Die OA ist eine Methode, deren Wirkmechanismen unerklärt sind. Das Basisphänomen der repräsentierenden Wahrnehmung ist nicht wissen-schaftlich zu begründen. Ebenso sind Wirksamkeit oder Nutzen der Metho-de *„relativ schwierig zu verifizieren"* (I6:28). Die Methode löst bei den In-terviewpartnern sowohl Faszination, Erstaunen und Begeisterung, als auch Unbehagen und Unsicherheit aus. In den Interviews werden die Aspekte des Verblüffenden aber auch Beängstigenden mit der Frage in Verbindung gebracht, ob es sich bei der OA um eine ‚esoterische' Praktik handelt:

> *„*[Die erste Aufstellung, A.B.] *war noch verblüffend. Man hat auch ein biss-chen versucht zu sagen: ‚Was ist es denn?'. Was aber – logischer Weise – ein bisschen schwierig ist. Ich habe mir dann auch versucht vorzustellen, ‚Was ist es denn?'. Für mich ist das noch ein ganz wichtiger Punkt gewe-sen: Wenn es irgendetwas Esoterisches gewesen wäre, dann hätte ich mich ausgeklinkt; also das mache ich nicht mit. Aber das schien mir dann nicht so. [...] Man hat sich da einfach einmal so Schritt für Schritt hineinbege-ben; ein bisschen vorsichtig und dann ein bisschen weniger vorsichtig."* (I7:12-22)

Die GL lässt sich auf das Experiment OA ein und erlebt die faszinierende Seite der Methode:

„Ich repräsentierte die Kosten, und ich fühlte mich in dieser Aufstellung wirklich nicht sehr gut. Das finde ich einfach – ja es ist ein Wahnsinnserlebnis, oder? Man wird aufgestellt und beginnt sich dann unwohl zu fühlen und nicht dazugehörig. Warum entsteht das? Das ist Wahnsinn." (16:96-100)

Als beeindruckend wird zum einen das Phänomen der repräsentierenden Wahrnehmung beschrieben: Kaum steht man stellvertretend in einer Rolle, reagiert der Körper auf eine besondere, bisher nicht erlebte Art und Weise. *„Erstaunlicher"* (I5:193) als die eigene Körperresonanz ist jedoch das Erleben, dass Aufstellungen Ergebnisse liefern, die man nicht für möglich gehalten hätte und die darüber hinaus auf Fehler verweisen, die ohne die OA womöglich unentdeckt geblieben wären. So wird in mehreren Interviews die Aufstellung des Budgets genannt, bei der sich Erstaunliches zeigte:

„Die Organisationsaufstellung zeigte auf, dass Materialkosten falsch liegen. Trotzdem standen sowohl der Umsatz als auch der Ertrag, also der EBIT, sehr stabil. Schlussendlich stellten wir fest, dass wir im System falsch gepflegte Rohstoffkosten hatten. Wir hatten Preise pro Gramm und nicht Preise pro Kilo drinnen. Das ist natürlich Faktor tausend. Der Finanzchef ging dann auf seinen Controller zu und sagte: ‚Hey, schau mal die Rohstoffpreise an. Da stimmt irgendetwas nicht.' Der Controller wusste nicht, dass sein Chef das als Input aus der Organisationsaufstellung mitgebracht hat. Einen Tag später kam er ganz verdattert und sagte: ‚Ja, wir haben dort wirklich ein Problem. […] Aber jetzt würde ich gerne wissen: Wie hast du das herausgefunden? Das ist ein bisschen Zauberei.'" (I5:193-205)

Das Erlebnis, dass eine Aufstellung auf ein Defizit hinweisen kann, an welches keiner dachte, wirkt zum einen wie Zauberei. In ihrer Unerklärlichkeit birgt die OA aber auch die Hoffnung auf Lösungen und Erkenntnisse, die mit anderen Methoden nicht – oder nur sehr aufwändig – zu erlangen wären. Der ‚esoterische' Aspekt der OA ist somit nicht nur beängstigend und unerwünscht, sondern wird auch ein Stück weit als faszinierend erlebt. Faszination und Unbehagen liegen in der FARINA jedoch nah beieinander. Irrationalität und Unerklärlichkeit führen für einige Mitglieder der GL zu Unsicherheit im Umgang mit der OA.

„Ich bin ziemlich Naturwissenschaftler. Und wenn ich eine neue Methode kennen lerne, dann interessiert mich immer: ‚Wie funktioniert das? Was sind die Mechanismen? Was ist der Anwendungsbereich? Was sind die Stärken? Was sind die Schwächen? Wo funktioniert es nicht? Wo muss ich aufpassen?' Da habe ich ein bisschen Probleme mit der Methode." (I6:30-34)

Der Nutzen der Methode sowie der richtige Umgang mit dem Instrument sind für diesen Interviewpartner nicht eindeutig geklärt. Für den eigenen aktiven Umgang mit der OA fühlt sich dieser Interviewpartner zu wenig informiert. *„Ich mache gerne mit, aber ich könnte das nicht supporten. Da hätte ich Schwierigkeiten. Dafür müsste ich mich noch intensiver damit beschäftigen"* (I6:57-58). Das nötige Know-how wäre seiner Meinung nach vielleicht durch Literatur zu erlangen, die Notwendigkeit dafür liegt jedoch nicht auf der Hand, solange mit Berater und CEO zwei verlässliche Experten die Methode in der FARINA betreuen. Für den genannten Interviewpartner ist es nicht vorstellbar, selbst *„Eigner"* der Methode zu sein:

„Ich stehe hinter der Methode. Ich finde es gut, dass wir das hier machen. Ich mache gerne mit. Ich finde auch die Resultate – die verblüffen mich immer. Aber aus den genannten Gründen – weil ich die Methode nicht fassen kann, weil ich die Mechanismen nicht kenne, weil ich die Stärken, die Schwächen, das Anwendungsgebiet nicht kenne – fühle ich mich unsicher und könnte nicht der Eigner der Methode sein. Ich könnte nicht die Person sein, die diese Methode in der Firma treibt." (I6:47-53)

Der Aspekt der Verunsicherung im Umgang mit der Methode bleibt auch nach vier Jahren der regelmäßigen Anwendung bestehen. Obwohl die Ergebnisse der Aufstellungen überzeugen, hat das Experiment nicht dazu gedient, die Unerklärlichkeit der Methode zu beseitigen. Daher kommt von den Interviewpartnern die Äußerung, das Tool OA auf Abstand zu halten und regelmäßig in Frage zu stellen.

„Grundsätzlich habe ich mich mit dem Thema nicht wahnsinnig auseinandergesetzt. Wahrscheinlich auch weil ich das Thema immer ein bisschen auf Abstand halten wollte, so dass ich es anschauen kann, oder dass ich den Blick darauf habe, damit ich auch weiss, was ich mache." (I7:310-313)

„Aufstellung ist ein interessantes Tool. Es ist aber auch kein einfaches Tool. Es funktioniert jetzt in der FARINA recht gut, aber irgendwie mache ich mir immer wieder Gedanken, ob es richtig ist, oder ob es nicht richtig ist, ob

man das sollte, oder nicht sollte und vor allem was wir damit machen. Das
sind so die Fragen, die ich mir regelmäßig wieder stelle." (I7:135-140)

Trotz der gesammelten positiven Erfahrung bleibt die Sorge bestehen, die
OA könne Wahrsagerei und Glaskugelschau sein:

> *„Wir haben auch aktuell durchaus wieder Punkte, wo ich sage, vielleicht*
> *kommen wir da mit einer Aufstellung weiter. Wobei es ist vielleicht auch ein*
> *bisschen die Frage reingekommen: ,Ja, wo könnte das hinführen?' Dass es*
> *dann – also ich sage jetzt nicht ,Glaskugel schauen' oder ,Wahrsagerei',*
> *aber einfach: ,Kann es das sein? Kann man wirklich so weit gehen?'"*
> (I1:260-265)

Legitimation ist für die Anwendung der OA auch nach vier Jahren nötig –
die Rhetorik des Experimentellen wird daher weiterhin aufrechterhalten.
Während der Eingang der instrumentellen Innovation der besonderen Konstellation einer Turnaround-Situation zuzuschreiben ist, in welcher verlässliche Personen (Experten) die Anwendung der OA vertreten, begründet
sich die fortlaufende Anwendung der Methode auch darauf, dass die OA
als Experiment eine optimale Form gefunden hat. Da der Status des Experimentellen von allen Seiten aufrecht erhalten bleibt, muss eine Legitimation
nie endgültig, sondern stets nur für den nächsten Schritt erfolgen.

Thema D: Sicherheit herstellen

In scheinbarem Gegensatz zu der Unsicherheit, die die Unerklärlichkeit der
OA noch immer auslöst, steht das Thema ,Sicherheit herstellen'. Dieser
Aspekt hat verschiedene Ausprägungen: Zum einen geschieht die Anwendung im Unternehmen unter gewissen Vorzeichen, die auf die GL Sicherheit generierend wirken. Zum anderen dient die OA dem „Abtesten" konkreter Fälle und stellt somit als Entscheidungsoperator selbst Sicherheit
her.

Die Anwendung der unerklärlichen Methode ist bei einigen GLM von
der Sorge geprägt, die Stärken, Schwächen, Mechanismen und Anwendungsbereiche der Methode nicht genau zu kennen. Die OA wird von den
GL-Mitgliedern als eine Methode erlebt, die sehr viel Fachwissen benötigt.

Herr Fuchs wird hier als Experte gesehen, auf dessen Wissen man sich stützen kann.

„[Aufstellungen, A.B.] in einer Firma zu machen, ist für den Leitenden, also für Herrn Fuchs bei uns, schon sehr, sehr anspruchsvoll. Das müssen wirklich hervorragende Leute sein, sonst kommen sie einmal, also das erste und das letzte Mal. Die werden dann gerade verrissen. " (I1:363-367)

Mit Herrn Fuchs hat man einen Berater gefunden, der die Methode beherrscht und für einen sinnvollen und sicheren Verlauf der Aufstellungen sorgt:

„Emil Fuchs versucht das auch immer ein bisschen zu steuern. Er weiss natürlich aus Erfahrung, wo die Aufstellungen wenig bringen und wo sie eher etwas bringen, und dann versucht er [die Fragen, A.B.] *so zu formulieren, dass es ein sinnvolles Resultat gibt. "* (I6:185-187)

„Wir geben immer eine Aufgabenstellung voraus und diskutieren das dann, bevor wir aufstellen. Dann kommt es ab und zu vor, dass Herr Fuchs sagt: ,Ja, das und das können wir so nicht aufstellen, das funktioniert nicht. Oder da ist die Chance klein, das müssen wir so und so und so machen. ' Da können wir von seiner Erfahrung profitieren. Das wird auch der Grund sein, warum es bis jetzt keine schlechten Aufstellungen gegeben hat, wo etwas richtig in die Hose gegangen ist. " (I6:191-196)

Der Erfahrungsreichtum und das Experten-Knowhow des Beraters werden hier als unterstützendes Element erlebt, von dem die GL profitieren kann. Expertentum bzgl. der für die anderen GL-Mitglieder neuen und unerklärlichen Methode wird auch dem CEO Herrn Dreyer zugeschrieben. Neben den offenen OA-Seminaren hat er bereits privat Erfahrung mit Aufstellungen gesammelt.

„Herr Dreyer hat offenbar schon sehr viel Vorkenntnis und sehr viel Erfahrung [mit Aufstellungen, A.B.]. *Er kannte auch die Familienaufstellung. Er war* [uns, A.B.] *da schon um einiges voraus. Er kennt auch Herrn Fuchs sehr gut von seiner früheren Tätigkeit. "* (I6:249-251)

Zusätzlich zu der persönlichen Erfahrung mit Aufstellungen hat Herr Dreyer bereits mehrere Male gemeinsam mit Herrn Fuchs Vorträge auf OA-Symposien gehalten. Auf die GL wirkt dieser Aspekt des Expertentums und der Feldkenntnis vertrauensvoll. Berater und CEO werden beide auf ihre Art als Experten erlebt, denen man den Einsatz der Methode in der FARINA zutraut.

Sicherheit entsteht für die GLM jedoch auch im eigenen Umgang mit der Methode. Hier betonen die Interviewpartner, dass man sich der OA bedienen kann, um geplante Strategien oder Entscheidungen noch einmal zu überprüfen und zu sehen, ob man alle relevanten Faktoren bedacht hat. Durch die Bestätigung der eigenen Vorhaben hilft die Methode, Sicherheit zu erzeugen und die geplanten Schritte mit mehr Überzeugung in Angriff zu nehmen.

> *„Wir bekamen einen Entscheid, den wir gefällt hatten, bestätigt. Jetzt ziehen wir den auch mit der Überzeugung durch, dass es gut geht."* (I1:221-223)

> *„Gewisse Sachen, die aufgestellt wurden, ich würde sogar sagen die Mehrzahl von diesen Sachen, gaben uns eine Bestätigung: Wir sind auf dem richtigen Weg!"* (I1:580-582)

Für die GL der FARINA ist die Aufstellungsarbeit ein Werkzeug, das in Situationen von Unsicherheit dazu beiträgt, Klarheit und Zielstrebigkeit zu ermöglichen. Das Abtesten von Themen sorgt für ein überzeugtes Herangehen an Entscheidungen und schafft Sicherheit. Aufgabe des Instrumentes ist es weniger, neue Ideen zu generieren, als vielmehr, getroffene Entscheidungen zu überprüfen. In vielen der genannten Erzählungen folgt die Aufstellung der Entscheidung:

> *„Wir stellten das auf. Wir hatten uns eigentlich schon entschieden, aber wir stellten es auf. Wir bekamen dann mehr Sicherheit und zogen das dann so durch, wie wir es eigentlich eh schon vorhatten. Aber irgendwo mit der Überzeugung: ‚Das kommt gut so!' Und es kam auch gut."* (I1:301-307)

Aufstellungen sind in der FARINA zu einem Tool geworden, um Entscheide zu simulieren und auf ihre Praxistauglichkeit zu testen. Damit dient die Aufstellung der Unsicherheitsreduktion, was einer gewissen Paradoxie nicht entbehrt: ein in sich ‚unlogisches', nicht erklärbares Werkzeug kann dennoch von einem System so eingesetzt werden, dass es von allen Beteiligten als Sicherheit stiftend und Klarheit bringend erlebt wird. Auch in den Augen des Beraters nutzen die Manager das Instrument, um in unsicheren Situationen Klarheit zu bekommen. „*Die Manager nutzen das Instrument gerne, damit sie Klarheit kriegen, die sie auch benennen können*" (I2:154-155). „*Die OA dient dem Management als ,strategisches Controlling-Instrument'*" (Protokoll Berater I:22, Hervorhebung im Original) und hilft, Entscheidungen unter Unsicherheit mit mehr Überzeugung durchzusetzen. Die so erlangte Klarheit und Zielstrebigkeit drückt sich im Anschluss an die Aufstellung im Handeln aus. So hilft die Aufstellung zum Beispiel, einen getroffenen Entscheid eindeutig zu kommunizieren.

> „*Wir hatten im Vorfeld Angst, dass etwas passieren könnte. Wir prüften das ab. Wir sahen, dass es nicht kritisch ist. Dadurch sind wir wahrscheinlich auch überzeugter an die Arbeit und haben der* [betroffenen Person, A.B.] *gesagt: ,Du, jetzt ist Schluss. Du bekommst noch die drei Monate oder die sechs Monate und dann – ja.' Der war auch überrascht über unsere Klarheit und Zielstrebigkeit.*" (I5:341-346)

Handlungsräume schafft die Methode auch gegenüber der Konzernleitung. Bei einer Aufstellung, die das Thema einer Neuausrichtung der Unternehmensstrategie aufgriff, zeigte sich in der Aufstellung von Seiten der Konzernleitung eine gewisse Unterstützung, was die GL der FARINA in ihrem tatsächlichen Handeln bestätigte und dazu führte, vorwärts zu gehen.

> „*Die* [Konzernleitung, A.B.] *ließ uns in diesen Aufstellungen gewähren. Sie hatten das Gefühl: ,Ja, probiert! Macht das!'* [Sie haben uns, A.B.] *mehr oder weniger aktiv unterstützt, aber sicher nicht behindert. Das war für uns ein Grund, zu sagen: ,Also kommt: wir machen vorwärts! Wir gehen nicht mehr lang fragen, wir ziehen es einfach durch.'* [...] *Es zeigte sich auch, dass es gar nicht nötig ist, dass wir jetzt groß nachfragen, ob wir das dürfen. Sondern einfach machen – das war das Wesentliche.*" (I5:374-392)

Die Überzeugung, dass man bei einer Entscheidung alle wesentlichen Faktoren bedacht hat und keine größeren Hindernisse im Weg stehen, ermöglicht ein selbstbewussteres, sichereres Handeln. Durch das bestätigende Ergebnis der Aufstellungen werden die Manager in ihrem Wunsch bestärkt, ,einfach vorwärts zu machen', zielstrebig die geplanten Dinge anzugehen und auszuprobieren. Damit führt die OA sogar dazu, geplante Handlungen eigenverantwortlich anzugehen, ohne sich zur Absicherung auf die Konzernleitung zu verlassen.

Die Tatsache, dass ein unserer Logik widersprechendes Tool als Sicherheit stiftend wahrgenommen wird, mag erstaunen, ist aber nicht unerklärlich. Die FARINA wendet die OA für so genannte *„unentscheidbare Fraugen"* (Von Foerster 1993:70) an. Entscheidbare Fragen, wie das Beispiel aus der Mathematik: *„Ist die Zahl 3 396 714 durch zwei teilbar?"* (Von Foerster 1993:70) können mit dem dazugehörigen Entscheidungsoperator entweder richtig oder falsch berechnet werden. Für sie gibt es in der FARINA Computer, Statistiken oder das Controlling. Für unentscheidbare Fragen, wie die nach dem Ursprung des Universums oder etwa auch der strategischen Ausrichtung einer Firma, gibt es keinen dazugehörigen Entscheidungsoperator. Deshalb können unentscheidbaren Fragen laut von Foerster überhaupt von uns entschieden werden: *„Einfach weil die entscheidbaren Fragen schon entschieden werden durch die Wahl des Rahmens, in dem sie gestellt werden, und durch die Wahl von Regeln, wie das, was wir 'die Frage' nennen, mit dem, was wir als 'Antwort' zulassen, verbunden wird"* (Von Foerster 1993:73). Bei den unentscheidbaren Fragen – und nur dort – sind wir dagegen frei, diese tatsächlich zu entscheiden. Für unsere Entscheidungen tragen wir allerdings auch die Verantwortung. Wie Ortmann (2004:37) betont, werden aus diesem Verständnis heraus Entscheidungen also genau dann nötig, wenn sie unmöglich sind – unmöglich im Sinne guter, schlüssiger Begründung. *„Es ist gerade der Mangel an Begründung, der uns eine Entscheidung abverlangt"* (Ortmann 2004:37).[122] Die OA leistet mit ihren Bildern eine Unterstützung in diesen unentscheidbaren Fragen. Ein typischer Satz in den Interviews lautet: *„Die Aufstellung hat klar gezeigt ... "*[123]. Solche Aufstellungen wirken in einer unsicheren, unentscheidbaren Situation Sicherheit gebend und bewirken,

---

[122] Während Herbert A. Simon (1951) mit seinem Konzept der ‚bounded rationality' das Entscheidungsproblem noch darauf reduzierte, Entscheidungen stets unter begrenzter Information tätigen zu müssen, radikalisiert Foerster mit seinem Konzept der unentscheidbaren Fragen die Entscheidungsproblematik (Ortmann 2004:36f).
[123] Zitatstellen mit ähnlichem Wortlaut: (I4:129-130/234) (I5:34-35/103-104/154/162/182) (I6:105).

dass die getroffene Entscheidung mit mehr Durchsetzungskraft angegangen wird.

Ob eine Entscheidung dabei als gelungen oder misslungen interpretiert werden soll, ist in sich selbst eine unentscheidbare Frage. Ihre Beantwortung hängt von dem Zeitraum der Betrachtung oder auch den eigenen Werten und Maßstäben ab. Die Episode bzgl. der Entlassung eines Kundenbetreuers, die von mehreren GL-Mitgliedern erzählt und als positives Beispiel für die Verlässlichkeit der Methode angeführt wurde, wird von einem Interviewpartner als Misserfolg gewertet:

> *„Ich glaube, die Aufstellung war nach dem Entscheid, um nochmals zu prüfen: ‚Was bedeutet das jetzt?' Der [getroffene, A.B.] Entscheid – das sah man in der Aufstellung – ist vertretbar, beziehungsweise die Veränderung ist lösbar. Es ist ja immer sehr gefährlich, wenn man den Kundenbetreuer aus einem Unternehmen herausnimmt, da er vielleicht den Kunden auch mitnimmt. In der Aufstellung ist klar herausgekommen: das ist für die* FARINA *kein Problem. Die Leute, die zurück bleiben und die Funktionen übernehmen, die dieser vorher machte – das funktioniert. Das kam dort heraus. Fakt ist, es hat nicht funktioniert. […] Darum ist der Entscheid im Nachhinein aus meiner Sicht in Frage zu stellen."* (I4:289-313)

Da die eingebrachten Themen nicht in den Bereich der entscheidbaren, zu berechnenden Fragen gehören, denen ein klarer Entscheidungsoperator zugrunde liegt, kann die Frage, ob das Ergebnis der Aufstellung oder die aufgrund der Aufstellung angegangene Handlung als richtig zu werten sind, nicht ‚objektiv' und eindeutig beantwortet werden, sondern hängt von dem jeweiligen Bewertungsrahmen ab.

Thema E: Die Methode ist wirksam

Das überzeugendste Argument gegen die Unerklärlichkeit der OA ist die eigene Erfahrung, die den Interviewpartnern laut ihren Aussagen zeigt, dass die Methode funktioniert. Das Vertrauen in die Methode scheint hierbei schrittweise zu wachsen: von dem *„Wahnsinnserlebnis"* (I6:98), dass die repräsentierende Wahrnehmung tatsächlich funktioniert, wird die Erkenntnis abgeleitet, dass mit der OA Systeme abgebildet werden können. Die eigenen Körpererfahrungen werden als nicht zu leugnender Beweis nicht nur der Empfindung, sondern der gesamten Methode gewertet. Dass das eigene Erfahren der repräsentierenden Wahrnehmung etwas ist, was überzeugend wirkt, weiss auch der Berater aus seiner Erfahrung. Er führt daher bei seiner Präsentation der OA in der GL sehr bald eine erste Aufstellung durch, lässt die Teilnehmer als Repräsentanten stehen und verdeutlicht ihnen so, dass Aufstellungen etwas abbilden können, was man vorher nicht ausgesprochen hat oder noch nicht aussprechen konnte.

> *„Ich machte eine kurze Einführung, auch wissend, dass viele Worte da nicht viel klären, sondern dass sie [die GLM, A.B.] das einmal erleben müssen. Ich machte dann eine kurze Aufstellung mit ihnen. Das war damals das Thema: ‚Wie stehen die Geschäftsleitung, das mittlere Kader und die Mitarbeiter zueinander?‘ […] Die Aufstellung bestätigte dann das, was sie eh schon – vielleicht noch nicht artikuliert hatten – aber im Gefühl hatten. Sie waren dann gleich überzeugt. Und dann kam das Commitment der ganzen Geschäftsleitung: ‚Ja, wir machen das jetzt so mit diesen sechs halben Tagen.‘“* (I2:82-91)

Zu Beginn der Arbeit mit der OA überwog bei den Interviewpartnern der Aspekt der Überraschung, dass es mit Hilfe der Aufstellung tatsächlich gelingt, ein System abzubilden und so Informationen zu generieren:

> *„Und das [in der Aufstellung Gesehene, A.B.] trat dann auch wirklich so ein. Das war für mich das Verrückte: Da ist ein System, oder eine Methode, die etwas aufzeigt, was ich gar nicht aussprechen muss. Es gab dann noch weitere Elemente, die in der Aufstellung wichtig waren, welche ein gutes Spiegelbild von der damaligen Geschäftsleitung war.“* (I5:41-45)

Die Interviewpartner erleben das in der Aufstellung abgebildete System als gutes Spiegelbild ihres organisationalen Alltags. Bereits die erste Aufstellung bzgl. des Verhältnisses von GL zu Kader und Mitarbeitenden – die übrigens von fast allen Interviewpartnern genannt wird – überzeugt die GL von der Methode und führt dazu, dass sie zu einem Bestandteil der Managementarbeit wird.

> *„Die erste Aufstellung hat dann dazu geführt, dass man spürte: Da ist etwas dran! Mit dem kann man etwas machen! Man kann Probleme sichtbar machen, das implizite Wissen herausbringen und gewisse Dinge auf einem expliziten Rahmen zur Diskussion bringen. Von dort an wurde [die OA, A.B.] zum Bestandteil unserer Managementarbeit.“* (I4:28-32)

„[Nach der ersten Aufstellung, A.B.] kam das Feedback: ‚Genau so ist es.'
Das machte natürlich Eindruck. Dann war auch die Offenheit da. Von dem
her sind wir nachher sehr positiv [und, A.B.] für einen Wirtschaftsbetrieb
sehr intensiv eingestiegen." (I1:73-82)

Wie es dieser Interviewpartner betont, ist es für einen Wirtschaftsbetrieb
nicht üblich, so intensiv mit einer Methode wie der OA zu arbeiten.
Ermöglicht wird dieser schnelle Einstieg durch die eigene positive Erfahrung, *„[...] dass an der Methode was dran ist"* (I6:167) und die Erkenntnis, dass die Resultate der Aufstellungen in der Praxis ihre Wirkung
zeigen und Erfolg bringen. Diese Wirkung wird auch als Grund genannt,
warum mit der Durchführung der Aufstellungen fortgefahren wird. *„Die*
Lösung, die wir ausarbeiteten, zeigte in der Praxis ihre Wirkung. Wenn
man Vertrauen hat in die Methode und in die Lösung und damit gute
Erfahrung gemacht hat, dann fahren wir das weiter" (I3:128-131).

Das Vertrauen in die OA wird dabei dadurch gefördert, dass bestimmte
Aufstellungen nach Meinung der Interviewpartner verdeutlichten, dass sich
die Methode nicht manipulieren lässt. Der folgende Interviewpartner
berichtet in seinem Interview über eine Aufstellung, in der ein GL-Mitglied
die Methode nutzen wollte, um den anderen bildlich zu zeigen, dass er bei
seiner Arbeit zu wenig Unterstützung erhalte. Was für die GL im Rahmen
der Aufstellung statt dessen sichtbar wurde, war, dass der Betreffende
zuerst in seinem eigenen Ressort tätig werden und dort für klare Strukturen
sorgen müsste.

„Im Nachhinein kann man sagen, der Betreffende wollte mit dem System ein
bisschen manipulieren. Das Gute an der Geschichte ist, dass sich zeigte,
dass sich das System nicht manipulieren lässt. Der Betreffende hatte am
Anfang ein bisschen Mühe mit dem Resultat, weil er sagte: 'Das ist ja gar
nicht das, was ich wissen wollte.' Nach einer Woche kam er dann doch zu
mir und sagte: ‚Hör mal, ich hab mir das überlegt, vielleicht stimmt das
wirklich, was da herausgekommen ist.' Er ging dann her und räumte wirk-
lich auf bei sich und stellte klare Abläufe, klare Kompetenzen, klare Aufga-
ben. Er hat sein Jahresziel erreicht. Das ist eine eindrückliche Sache
gewesen, die zeigte, das System Organisationsaufstellung ist eine stabile
Sache. Es lässt sich nicht so einfach manipulieren." (I5:168-177)

Die Aufstellung wird als eine stabile Sache und ein *„valides Tool"* (I4:540) gesehen, die nicht durch einzelne Interessen manipuliert werden kann. Richtet man sich nach den verlässlichen Ergebnissen, erreicht man laut den Interviewaussagen seine Ziele.

Auffällig ist, dass eine mögliche Wirkung oder ein Nutzen der OA in der GL nicht vorgängig definiert wurde. Im Vordergrund stand zur Zeit der Einführung der Gedanke, eine Erfolg versprechende Methode einmal auszuprobieren. Ein Nutzen der Methode wurde angenommen und durch die Erfahrung zweier GL-Mitglieder auch mitgeteilt, er konnte aber zu dieser Zeit noch nicht konkret benannt werden. Welchen genauen ‚Ertrag' die Anwendung der OA liefern könnte, lässt auch der Berater offen – sein Honorar im ersten Jahr soll der CEO abhängig vom erfahrenen Nutzen selbst bestimmen. Die Einführung der OA in der Turnaround-Situation der FARINA ist geprägt von dem Ziel, Veränderung zu bewirken. Gleichzeitig herrscht Unklarheit bzgl. der Ziele, die mit Hilfe der OA erreicht werden können oder sollen, sowie der klaren Anwendungsformen der Methode. Die Entscheidung, die OA in der GL einzuführen, wird nicht aufgrund einer ökonomische Abwägung von Kosten und Nutzen gefällt, sondern gründet auf dem Vertrauen des CEOs zu dem externen Berater und den positiven Erfahrungen von CEO und Finanzchef aus einem früheren Aufstellungsseminar. Dementsprechend scheint eine eindeutige Klärung der zu erreichenden Ziele oder des konkreten Nutzens der Methode zu fehlen. Als Wirkung kann somit all das gezählt werden, was durch die OA ausgelöst wird – die Definition des Nutzens findet im Nachhinein statt.

Zusammenfassung

In der FARINA fällt die Einführung der neuen Methode mit der besonderen Situation des anstehenden Turnarounds zusammen. Diese Situation, in der die bestehende GL nach Autorität und Expertentum sucht, sowie die engen Beziehungen zwischen dem neu eingestellten CEO, seinem CFO und dem externen Berater sind Bedingungen, die die Einführung der OA in das Unternehmen ermöglichen (A). Die Anwendung der OA in der FARINA wird in fast allen Interviews als „Experiment" (B) bezeichnet – ein Ausdruck, der in diesem Unternehmen eine positive Konnotion trägt, da in der FARINA eine Kultur des Ausprobierens und Experimentierens herrscht. Ein Experiment steht darüber hinaus für einen Versuch, dessen Misserfolg kein Scheitern bedeutet, da es gerade die Aufgabe des Experimentes ist, die Grenzen des Machbaren auszutesten. Die Bezeichnung „Experiment" ist eng verknüpft mit der Verunsicherung, die das Instrument auslöst (C). Verunsichernd wird die Unerklärlichkeit der repräsentierenden Wahrnehmung, welche nach Legitimation verlangt. Die Manager der FARINA begegnen der Unerklärlichkeit zum einen damit, dass sie sich auf das große Methodenwissen des Beraters und die positiven Erfahrungen des CEOs verlassen. Gleichzeitig wird die OA in der nun vierjährigen eigenen Anwendung als ein Instrument erlebt, das dem Abtesten von Entscheidungen dient und somit Sicherheit herstellt (D). Die Tatsache, dass die mit der OA erarbeiteten Ergebnisse überzeugen, beweist den Interviewpartnern darüber hinaus, dass die Methode wirksam ist (E) und sinnvoll in den Managementkontext integriert werden kann. Auffällig ist jedoch, dass auch die gesammelten positiven Erfahrungen nicht dazu beitragen, der OA den experimentellen Status zu nehmen – dieser scheint ein wichtiger ermöglichender Faktor für eine unerklärliche Methode wie die OA zu sein.[124]

---

[124] Die Bezeichnung des Experiments kann für gewisse Praktiken einen ähnlich positiven Effekt haben wie die der ,Innovation'. Wie de Vries betont, markiert diese Benennung die Innovation als etwas Einmaliges und dient damit als Eingrenzung eines abnormalen Zustandes. Indem das Neue in einen geschützten Raum ausgelagert wird, wird gleichzeitig der Rest des aus Routinen bestehenden Unternehmens geschützt. „Ähnlich wie das Labor oder das Projekt Konstrukte zum eingegrenzten Experiment mit Neuem darstellen, ist die Form der Innovation hier ein semantisches Hilfsmittel, das Neuigkeit unter der begrenzenden Bedingung des Fortbestandes des restlichen Alten instrumentalisiert. Sie ermöglicht die gleichzeitige Thematisierung und Abgrenzung des Neuen" (1998:81).

2 WELCHEN UNTERSCHIED MACHT DIE OA FÜR DIE ORGANISATION?

Um den Umgang der FARINA mit der OA besser zu verstehen, widmet sich dieses Kapitel der Fragestellung, welchen Unterschied die Anwendung der OA für die Interviewpartner macht. Mit Bezug auf Bateson (1981) kommt es dann zu organisationalem Lernen, wenn Organisationen Unterschiede beobachten. Dabei gilt, dass Organisationen Unterschiede beobachten, wenn sie Unterscheidungen produzieren. Was auf Ebene der Naturwissenschaften als ‚Wirkung' beschrieben werden könnte (Bateson 1981:581), soll bzgl. Organisationen und Kommunikation mit der Frage betrachtet werden, welchen Unterschied der Einsatz der OA für die FARINA macht.

Das Erkennen von Unterschieden zeigt sich in Äußerungen bzgl. dessen, was der Einsatz der OA in der FARINA ermöglicht, wo aber auch die Grenzen der Anwendung erlebt werden. Wie Aderhold & Jutzi (2003:123) betonen, können soziale Systeme aufgrund ihrer operationalen Geschlossenheit nur im Rahmen ihres Resonanzbereichs durch ihre Umwelt angesprochen werden. Dieser legt fest und regelt, inwieweit sich ein System durch Informationen irritieren bzw. zu eigener Informationsverarbeitung anregen lässt. Das intervenierte System ‚liest' in den Text – die Intervention – das hinein, was in seiner eigenen Welt Resonanz erzeugt. Da sich diese Resonanz sowohl als Wiedererkennen als auch als Widerspruch (Willke 1996b:89) äußern kann, wird im Folgenden untersucht:

- Was wird durch den Einsatz der OA ermöglicht? (Kapitel 2.1)
- Wo erlebt die GL Grenzen der Anwendung? (Kapitel 2.2)

2.1 Was wird durch den Einsatz der OA ermöglicht?

„Würdest du mir bitte sagen, wie ich von hier weitergehen soll?"
– „Das hängt zum großen Teil davon ab, wohin du möchtest",
sagte die Katze.
„Ach, wohin ist mir eigentlich gleich –", sagte Alice. „Dann ist
es auch egal, wie du weitergehst", sagte die Katze. „– solange
ich nur irgendwohin komme", fügte Alice zur Erklärung hinzu.
„Das kommst du bestimmt", sagte die Katze, „wenn du nur lange
genug weiterläufst."

(Alice im Wunderland von Carroll 1973:67)

Die Frage, was durch den Einsatz der OA für die GL ermöglicht wird, ist eine Forschungsfrage, die den Interviewpartnern selbst nicht gestellt wurde und auch bei der Auswertung der narrativen Interviews nicht angelegt wurde. Mit Bezug auf ein systemtheoretisch-konstruktivistisches Verständnis (vgl. Kapitel II.2) dient sie an dieser Stelle dazu, die Lernmomente der Organisation aufzuzeigen. Bezogen auf die vorher erarbeitete Themenlandschaft finden sich mögliche Unterscheidungen, die die Interviewpartner ziehen, in den beiden Themen D „Sicherheit herstellen" und E „Die Methode ist wirksam" (vgl. Abbildung 5).

In der bisherigen Beschreibung wurde unter D vor allem betont, dass die OA zum Abtesten, Überprüfen und Bestätigen von Entscheidungen eingesetzt werden kann. Der Aspekt des Herstellens von Sicherheit geht jedoch über das reine Überprüfen von Entscheidungen hinaus. Er ist eingebettet in den ganz spezifischen Umgang, den GL und Berater gemeinsam mit der OA ausüben. An der Interaktion zwischen den Akteuren soll das gegenseitige Spiel daher im Folgenden genauer aufgezeigt werden. Das aufeinander Eingehen und Anpassen der Methode an den spezifischen Kontext zeigt sich auch im Rahmen des Themas E. Hier wurde bei der Beschreibung der Themenlandschaft die Beobachtung der Interviewpartner herausgearbeitet, dass sie die OA als Spiegelbild der Realität erleben, welches als valides Tool Systeme abbilden kann. Nun soll genauer betrachtet werden, was die Interviewpartner als Wirksamkeit betrachten, d.h. was der Einsatz der OA ermöglicht.

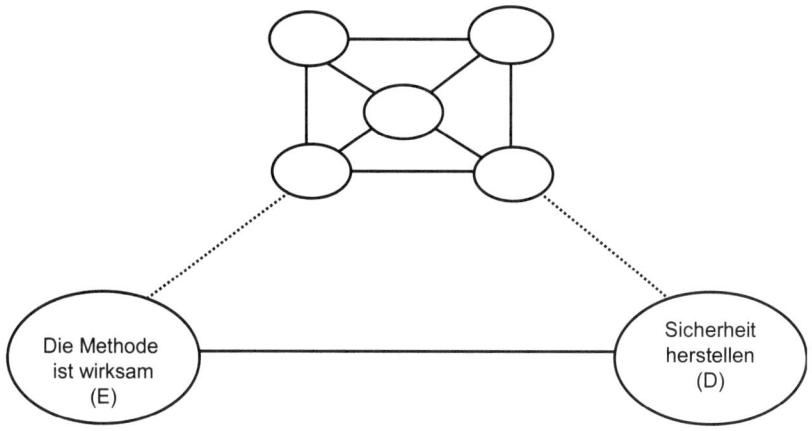

Abbildung 5: Vertiefte Betrachtung der Themen D und E

Diskussionsforum und Kommunikationsplattform

Die Aufstellungsworkshops werden von den Interviewpartnern als Diskussionsforum und Kommunikationsplattform beschrieben. Laut ihren Aussagen kann man mit Hilfe der OA *„Probleme sichtbar machen* [...] *und gewisse Sachen auf einem expliziten Rahmen zur Diskussion bringen"* (I4:29-31). Dank des bildlichen Aspekts der OA können verschiedene Sichtweisen und implizite Annahmen bzgl. eines Themas als Bilder veröffentlicht werden. Diese Bilder führen zu einem regen Austausch und bieten Diskussionsstoff. *„Manchmal ist es so, dass ein neues Bild entsteht, von dem man sagt: ,Oh, das ist jetzt noch interessant! Was bedeutet das eigentlich?' Und das kann man auch interpretieren. Es gibt Anlass zur Diskussion"* (I3:91-93). Die explizit gewordenen Sichtweisen fördern den Dialog im Anschluss an die Aufstellung, der in dieser Intensität ohne Aufstellungsarbeit laut den Interviewaussagen kaum zustande käme. Somit ist

„[...] die Aufstellungsarbeit eine mögliche Variante und ein Diskus-
sionsforum für die Probleme – oder die Lösungen, die gesucht werden –,
die sonst vielleicht so in der Tiefe nicht diskutiert würden, wenn es die
Aufstellungsarbeit nicht gäbe" (I3:152-153). Gerade die ausführliche Diskussion im Anschluss an die eigentliche Aufstellung erlaubt einen
Austausch unter den GL-Mitgliedern, der bisher in dieser Intensität kaum
zustande kam. Die Aufstellungsworkshops werden daher als eine *„Kom-*
munikationsplattform" (I3:197) bezeichnet.

> *„Eine Diskussion findet* [im Anschluss an die OA, A.B.] *immer statt. Diese*
> *dauert mindestens so lange wie die Aufstellung, vielfach ging sie sogar viel*
> *länger. Darum ist die Aufstellung für mich nur ein Start zur Diskussion.*
> *Nicht die Aufstellungsarbeit alleine, sondern der zweite Teil ist der maßge-*
> *bende. Das andere ist nur ein Bildchen. Ein Bildchen kann man so schießen*
> *oder so schießen, je nachdem welchen Fotoapparat man nimmt. Hingegen*
> *die Diskussion im Nachhinein ist der wichtige Teil, der auf Grund dessen*
> *stattfindet, was vielleicht sonst manchmal nicht passiert. Dort kommen die*
> *Meinungen vielleicht schneller, wenn man das Bild hat, vielleicht auch offe-*
> *ner als sonst, wenn es die Aufstellungsarbeit nicht gegeben hätte. "* (I3:344-
> 354)

Als maßgeblicher Teil der Workshops wird hier die Diskussion im Anschluss an die Aufstellung erlebt. Die Aufstellung ist ein guter Einstieg in
diese Diskussionen, kann aber nicht alleine stehen.

> *„Am Schluss ist es dann schwierig zu sagen: ,Ist es jetzt die Aufstellung?*
> *Oder ist es die Diskussion im Anschluss an die Aufstellung* [welche die
> Lösungsfindung ermöglicht, A.B.]*?' Die Aufstellung gibt gewisse Hypo-*
> *thesen, und die Hypothesen werden dann im Anschluss diskutiert. Diese*
> *Diskussionen sind natürlich dann auch äußerst wertvoll. Die Aufstellung ist*
> *ein guter Einstieg in diese Diskussionen am Schluss, aber ich könnte mir*
> *auch andere Möglichkeiten vorstellen, in so einer Diskussion. Wenn so viele*
> *intelligente Leute zusammensitzen und über ein Problem diskutieren, dann*
> *kommt in der Regel ja auch etwas Gescheites raus. Aber die Aufstellung ist*
> *ein sehr guter Einstieg. "* (I6:81-89)

Entscheidend für die Interviewpartner ist weniger die Verwendung der Methode der OA, als die Tatsache, einen Weg zu einer fruchtbringenden Diskussion gefunden zu haben. Die OA ist eine mögliche Art, den Austausch
anzuregen, zu vertiefen und so zu Lösungen zu finden. Diskussionen
kämen ohne die OA zwar auch zustande, dann jedoch nicht so schnell und

offen wie nach einer Aufstellung. Die OA dient somit innerhalb der Organisation als Kommunikationsplattform, die ohne diese Methode seltener oder weniger intensiv betreten werden würde.

Aus Sicht des Beraters herrscht dahingegen explizit der Wunsch, *"diese Methode bekannter zu machen"* (I2:412). Für ihn bedeutet Aufstellungen im Management der FARINA durchzuführen, vor allem eine Möglichkeit zu bekommen, diese Methode anzuwenden und zu ihrer Verbreitung beizutragen. Denn es ist „[...] *immer wieder erstaunlich, wie die Methode nicht bekannt ist. Aber nicht nur in der FARINA, sondern auch generell"* (I2:292-294). Mit seiner Arbeit möchte er dazu beitragen, dass die Manager sagen: „*'Wir kennen die Methode. Wir können einschätzen, was die bringt. Nutzen wir sie jetzt bei Fragen, zu denen wir noch keine Lösung gefunden haben.' Das ist mein Wunsch, dass es in die Richtung kommt"* (I2:371-373). Das Management dagegen nutzt die OA, um dank ihrer einen Einstieg in eine bekannte Form des gemeinsamen Umgangs zu finden – die Diskussion, welche aufgrund der OA nun aber eine besondere Qualität bekommt.

Mit dem gemeinsamen Bild alle ins Boot holen

Wie die Interviewpartner betonen, arbeiten Aufstellungen mit räumlichen Bildern. Stellt man in der GL eine Fragestellung auf, führt das dazu, dass man sich anschließend über ein gemeinsames Bild austauschen kann:

> „*Jeder hat am Schluss sein Bild. Es gibt ein gemeinsames Bild, aber jeder hat trotzdem auch noch ein unterschiedliches Bild. Wahrscheinlich hilft die Aufstellungsarbeit, dass das gemeinsame Bild weniger verzerrt ist für alle und alle es ein bisschen ähnlicher sehen."* (I3:51-54)

Über dieses gemeinsame Bild ist es möglich, die Kollegen mit ‚ins Bild' und damit mit ‚ins Boot' zu holen: „*Wenn man die Methode nimmt, hat es eben den Vorteil, dass man die* [Stakeholder, A.B.] *quasi schon im Boot hat"* (I3:340-341). Aufstellungen werden als das Mittel der Wahl erlebt, wenn man anderen die eigenen Ideen darstellen und sie dafür begeistern möchte:

„Ich verwende [die OA, A.B.] immer, wenn ich im Prinzip die andren im Boot haben möchte. [Wenn ich sehe, A.B.] das kann man ganz gut mit einer Aufstellung lösen, da müssen jetzt gerade alle ins Bild, das muss sein, dann nehme ich die Methode. [...] Dann ist das eine ganz gute Methode, um dem, was man will, ein bisschen stärker Gehör zu verschaffen. Oder vielleicht auch um zu schauen, dass es getragen wird." (I3:482-495)

Ideen, die ohne die Methode der OA womöglich nicht gehört werden würden, finden dank der Aufstellungsworkshops einen Rahmen, in dem sie verbildlicht und den anderen näher gebracht werden können. Während die GLM die Methode gerne nutzen, um alle ins Bild zu holen, achtet der Berater darauf, dass dieses Bild kein vorher überlegtes ist.

„Auf einer methodischen Ebene muss ich schauen, dass sich nicht so Gewohnheiten einschleifen. Also dass sie wirklich ganz konzentriert aufstellen. [...] Wenn die Methode einmal eingeführt ist, dass man dann nicht wie Schach spielt. Da muss ich auf einer anderen Ebene fast dann auch streng sein. Wenn ich merke, dass einer allzu schnell aufstellt, weil es halt jetzt so im Kopf hat und auch hofft, dass es dann so rauskommt, wie er es im Kopf hat, dass ich ihm dann sage: ‚Okay, konzentriere dich auf Atem, Hände, Fussohlen – und langsam!' Die Methode muss wie bewusster gepflegt werden von mir." (I2:238-251)

In der Durchführung der Aufstellungsworkshops in der GL bemerkt der Berater den spezifischen Umgang der FARINA mit der OA. Er fühlt sich aufgerufen, auf einer methodischen Ebene die Methode zu pflegen und auf eine richtige Art der Anwendung zu achten: Repräsentanten sollen nicht einem vorher überlegten Plan nach aufgestellt werden, sondern spontan und intuitiv.

Sich der Methode als Tool für konkrete Fragen bedienen

Die OA wird von der GL als eine Methode erlebt, derer man sich bedienen kann: *„Das ist eine Methode, die man einsetzen kann. Und man bedient sich ihrer, oder man bedient sich ihrer nicht"* (I3:427-428). Dabei eignet sich die OA vor allem zur Bearbeitung konkreter Fragen und hilft in *„ganz konkreten Situationen"* (I1:615, ähnlicher Wortlaut I1:300). Gerade wenn Probleme kurzfristig auftauchen und aktuell werden, wird die OA als hilfreich gesehen:

„Gerade das letzte Mal hatten wir kurzfristigst das Thema. Wir haben am
Morgen noch darüber gesprochen: ‚Was ist es jetzt?' Oder vielleicht gerade
eine Woche vorher gesagt: ‚Also das Thema, das wir jetzt heute gerade
behandelt haben, über das machen wir eine Aufstellung. Da kommen wir
gerade weiter.' Und ja, so bringt es dann fast wieder am meisten. Wenn
man wirklich gerade etwas hat, was einem unter den Nägeln brennt und
sagt: ‚Da können wir jetzt eine Aufstellung machen.'" (I1:254-260)

Wie ein hilfreiches Werkzeug kann die OA in den Worten der Interviewpartner dann zur Hand genommen und gebraucht werden, wenn konkrete
Fälle erledigt werden müssen: *„Man hat die Aufstellungsarbeit immer*
wieder für ganz konkrete Fälle, die gerade anstanden, gebraucht. Dann hat
man die eigentlich erledigt" (I3:45-47, ähnlicher Wortlaut I3:26-28).
Während für die GL der Aspekt im Vordergrund steht, aktuelle und
konkrete Fälle mit der OA zu ‚erledigen', löst das Sich-Bedienen der
Methode von Seiten der GL in den Augen des Beraters vor allem zu Beginn
der gemeinsamen Arbeit eine gewisse Sorge aus. Ihm ist es wichtig, dass
nicht aus Neugierde heraus, sondern aus einer ernsthaften Beschäftigung
mit der Problematik aufgestellt wird:

„Da gab es eine schwierige Phase – also zuerst sind wir da so flott einge-
stiegen und haben viele Aufstellungen gemacht. Die GL wollte dann wirk-
lich mindestens drei Aufstellungen pro Nachmittag. Sie haben da auch
allerlei Themen angekarrt. Dann kam es dann auch so weit, dass die einfach
aus lauter Neugier Sachen wissen wollten." (I2:143-147)

„Ich habe dann gemerkt, dass sie sich gar nicht ernsthaft damit auseinan-
dergesetzt hatten. Das war vielmehr so aus lauter Neugier und nicht aus
einer fundierten Auseinandersetzung und Not heraus gefragt." (I2:430-433)

Das Bestreben des Beraters ist es, sich intensiv mit einer Thematik zu
beschäftigen. Er schlägt daher für die gemeinsame Arbeit vor, sich auf einige wenige Aufstellungen pro Nachmittag zu konzentrieren: *„Parallel dazu*
kam dann auch eine Entlastung als ich ihnen vorschlug: ‚Weniger Auf-
stellungen sind mehr, also ist mehr.' Nicht mehr zu sagen: ‚Jetzt ist der
Fuchs da, jetzt müssen wir alles aufstellen, was uns bewegt'" (I2:176-178).
Für das Unternehmen dagegen stellt die OA ein Werkzeug dar, welches in
konkreten Situationen zielgerichtet und schnell dazu dient, dringende Fälle
anzugehen und Probleme zu lösen. Das Tool OA hilft, Fragen die sonst

noch länger unter den Nägeln brennen würden, abzuhaken und im Business fortzufahren. Es liefert konkrete Erkenntnisse, wird in der FARINA aber nicht „vertieft nachbereitet" (I1:273):

> „Also wir haben einfach gesagt, das bringt uns konkret weiter, okay. Abgehakt. Wir haben da jetzt eine Erkenntnis, mit der arbeiten wir. Und dann aber weiter. Also jetzt niemals soweit, dass wir sagen würden, es gibt ein Projekt „Aufstellungsarbeit", innerhalb dessen wir einmal schauen wollen, wo stehen wir eigentlich und wohin gehen wir? [...] Wir gebrauchen es einfach als Tool." (I1:275-283)

Auch aus Sicht des Beraters ist der Umgang der GL mit der OA davon geprägt, dass gewisse Themen nicht wirklich konsequent verfolgt und schließlich zur Umsetzung gebracht werden, sondern stattdessen kollektiv weggestellt werden. Ein konsequentes Verfolgen einzelner Themen mit Hilfe der OA findet dabei nicht wirklich statt.

> „Das ist etwas, was ich ursprünglich zwar im Sinn hatte, nämlich mehrmals mit den Leuten auf die Entwicklung einer Problemlösung zu schauen. Aber ich habe gemerkt – und das ist mir schleierhaft, weshalb das so ist –, dass sich das kaum eingestellt hat. [...] Dass man sagt: ‚Das ist ein zentrales Projekt, das begleiten wir jetzt mit Aufstellungsarbeit über die Umsetzung hin.' Das habe ich zwar immer angekündigt und innerlich auch gewünscht, aber das hat nicht stattgefunden." (I2:316-323)

In den Augen des Beraters wäre mit der OA ein erweitertes Problembewusstsein anzustreben. Dieser einer Beraterlogik folgende Wunsch wird von den Managern zugunsten einer Arbeit an konkreten Problemen und dem Erlangen von Klarheit in aktuellen Fragen jedoch übergangen.

> „Die Manager nutzen das Instrument gerne, damit sie Klarheit kriegen, die sie auch benennen können. Die Tatsache, dass hinter[125] einem Thema ein verdecktes oder ein inoffizielles oder ein implizites Thema auftaucht und als das stehen gelassen wird [...], das befriedigt sie nicht, weil sie sagen dann: ‚Jetzt wissen wir, dass wir zwei Probleme haben! Nämlich das offizielle und das inoffizielle.' Und das befriedigt sie dann wenig, denn im Prinzip wollen

---

[125] Als „das Problem hinter dem Problem" bezeichnen Grochowiak & Castella (2001:22) ‚systemisch' bedingte Probleme, die sich in scheinbar rein betriebswirtschaftlichen, qualifikationstechnischen oder auch individuellen Thematiken äußern, dort jedoch nicht gelöst werden können. Da die offen angesprochene Problemebene selbst nur Ausdruck eines dahinter liegenden systemischen Konfliktes ist, bedarf es zur Lösung die Arbeit auf der systemischen Ebene.

sie Lösungen und nicht ein erweitertes Problembewusstsein. Und das –
diesen Balanceakt – den haben wir ständig bewältigen müssen. Also nicht
nur ich, sondern auch die FARINA-Manager." (I2:154-163)

Für den Berater verlangt der Wunsch der GL, mit der OA konkrete Fälle zu
bearbeiten und so Lösungen zu generieren, einen Balanceakt: statt an
konkreten Fällen würde er lieber auf ein erweitertes Problembewusstsein
hinarbeiten. Da er gleichzeitig an einer für die FARINA gewinnbringenden
Arbeit mit der OA interessiert ist, gestaltet er den Einsatz der OA so, dass
sie Antworten liefert, mit denen die GL arbeiten kann. Diese Weiterentwicklung der Methode entlang der Bedürfnisse des Managements ist auch
für den Berater erstrebenswert. Von seiner Seite herrscht immer wieder die
Unruhe: „ 'Was könnten wir jetzt noch anders machen? Was wäre vielleicht
noch ergiebiger?' […] Vielleicht hängt es auch damit zusammen, dass ich
noch präziser mit der Arbeit arbeiten möchte. Also noch genauer dort
ansetzen, wo es wirklich etwas bringt" (I2:353-362). Da er die OA so
einsetzen möchte, dass es für die Farina von Ertrag ist, herrscht von seiner
Seite die Bereitschaft zur Veränderung der Methode.

Als hilfreich hat sich dabei in der gemeinsamen Arbeit erwiesen, die
gestellten Fragen vor dem Aufstellen noch einmal genau zu schärfen. *„Das*
habe ich realisiert – auch über die zunehmende Erfahrung –, dass es wich-
tig ist, dass sie sich noch einmal vertraut mit der Fragestellung machen.
Das gab dann noch einmal eine Schärfung: 'Was ist wirklich die Frage?'"
(I2:192-194). Dieses Schärfen zeichnet sich dadurch aus, dass der eigentlichen Aufstellung eine ernsthafte Beschäftigung mit der Thematik voraus-
geht und in einem Vorgespräch miteinander erarbeitet wird, um was es
konkret geht. Eine Aufstellung soll gerade nicht aus Neugier durchgeführt
werden, sondern aus einer fundierten Auseinandersetzung mit der Thematik
heraus geschehen.

> *„Ich merkte dann, wenn die Frage, die eingegeben wurde, nicht geschärft*
> *war, dass dann irgendwie auch so Unklares herauskam. Da realisierte ich*
> *dann auch, wie nicht nur ich frustriert war, sondern auch die Leute. Das ist*
> *etwas, was mir bei der Arbeit ganz klar wurde, dass diese Offenheit, die bei*
> *persönlichen Anliegen in offenen Gruppen durchaus hilfreich und auch*
> *nützlich ist – also wenn nicht alles definiert ist, oder wenn vielleicht eine*

Aufstellung auch abgebrochen werden muss –, dass das mit Managern nicht funktioniert." (I2:147-153)

Aus seiner Arbeit in ‚stranger groups' weiss der Berater, dass auch sehr offen formulierte Fragen zu hilfreichen und nützlichen Antworten führen können. Allerdings ist dazu von den Klienten die Bereitschaft nötig, sich auf unklare Definitionen oder womöglich auch den Abbruch[126] einer Aufstellung einzulassen. Von den Klienten verlangt dieser Umgang mit Aufstellungen das Verständnis, nicht ‚die eine richtige Lösung' aufgezeigt zu bekommen, sondern verschiedene Handlungsoptionen in den Blick zu nehmen. Da das Auftauchen impliziter oder inoffizieller Themen von der GL nicht geschätzt wird und von den Managern Lösungen erwartet werden, hat es sich als Erfolg versprechender erwiesen, die aufzustellenden Fragen durch den Berater vorgängig zu schärfen und zu konkretisieren. Auf die Offenheit im Aufstellungsprozess wird zu Gunsten einer größeren Vorhersagbarkeit und dem Liefern von konkreten Lösungen verzichtet.

Eine weitere Anpassung an die Bedürfnisse des Managements stellt die Festlegung bestimmter zu erreichender Ziele der Aufstellungsworkshops sowie deren detaillierte Planung dar. Dies ist nach dem ersten Jahr der gemeinsamen Arbeit der Fall.

> *„Im ersten Jahr haben wir so frisch-fröhlich drauf los aufgestellt. Dann kam aber der Wunsch des Managementteams – vor allem von einem GL-Mitglied –, dass man sagt: ‚Okay, [Aufstellungen, A.B.]: Ja. Aber auch das muss eine Zielsetzung haben.' Dann haben wir dem eine Zielsetzung gegeben, eben die Entwicklung oder Validierung der strategischen Optionen."* (I2:337-342)

> *„Die GL-Mitglieder sprechen sich dafür aus, dass sich die Aufstellungsworkshops für das laufende Jahr an konkreten Zielsetzungen orientieren sollten. Zudem wird gewünscht, dass – unter Beibehaltung einer begrenzten Flexibilität – eine Planung für die bevorstehenden Workshops auszuführen sei."* (Protokoll I des Beraters:22)

---

[126] Abbrüche von Aufstellungen werden von Klienten oft als sehr starke Intervention wahrgenommen. Beendet man eine Aufstellung vor dem eigentlichen Lösungsbild, ist für den Klienten ‚die Lösung' noch nicht sichtbar. Gleichzeitig betont Weber (2000a:59), dass gerade diese frühzeitig beendeten Aufstellungen intensive Suchprozesse bei dem Klienten auslösen und somit dem Finden guter Lösungen dienen können.

Die Methode der OA wird von der FARINA generell akzeptiert. Allerdings fordern die GL-Mitglieder einen professionellen Umgang damit und sprechen sich für die Erarbeitung einer Zielsetzung aus. Diese bezieht sich auf das unter (D) genannte Thema des Überprüfens oder Validierens von Optionen. Für das dritte Jahr der gemeinsamen Arbeit erfolgte eine nochmalige Ausdifferenzierung der Themen und Ziele der Aufstellungsworkshops: Um die OA noch gezielter einsetzen zu können, werden je zwei Workshop-Blöcke für die Bearbeitung der Themen aus einem der drei Geschäftsbereiche (GL-Ebene sowie die beiden Produktionsbereiche) reserviert.

> *„Im zweiten Jahr – das war auch die Zeit, wo wir uns stark mit der Strategie auseinandersetzten – sagten wir: ‚Wir wollen jeden Nachmittag eine Aufstellung zu einem strategischen Thema und dann eine oder zwei Aufstellungen zu einem operativen Thema haben.' Dann gingen wir im dritten Jahr einen Schritt weiter und begannen, das aufzuteilen: Zwei Aufstellungsnachmittage nur für die Geschäftsleitung, für strategische Sachen, zwei Aufstellungen für den Bereich A und zwei Aufstellungen für den Bereich B. "*
> (I5:121-128)

Diese klare Einteilung und Strukturierung der Workshops bedeuten für die Beteiligten, dass die aufzustellenden Themen bereits vor der Aufstellung bekannt sind und man sich gedanklich damit auseinandersetzen und Fragen vorformulieren kann. Damit bleibt die OA als Methode zwar noch immer unerklärlich. Gleichzeitig findet die Anwendung der OA in einem Rahmen statt, der für die Manager klar nach Bereichen und Themen strukturiert ist, dessen Kriterium der Zielsetzung den zweckhaften Einsatz der OA garantiert und der auf diese Art Legitimation für ein unverstandenes Tool schafft. Ab 2007 sollen die Termine der Workshops nicht länger zu Beginn des Jahres festgelegt werden. Man entscheidet sich stattdessen, bedarfsorientiert vorzugehen und den Berater dann zu rufen, wenn aktuelle konkrete Themen anliegen. Dem von einem Interviewpartner explizit geäußerten Gedanken, sich des Instrumentes zu bedienen, kommt diese Entwicklung sehr entgegen.

> *„Das ist eine Methode, die man einsetzen kann. Und man bedient sich ihr, oder man bedient sich ihr nicht. Der bisherige Ansatz war, dass die Termine*

fix waren und man im dümmsten Fall ein Thema suchen musste, falls man keines hatte [...]. Ich sehe den Unterschied darin, dass man jetzt eben sagt: ‚Das ist eine Methode, derer wir uns bedienen können oder auch nicht.' [...] Ich bediene mich dieser Methode, mit einem Kollegen zusammen vom Teilbereich E, wo wir sagen: ‚Ja, das ist ein gutes Thema, das behandeln wir an diesem Aufstellungsworkshop.' [...] Also muss man sich immer dieser Methode bedienen, nicht dann wenn sie geplant ist, sondern sie dann einsetzen, wenn es das Richtige ist." (I3:405-422)

2.2 Wo erlebt die GL Grenzen der Anwendung?

Bei der Auswertung der Interviews fällt auf, dass die Interviewpartner die Wirksamkeit der OA auch auf die Beziehungen im Team und die Zusammenarbeit in der FARINA beziehen. Als ein Nutzen der OA wird eine Steigerung der Offenheit und des gegenseitigen Vertrauens erhofft. Hierbei wird allerdings eine gewisse Enttäuschung formuliert.

„Was es nicht gebracht hat, das kann man auch gerade sagen: Das gegenseitige Vertrauen hat es nicht in jedem Fall gesteigert. Nicht in jedem Fall. [...] Was ich eigentlich zusätzlich auch noch erwarten würde. [...] Dort haben wir noch relativ große Gräben, die bereits vor der Aufstellungsarbeit entstanden sind und nicht durch die Aufstellungsarbeit erledigt wurden. Das ist für mich ein enttäuschender Punkt bei der Aufstellungsarbeit und ein ganz klares Signal für mich: Offenheit ist nicht durch Aufstellungsarbeit hinzubringen [...]." (I3:178-185)

In der FARINA herrschte die Hoffnung, die Anwendung der OA könne die Zusammengehörigkeit der Mitarbeiter und die Offenheit im Umgang miteinander positiv beeinflussen. Dabei beziehen sich die Interviewpartner zum einen auf die Zusammenarbeit in der GL, aber auch auf die Arbeitsatmosphäre der gesamten Firma. Dieser zwischenmenschliche oder *„emotionale"* Bereich wird in den Interviews immer wieder erwähnt und von den Managern als relevant betont. Denn betriebswirtschaftliche Probleme bestehen in den Augen der Interviewpartner sowohl aus einem rationalen, als auch aus einem emotionalen Teil. Dieser emotionale, zwischenmenschliche Bereich dürfe bei Problemlösungen nicht vergessen werden,

„[...] der ist ebenso wichtig. Und der ist schwieriger zu behandeln, weil wir es nicht gewohnt sind, mit emotionalen Problemen umzugehen. Wenn etwas im emotionalen Bereich nicht funktioniert, dann setzen wir uns immer hin, machen neue Abläufe, machen neue Organisationen, aber wir korrigieren

immer im rationalen Bereich. Aber man kann im rationalen Bereich die emotionalen Probleme nicht lösen. " (I6:126-130)

Was dieser Interviewpartner hier beschreibt, ist die klassische Annahme einer Organisation als Maschine. Bei Störungen kontrolliert man die Abläufe, tauscht Schrauben aus, misst Spannung und Ölstand. Dabei bleibt man jedoch dem technischen Verständnis einer Maschine treu und kommt daher nicht auf die Idee, die Probleme im emotionalen Bereich zu suchen. Dieser wird von dem Interviewpartner als Gegenpol des rationalen Bereiches gesehen und würde nach einer eigenen Problemlösung verlangen. Die OA versteht der Interviewpartner dabei als ein Diagnoseinstrument, welches Beziehungsstrukturen verbildlicht und *„emotionale Probleme"* sehr wohl in den Blick nehmen kann.

> *„Dann stellten wir diese Entwicklungsabläufe, diese Innovationsabläufe auf. Da waren der alte Ablauf und der neue Ablauf. Am Schluss der Aufstellung standen der alte und der neue Ablauf komplett gleichwertig nebeneinander – und die Probleme waren zwischen den Teilnehmern. Unglaublich! Das zeigt genau, dass die Probleme im emotionalen Bereich sind! Da kann man noch und noch Prozesse definieren und umorganisieren, wenn es im emotionalen Bereich nicht funktioniert, dann muss man die emotionalen Probleme im emotionalen Bereich lösen. "* (I6:145-152)

In der Aufstellung wurde für den Interviewpartner sichtbar, dass das ‚eigentliche' Problem in diesem Fall kein technisches ist, sondern im *„emotionalen"* Bereich angegangen werden müsste. Nun braucht es den Mut, dieses Thema über die Aufstellung hinaus tatsächlich zu bearbeiten. Dieser Schritt wird laut den Interviewpartnern jedoch häufig nicht gegangen. Als hemmend für das Angehen zwischenmenschlicher Themen beschreiben die Interviewpartner nicht die Methode an sich, sondern deren konkrete Anwendung in der FARINA: *„Das Tool kann man interpretieren wie man will. Es ist nur so gut, wie das, was man daraus macht. […] Und das was man nicht sehen will, das sieht man auch nicht"* (I4:224-227). Das, was man nicht sehen will, sind nach Meinung dieses Interviewpartners Themen, die aufgrund einer gemeinsam gegebenen Struktur von Anfang an aus der Betrachtung ausgeblendet wurden: *„Wir haben dann relativ schnell eine Struktur hereingebracht, indem wir gesagt haben, es gibt Themen, die* *wir in so einem Rahmen nicht bearbeiten"* (I4:36-37). Diese gemeinsame Struktur zeichnet sich dadurch aus, dass die Methode der OA in der FARINA genutzt werden soll, um Organisationen und Organisationseinheiten zu betrachten, nicht aber Einzelpersonen oder Funktionen aufzustellen. Berater und CEO führten die Methode mit einer klaren ‚Spielregel' ein: *„Die Spielregel ist aber a), dass wir keine Einzelpersonen sondern nur Organisationseinheiten aufstellen, und b) ist die Spielregel, dass ihr euch nur soweit outen müsst, wie ihr euch fühlt. Also es gibt keinen Seelenstriptease und nichts"* (I5:87-92). Beim Aufstellen in der FARINA sollen keine Einzelpersonen durch Stellvertreter repräsentiert werden. Gearbeitet wird stattdessen auf einer abstrakten oder kollektiven Ebene. Diese Regel wird von den Interviewpartnern als *„ein gewisser Selbstschutz"* (I4:328) empfunden, denn es herrschte die Befürchtung, die Aufstellung könnte private oder persönliche Themen im organisationalen Kontext zur Schau stellen. Was zum einen als Selbstschutz dient, führt nach Meinung der Interviewpartner allerdings auch dazu, dass Persönliches bewusst ausgeblendet und somit gewisse Themen und Resultate der Aufstellungen nicht akzeptiert werden. Nach Meinung dieses Interviewpartners muss es deshalb zu einem so genannten *„Switch"* (I4:209) kommen:

> *„Wenn es dann persönlich geworden ist oder persönlich hätte werden können in dem Sinn: ‚Eigentlich ist die Person X das Problem', dann hat der Prozess stattgefunden, dass man gesagt hat: ‚Nein, nein, das ist es nicht. Vergesst das! Sondern bringt es auf die rationale Ebene, auf die messbare Ebene.'"* (I4:236-239)

Der rationale Bereich scheint für dieses System eine ‚sichere' Ebene zu sein, die *„handfeste"* Ergebnisse liefert, *„[...] wo man über Kosten reden kann, über Strategie reden kann, über Zeit – einfach über so physikalische Größen, die messbar sind"* (I4:196-197). Daher wurde vielfach *„[...] probiert, personelle, emotionale Verhaltensprobleme in rationale Probleme umzuwandeln"* (I4:195-196). Gleichzeitig birgt diese rationale, messbare Ebene die Enttäuschung, dass so nicht an die wirklichen Stellhebel gelangt werden kann. Dem *„eigentlichen Problem"* wird durch diesen Switch *„entflohen"* (I4:198). Zu diesem Switch leistet in den Augen dieses Interviewpartners auch die Anwendung der OA einen Beitrag. Da es als eine *„Funktion der Aufstellung* [gesehen wird, A.B.], *dass man sich durch die Hypothesenbildung immer wieder bestätigen lässt, dass das Problem auf der fachlichen Ebene liegt"* (I4:218-220), wird mit Hilfe der OA die emotionale und zwischenmenschliche Ebene ausgeblendet. In der Art, in der Aufstellungen in der FARINA angewendet werden, tragen sie aus Sicht dieses Interviewpartners dazu bei, zu bestätigen, *„[...] dass man möglichst viel auf der rationalen Ebene abhandeln muss"* (I4:228-229). Dieser Switch ist nötig, da nach Meinung des Interviewten

> *„[...] die Geschäftsleitung als gesamtes Gremium nicht Willens ist, oder nicht genügend Willens ist, auch drastischere Veränderungen vorzunehmen. Man probiert, jede Veränderung, die man eigentlich machen müsste – und ich rede jetzt von personellen Veränderungen, wo Mitarbeiter ihrem Job eigentlich nicht gewachsen sind – stattdessen auf einer rationalen, diskutierbaren Ebene abzuhandeln."* (I4:203-208)

Der Schutz der privaten Person und die Treue zu jedem Mitarbeiter sind wichtige Werte der FARINA-Kultur, die das Miteinander langjährig geprägt haben. Nach Aussage eines Interviewpartners ist *„[...] der Veränderungswille auf Stufe Organisation – Personal sehr gering"* (I4:194). Diese Werte drücken sich auch im Umgang mit dem Instrument der OA aus: Aufstellungen, die eine Lösung in Richtung einer personellen Veränderung andeuten, werden ausgeklammert und umgedeutet. Selbst ein Instrument, dessen vorherrschende Funktion das Sichtbarmachen von Beziehungsstrukturen ist (Varga von Kibéd 2000:18), kann somit auf eine Art angewendet werden, die die Beziehungen zwischen einzelnen Mitarbeitern gezielt ausblendet und die Thematisierung von Zwischenmenschlichem zum *„Nicht-Thema"* (I4:148) macht. Dies geschieht in Anpassung an eine vorherrschende organisationale Logik und eine gewachsene Kultur. Damit stösst die OA aber laut der Interviewpartner auch an Grenzen – und sie tut dies in der FARINA in dem Bereich der Zusammenarbeit:

> *„Da kommen Punkte raus, wo ich sage, ja sind wir da denn verdammt noch mal mit diesen Aufstellungen nicht weitergekommen? Gerade was Zusammenarbeit und Gemeinschaftsaspekte betrifft. Die FARINA ist 90 Jahre alt – und ich sage manchmal, so wie die Zusammenarbeit die letzten 85 Jahre*

gewesen ist, hat das hier irgendwie die Wände imprägniert. [...] Von daher muss ich fragen: Ist dank dieser Aufstellungsarbeit wirklich fundamental etwas passiert? Das müsste ich jetzt ein schönes Stück in Frage stellen. Es hat in ganz konkreten Situationen wirklich geholfen. Aber bzgl. des Punktes Zusammengehörigkeitsgefühl habe ich den Eindruck, dass dort zwar zwischen den Leuten [der GL, A.B.] *etwas passiert ist, es aber keine Auswirkung auf weiter unten und somit auf den Zusammenhalt der Firma hatte. Das ist auch ein Nutzenaspekt, von dem ich einerseits sage: ,Ich sehe ihn', aber es kam vielleicht doch nicht so viel heraus, wie ich mir hätte vorstellen können.*" (I1: 599-618)

Der Unterschied, den der Einsatz der OA in der FARINA macht, endet beim Thema ,Beziehungen'. Dies ist nicht weiter verwunderlich, da dieser Bereich zum einen von Anfang an aus der gemeinsamen Arbeit bewusst ausgeblendet wurde, so dass man auf Organisationseinheiten und organisationale Themen fokussieren konnte. Zum anderen würde eine Behandlung des Beziehungsthemas dem grundsätzlichen Zweck der OA in der FARINA zuwiderlaufen: Aufstellungen werden in diesem System angewendet, um Sicherheit zu stiften. Dies geschieht durch die Anwendung der OA zum Überprüfen und Abtesten von Entscheidungen und dank der gewonnenen Erfahrung, dass die Methode obwohl unverstanden doch wirksam ist. Die Methode wird in der FARINA also angewendet, um Entscheidungen besser in den Griff zu bekommen und somit Sicherheit auch in unentscheidbaren Fragen herzustellen. Für diesen Entscheidungsmodus ist die OA durch ihre routinierte, strukturierte und rationale Anwendungsweise legitimiert.

Dass die OA zur vertieften Behandlung von Beziehungsthemen angewendet werden soll, wurde in der GL der FARINA zum einen von vornherein abgelehnt. Darüber hinaus sind Beziehungen ein höchst vielschichtiges und unsicheres Thema, das nicht unter Kontrolle zu bringen ist und somit dem Gedanken, Sicherheit herzustellen, widerspricht. So, wie die OA in der FARINA angewendet wird, nämlich als Sicherheit generierender Entscheidungsoperator bei unentscheidbaren Fragen, ist das Interesse, zwischenmenschliche Themen damit zu behandeln, nicht vorhanden – eine legitime Entscheidung, die auf ihre Art für die Anwendung der OA in der FARINA sinnvoll ist.

3 ERGEBNISDISKUSSION

Hier sollen nun mit Blick auf die Forschungsfrage, wie sich der Eingang der OA in die FARINA vollzieht, Ergebnisse diskutiert werden. Dies geschieht auf Grundlage der beiden empirischen Studien aus Kapitel V und VI.

- Wie vollzieht sich der Eingang der OA in die FARINA? Kapitel 3.1 beschreibt die firmenspezifischen Anwendungsformen, Interpretationen und Handlungsweisen, die sich in der FARINA im Umgang mit der Methode herausgebildet haben. Formuliert wird die These, die Einführung einer Innovation könne als Übersetzungsleistung verstanden werden, bei der das Neue mit Eintritt in die Organisation geformt und abgewandelt wird.

- In welchem Verhältnis stehen die metaphorischen Konzepte von Berater und CEO und die Themen der Interviewten? Kapitel 3.2 legt die Beobachtung aus Kapitel V zugrunde, dass die Kommunikation von Berater und CEO bestimmte metaphorische Strukturen enthält und stützt sich auf die Annahme Lakoff & Johnsons (1998), wonach metaphorische Strukturen unser Denken in gewisser Weise leiten. Aufgezeigt wird, welche Lesarten der Methode durch die Metaphorik von Berater und CEO begünstigt werden.

- Welche alternativen Sichtweisen und Lesarten der OA werden durch die verwendeten Metaphern verdeckt, verunmöglicht oder zumindest unwahrscheinlicher gemacht? Unter der Frage: *"What kind of changes do certain metaphorical structures allow, and which ones do they make difficult?"* (Deetz 1986:181) thematisiert Kapitel 3.3 das Thema des organisationalen Lernens.

3.1 Die Übersetzung des Konzeptes

In der FARINA findet seit fünf Jahren eine regelmäßige Arbeit mit der OA auf höchster Managementebene statt. Dass die OA in der Logik des Managements der FARINA als geeignete Methode gewinnbringend Anwendung findet und als sinnvoll erlebt wird, ist in dieser Studie deutlich geworden. In der FARINA wird die Methode der OA vor allem genutzt, um in Entscheidungssituationen Optionen abzutesten und so Sicherheit herzustellen. Die Verfertigung von Sicherheit prägt den gesamten Umgang mit dem Instrument. Die OA taugt in diesem Unternehmen zur Generierung von Lösungen in konkreten Problemfällen, in denen Klarheit nötig ist. Ihr gelingt dies auf eine zielgerichtete, inhaltlich und terminlich strukturierte Art, die aus einer unverstandenen Methode ein Tool macht, dessen man sich bedarfsorientiert bedienen kann. Somit entspricht die OA den Anforderungen des Managements und liefert vor allem für unentscheidbare Fragen einen Entscheidungsoperator, auf den man in seinem experimentellen Status nicht mehr verzichten möchte. Dabei wird stets darauf geachtet, dass private und organisationale Themen nicht vermischt werden und sich die Beteiligten nicht zu einem ‚Seelenstriptease' genötigt fühlen. Tabelle 7 gibt einen Überblick über die spezifischen Anwendungsformen der OA in der FARINA, die Weiterentwicklung der Methode und eine Interpretation dessen:

• Unsicherheit im Umgang mit OA • „Ich könnte nicht Eigner der Methode sein"	Klar strukturiertes Setting: • 6mal jährlich Montag nachmittags • Themen werden vorgängig definiert • Aufteilung der Themen in die drei Unternehmensbereiche • eine Aufstellung zu strategischen und zwei zu operativen Themen	• Die unbekannte Methode wird strukturierter und vorhersehbarer gemacht • Die GLM wissen im Vorfeld, was sie erwartet
Abtesten, Überprüfen, Bestätigen von Entscheidungen	Zielsetzung der Workshops definieren = Validierung strategischer Optionen	OA als Entscheidungsoperator gibt Sicherheit bei unentscheidbaren Fragen
• Sich der Methode als Tool für konkrete Fragen bedienen • „Die Manager nutzen das Instrument gerne, um Klarheit zu bekommen"	• Bedarfsorientiertes Vorgehen, dann wenn Themen konkret werden • Schärfen der Frage	• Das Bearbeiten konkreter Fragen entspricht einer Management-Logik • Schritt zum erweiterten Problembewusstsein wird zugunsten der Bearbeitung akuter Fragen nicht gegangen
Diskussionsforum und Kommunikationsplattform	• „Weniger Aufstellungen sind mehr" • Zeit zum Nachbereiten nehmen	Diskussion als bekannte Form der Auseinandersetzung im Unternehmen wird durch OA verbessert
„Wir machen keinen Seelenstriptease"	„Wir stellen keine Personen auf"	• Verhindert ein Abdriften auf die private Ebene • Arbeit auf der akzeptierten organisationalen Ebene

Tabelle 7: Anwendungsformen und Weiterentwicklung der OA in der FARINA

Die Weiterentwicklung der Methode entlang den Bedürfnissen der GL führt dazu, dass die OA in der FARINA auf eine bestimmte Art und Weise zur Anwendung kommt. Diese kann als Übersetzung der Methode beschrieben werden. Durch diese Übersetzungsleistung ist es der FARINA gelungen, etwas Systemfremdes wie die OA an den eigenen Managementkontext anzupassen und so dauerhaft anzuwenden. Mit ihrer speziellen Anwendungsform reduziert das Management der FARINA zwar nicht die Unerklärlichkeit der Aufstellungsarbeit, es gelingt aber, diese zu ritualisieren und in einem strukturierten Rahmen durchzuführen. Das Irrationale wird kategorisiert, durch die Bildung von Themenkomplexen systematisiert und mit seiner regelmäßigen, klar geregelten Anwendung institutionalisiert. Auf diese Art rationalisiert die FARINA die neue Methode. Da Rationalität in unserer Kultur der gesellschaftlichen Norm entspricht (Meyer&Rowan

1977; Abrahamson 1996), findet die OA aufgrund dieser Form der Anwendung im Unternehmen Legitimation.

Die Einführung einer Innovation kann als Übersetzungsleistung (Callon&Latour 1981; Czarniawska&Sevón 1996) verstanden werden, bei der das Neue mit Eintritt in die Organisation geformt und abgewandelt wird. Um gemeinsam mit der GL zu Ergebnissen zu gelangen, die alle befriedigen, müssen Berater und GL einen gemeinsamen ‚Balanceakt'[127] bewältigen und Formen der Anwendung finden, die allen Beteiligten taugen. Dieser gemeinsame Balanceakt – oder wie Rottenburg (1996:214) es nennt: das „ball game" – bezeichnet den Prozess, der den Eingang neuer Ideen in ein Unternehmen prägt: Nur wenn der Ball vom Mitspieler aufgenommen und zurückgepasst wird, geht das gemeinsame Spiel weiter.

> „In the case of movement of ideas and artefacts through time and space, each actor therefore takes the 'thing' into his or her own hands and gives it the shape and direction that best corresponds to his/her context and intentions. In this way, we move from the transmission of a thing that remains the same to the transformation of the thing." (Rottenburg 1996:214-215)

Laut Rottenburg, der sich hier auf Czarniawska & Joerges (1996) und Callon & Latour (1981) stützt, dringt die neue Praktik nicht einfach unverändert in ein neues System ein und wird dort standardmäßig angewendet. Innovation ist vielmehr in einem konstruktivistischen Sinne als eine Übersetzungsleistung zu verstehen, bei der das System die Innovation formt, ihr neue Funktionen und Bedeutungen zuschreibt. An Stelle eines eindeutigen Objekts ‚Organisationsaufstellung', das in ein System diffundiert, ist somit ein Prozess der Sinnstiftung (Weick 1985) zu beobachten, mit dessen Hilfe dem neuartigen Instrument Bedeutungen gegeben werden, die für alle Beteiligten einen möglichst großen Nutzen stiften. Die Art der Anwendung, die sich in der FARINA mit der OA herauskristallisiert hat, ist geprägt von der firmenspezifischen Logik.

---

[127] vgl. das Zitat des Beraters S.205.

3.2 Gegenüberstellung von Metaphernkonzepten und Themen[128]

Diese firmenspezifische Logik – die ‚Lesart' des Unternehmens, welche sich in der aggregierten Themenlandschaft äußert – soll in diesem Kapitel mit den Metaphern[129] des Beraters und des CEOs verglichen werden. Bei dieser Gegenüberstellung liegt „[t]*he primary interest* [...] *in seeing how social realities get constructed and direct members' attention, and in determining which activities and perceptions are enhanced and which are pushed out of attention"* (Deetz 1986:181). Mit Bezug auf das in Kapitel II.1.3 genannte Verständnis von Kommunikation und Informationsrezeption als Auswahlprozess (Shannon 1963; Weizsäcker 1974; Hall 1980/1999) wird davon ausgegangen, dass das durch den Berater kommunizierte Konzept von der Organisation den eigenen organisationalen ‚cognitive maps' (Weick 2003) folgend rezipiert wird. Dieser zweiseitige Prozess – bestehend aus der Kommunikation des Beraters und des CEOs und der Aufnahme und Selektion der Information durch die Organisation – soll im Folgenden (theoretisch) aufgezeigt werden. Tabelle 8 zeigt einen Vergleich der Themen der Interviewten mit den Metaphernkonzepten.

---

[128] Aufgeführt werden nur diejenigen Themen der Interviewten und die Metaphern des Transkripts, die einen gewissen Bezug zueinander aufweisen.

[129] An dieser Stelle sei noch einmal betont, dass von einem mittleren Maß an Intentionalität bzgl. der Metaphernverwendung ausgegangen wird. Metaphern entstehen meist spontan und unbewusst. Gleichzeitig ist es den Akteuren sehr wohl möglich, einzelne Sprachbilder explizit auszuwählen und in die Sprache einfließen zu lassen. Da die hier dargestellten Themen der Interviewpartner im organisationalen Alltag nicht offen zutage liegen und als allgemein bekannt angenommen werden können, wird im Folgenden davon ausgegangen, dass Berater und CEO die entsprechende Metaphorik keineswegs bewusst ausgewählt haben. Es geht vielmehr darum aufzuzeigen, wie zwei Diskurse aneinander Anschluss finden können, ohne explizit aufeinander abgestimmt worden zu sein. Reizvoll ist hierbei, dass das Workshop-Transkript als sehr frühes Dokument der gemeinsamen Zusammenarbeit gelten kann (es entstand sieben Monate nach der Einführung der OA in die FARINA und bezieht sich auf die ersten sechs Aufstellungsworkshops), während die Interviews im vierten Jahr der Zusammenarbeit nach über 60 durchgeführten Aufstellungen geführt wurden. Betont sei auch, dass der Vortrag von Berater und CEO nicht von den Mitgliedern der GL gehört wurde. Es wird jedoch davon ausgegangen, dass – gerade durch den unbewussten Aspekt der verwendeten Sprache – die zugrunde liegende Metaphorik auch in der (inzwischen mehrjährigen) Kommunikation zwischen Berater, CEO und GL zutage tritt und somit das Verständnis der GL bzgl. der OA beeinflusst.

Themen der Interviewten	Metaphernkonzepte des Transkripts	Die Metapher ermöglicht ...
C, Die Methode fasziniert und verunsichert	C, Aufstellen ist Verborgenes sichtbar machen (implizites Wissen)	• Der Zauber des Mystischen darf nicht verleugnet werden, muss aber domestiziert werden • Die Metapher liefert Ablenkung vom Magischen und lenkt den Blick auf Wissen
D, Sicherheit herstellen	D, Aufstellen ist Architektur und Handwerk	• Die Metapher stellt sicher, dass nur das Überprüfen und Abtesten von Optionen geschieht, • nicht aber der Drift in Privates
E, Die Methode ist wirksam	A, Aufstellen ist in Bewegung bringen	• Die Metapher beschreibt eine Wirksamkeit • Bewegung (nach vorne und oben) ist für Organisationen gewinnbringend konnotiert • Gleichzeitig ist diese Wirksamkeit sehr offen formuliert

Tabelle 8: Vergleich von Interviewthemen und Metaphernkonzepten

Dreh- und Angelpunkt bei der Beschäftigung mit OA aus Sicht des Managements ist das faszinierende und zugleich verunsichernde Element der Methode (vgl. Thema C). Die Metapher C AUFSTELLEN IST VERBORGENES SICHTBAR MACHEN verspricht, Geheimes ans Tageslicht zu holen und hält somit den schillernden Aspekt der OA am Leben.

Die Faszination – und die zugleich mitschwingende Erwartung der GL, die OA könne Ungeahntes vollbringen – wird in dem metaphorischen Konzept sprachlich bedient. Das, was die Aufstellung sichtbar macht, wird als ‚implizites Wissen' bezeichnet. Wissen stellt ein dem Management bekanntes Konzept dar. Mit der Thematisierung des Wissens wird der Blick auf eine wichtige organisationale Ressource gelenkt. Die OA gerät somit nicht in den Verdacht, Unliebsames, Peinliches oder Privates aufzudecken, sondern dient den Ansprüchen und Erwartungen des Managements. Der Zauber des Mystischen wird dabei stets mitgeführt, steht jedoch nicht länger im Mittelpunkt. Damit gelingt eine sprachliche Anbindung der OA, die den Zauber des Mystischen nicht verleugnet, ihn aber gleichzeitig ‚domestiziert' und als handhabbar beschreibt.

Die Methode der OA erlaubt dem Unternehmen zum einen, Sicherheit herzustellen, indem sie das Abtesten und Überprüfen von Optionen ermöglicht. Zum anderen ist das Herstellen von Sicherheit im Umgang mit der unbekannten Methode nötig, um die Verunsicherung durch deren unerklärlichen Charakter zu mindern (Thema D). Über die Metapher D AUFSTELLEN IST ARCHITEKTUR UND HANDWERK wird die OA in einen durchdachten, wohl strukturierten Interventions-Entwurf eingebettet, der sicherstellt, dass mit der OA nur das Überprüfen von Möglichkeiten stattfindet. Ein ungewollter Drift in private Ebenen wird von vornherein ausgeschlossen. Kommuniziert wird ein großer Erfahrungsreichtum des ‚Architekten' (Beraters), seine fundierte Ausbildung und dessen Wissen um organisationale Gebilde.

Die Erfahrung der GLM, dass die Methode der OA wirksam ist (Thema E), ist für die Fortführung dieses Experiments wichtig. Wie in Kapitel VI.1 ausgeführt, wird diese Wirksamkeit durch das Unternehmen jedoch nie klar definiert. Die Organisation kann den Nutzen der OA somit in vielerlei Hinsicht entdecken (vgl. Kapitel VI.2.1). Mit Bezug auf die Literatur zu Management-Fashion ist die „interpretative Viabilität" (Ortmann 1995:371ff) eines Konzeptes, seine „malleability and plasticity" (Clark 2004:303) – also dessen Ver-Formbarkeit – ein wichtiger Aspekt für dessen Verbreitung (Kieser 1997:59). Die Ambiguität eines Konzeptes erlaubt es den Anwendern, diejenigen Deutungen auszuwählen, die ihnen zusagen, und andere zu ignorieren. Die Metaphorik des Beraters ist für ambigue Zuschreibungen bzgl. eines Nutzens offen. Das metaphorische Konzept A AUFSTELLEN IST IN BEWEGUNG BRINGEN beschreibt einen Nutzen, der für Organisationen unserem westlichen Denkmuster folgend erstrebenswert ist: eine Bewegung nach vorne und oben wird als positive ‚Entwicklung', als

,weiter kommen' oder ,Fortschritt' gewertet (Lakoff&Johnson 1998:25).[130] Es ist eine Metaphorik, die an einen organisationalen Diskurs gut anschlussfähig ist, während sie gleichzeitig die Wirksamkeit der OA so offen formuliert, dass individuelle Zuschreibungen nicht eingeengt werden.

Zusammenfassend kann festgehalten werden:

- Im Sinne des Erstmaligkeits-Bestätigungs-Modells (Weizsäcker 1974) haben Berater und CEO ein neues Konzept solchermaßen kommuniziert, dass die GLM die Informationen an bekanntes Wissen und relevante Themen der Organisation anschließen konnten.

- Durch die Kommunikation von Berater und CEO ist es der Organisation möglich, die Methode in die bisherige Unternehmenslogik zu inkorporieren und sie zu übersetzen. Die OA kann als Controllinginstrument und Sicherheit generierender Entscheidungsoperator ,gelesen' werden.

- In dieser Anwendungsform als Controllinginstrument entspricht die OA dem gängigen Managementhandeln und kann so als Methode eingesetzt werden, deren rationaler Charakter nicht in Frage gestellt wird. Das Durchführen einer OA erleben die GLM nun als eine Praxis, die auf effiziente Weise zu ernstzunehmenden ökonomischen Ergebnissen führt. Dies legitimiert ihren Einsatz im Management.

3.3 Übersetzung und organisationales Lernen

Wie in Kapitel II ausgeführt, ist die Übersetzung der Konzepte nötig, um Wandel in Organisationen überhaupt zu ermöglichen. Mit Nagel (2001:56) wurde betont, dass jedes System eigene Operationsweisen sowie Kommunikations- und Sinnstrukturen ausbildet, die es ihm ermöglichen, die Komplexität der Welt zu reduzieren. An diese Operationsweise des Sys-

---

[130] Dieser Gedanke wird in dem Logo der Deutschen Bank: Deutsche Bank ☑ in seiner kürzesten Form ausgedrückt. Zum Verständnis von Bildern als Diskurse vgl. Maasen, Mayerhauser & Renggli (2006). Auf die bildliche Inszenierung von Investmentchancen in der Finanzwerbung geht Stäheli (2006) explizit ein.

tems muss Neues angeschlossen werden, damit Veränderungen vom System überhaupt ‚verstanden' und als relevante Differenz wahrgenommen werden können. Die Anschlussfähigkeit der OA ist – mit hervorgerufen durch ihre sprachliche ‚Verpackung' – in hohem Maße gegeben. Die sprachliche Darstellung sowie die gemeinsam erarbeiteten Anwendungsformen der OA machen ein hohes Maß an Bestätigung im Unternehmen möglich und führen dazu, dass die OA trotz ihrer Unerklärlichkeit als anschlussfähig erlebt wird. In der FARINA ist es gelungen, die OA so zu inkorporieren, dass sie der gängigen Logik folgend angewendet werden kann. Im Folgenden soll betrachtet werden, warum die FARINA gelernt hat, mit OA zu arbeiten und wie sich dieses Lernen zu einem organisationalen Lernen erster und zweiter Ordnung verhält.

3.3.1 Warum hat die FARINA gelernt, mit OA zu arbeiten?

Fragt man mit Baecker (2003:105) unter Bezug auf Luhmann (1989), was eigentlich ein Manager in einem sich selbst organisierenden System tut, gibt dies eine mögliche Antwort darauf, warum die FARINA gelernt, mit der OA zu arbeiten. So wird es von Baecker als die „[...] *wesentliche Kompetenz des Managers* [beschrieben, A.B.], *das System in seiner Dynamik zu bestärken, das heißt in einem gewissen Vertrauen darauf, dass es weiter geht"* (2003:106). Dies ist keineswegs trivial, da die Dynamik der Verhältnisse, auf die sich ein Manager einlassen muss, in einem selbstorganisierenden System gerade darin bestehen, laufend Entscheidungen zu treffen, deren Korrekturbedarf man bereits in dem Augenblick der Entscheidung vorweg einkalkulieren muss. Obwohl bereits im Moment der Entscheidung Gründe existieren, weshalb die Entscheidung morgen zu bereuen oder zu korrigieren sein könnte, muss ein Manager das Unternehmen dazu bringen, entscheidungsfähig zu bleiben (zu werden), nicht in eine Starre zu verfallen und an eine (positive) Zukunft zu glauben. Die OA, so wie sie in der FARINA eingesetzt wird, liefert als Sicherheit generierendes Controllinginstrument gerade diese Handlungsbefähigung[131] und bietet somit eine für das Management entscheidende Ressource. Dies beantwortet, warum die FARINA gelernt hat, mit der OA zu arbeiten: dem Bedürfnis des Management entsprechend, ‚voranzuschreiten' und Entscheidungen zu treffen, um weiter machen zu können, ist die OA ein unterstützender Entscheidungsoperator.

Unter Bezug auf Argyris & Schön (1999) kann man sagen, die FARINA hat vordergründig ein Anpassungslernen vollzogen: Unerwartetes und Unbekanntes wurde in die gegebenen Denkstrukturen assimiliert. Dem geäußerten Ziel des CEOs – die Anwendung der OA in der GL einfach mal auszuprobieren – wurde durch Anpassungslernen als effektive Form der Adaption an vorgegebene Ziele und Normen (Probst&Büchel 1994:36) nachgekommen. Diese Studie zeigt somit die Macht eines Systems, neue Konzepte aufzunehmen, zu übersetzen und an die bestehende Logik anzupassen. Der Sinn einer Innovation wird von dem System, in das sie Eingang findet, definiert. Da sich die Übersetzung an der vorherrschenden Logik des Systems orientiert – nämlich dem ‚Vorwärts machen' und der Erlangung von Handlungsfähigkeit –, kann jedoch nicht davon ausgegangen werden, dass es mit der Anwendung der OA automatisch zu einer Selbstthematisierung und somit zu einem Lernen zweiter Ordnung kommt. Innovationen treten in ein bestehendes System mit einer gewachsenen Organisationskultur ein. Sie sind nicht per se in der Lage, diese Kultur oder Logik bewusst zu machen, sie zu durchbrechen und Veränderungslernen zu provozieren.

---

[131] Hierin gleicht die OA einem Orakel, das durch ambivalente, unscharfe Aussagen den Angesprochenen zum Handeln bringt. Nicht das Orakel handelt und entscheidet. Was das Orakel leistet, ist vielmehr, den Fragesteller in die Aktion zu schicken – und dies mit dem Gefühl von Sicherheit und Klarheit.

3.3.2   Verhilft die OA zu einer anderen Form der Selbstthematisierung?

Um Veränderungslernen zu ermöglichen, ist eine kritische Betrachtung der eigenen Alltagstheorien notwendig (Müller 1995). In diesem Kapitel soll die Frage beantwortet werden, ob es mit der Anwendung der OA auch zu Lernmomenten zweiter Ordnung innerhalb der Organisation kommt und eine andere Form der Selbstthematisierung möglich wird. Mit Argyris & Schön (1999) wird davon ausgegangen, dass Organisationales Lernen dann statt findet,

> „[...] wenn einzelne in einer Organisation eine problematische Situation erleben und sie im Namen der Organisation untersuchen. Sie erleben eine überraschende Nichtübereinstimmung zwischen erwarteten und tatsächlichen Aktionsergebnissen und reagieren darauf mit einem Prozeß von Gedanken und weiteren Handlungen; dieser bringt sie dazu, ihre Vorstellungen von der Organisation oder ihr Verständnis organisationaler Phänomene abzuändern und ihre Aktivitäten neu zu ordnen, damit Ergebnisse und Erwartungen übereinstimmen, womit sie die handlungsleitenden Theorien von Organisationen ändern. " (Argyris&Schön 1999:31)

Dieser individuelle Prozess von Gedanken, der durch eine überraschende Nichtübereinstimmung zwischen erwarteten und tatsächlichen Aktionsergebnissen erlebt wird, ist in den Interviews sehr wohl auffindbar. So stellt ein Interviewpartner in seiner Erzählung fest, dass es mit Hinzunehmen der Kaderebene in die Aufstellungsworkshops zu Konflikten untereinander kam. Die eigene Äußerung veranlasst den Interviewten zur Reflektion über das eben Gesagte. Er erbittet sich im Interview eine kurze Pause, um sich Aufzeichnungen dazu zu machen:

> „Die Tatsache, dass es in der Vorbereitung auf die Aufstellung – oder in der Nachbereitung – Leute gegeben hat, die fast aufeinander los sind, war völlig neu. Da könnte man natürlich die Frage stellen: ,Ja warum gab es das denn nicht vorher [als nur innerhalb der GL ohne Kaderebene aufgestellt wurde, A.B.]?' Also was passiert auf der GL-Ebene einerseits und auf der Kaderebene andererseits? Hier könnte man noch ansetzen (Pause ca. 10 sec.). Ich muss mir das selbst einmal notieren. Das ist wirklich ein Punkt, der – es ist vielleicht schon einmal auf dem Tapet gewesen. Aber – ich muss mir das nur gerade geschwind aufschreiben (Pause ca. 7 sec.)." (I1:474-482)

Zu einem ähnlichen individuellen Lernmoment kam es, als derselbe Interviewpartner von einer konfliktreichen Aufstellung erzählte, bei der es zwischen zwei Personen zu Auseinandersetzungen auf der Beziehungsebene kam:

„Das heißt Beziehung – es ist etwas gegangen auf der Beziehungsebene, was gut war. Von dem her – ich bin jetzt auch ein bisschen am Nachbereiten dieses Erlebnisses – ist es eigentlich eine sehr positive Botschaft gewesen, die [der Angesprochene, A.B.] *bringen wollte.* [...] *Ich frage mich jetzt im Nachhinein, ob man aus dem heraus nochmals etwas gemacht hat – also dass auf Kaderebene so etwas ablaufen kann, es auf GL-Ebene aber gar nie zu so etwas kam. Vielleicht müsste man am Schluss sagen:* ,Wären wir weiter gekommen, wenn das* [Thematisieren von Beziehungen, A.B.] *auch hätte passieren können?'"* (I1:492-509)

Auf einer individuellen Ebene im Rahmen der Interviewsituation werden Themen aufgegriffen, die einer veränderten Handlungslogik bedürften, um zielführender angegangen zu werden. Diese Themen betreffen den Bereich der ,Beziehungen' oder auch das ,Emotionale' und ,Zwischenmenschliche'. Eine – als neu und ungewohnt empfundene – Beschäftigung mit diesen Themen könnte im individuellen Verständnis des Interviewpartners dazu verhelfen, auf organisationaler Ebene ,weiter zu kommen'. Wie Argyris & Schön betonen, wird Lernen dann organisational und verlässt die individuelle Ebene, wenn es „[...] *in den Bildern der Organisation verankert* [wird, A.B.]*, die in den Köpfen ihrer Mitglieder und/oder den erkenntnistheoretischen Artefakten existieren (den Diagrammen, Speichern und Programmen), die im organisationalen Umfeld angesiedelt sind"* (1999:31). Das heißt, die Voraussetzung für die Existenz kollektiver Lernprozesse ist, „[...] *dass individuelles Wissen für die Organisation überhaupt zugänglich und transparent ist und so zu überindividuellem,* ,verobjektiviertem' *Wissen werden kann"* (Nagel 2001:58). Dies verlangt von den Individuen, dass sie ihre impliziten ,mental modes', die sie sich durch Lernerfahrungen angeeignet haben, explizit machen und ihr individuelles Erfahrungswissen im Beziehungsgeschehen aktiv zur Verfügung stellen. Das individuelle Wissen muss hierzu als relevant erachtet und als anschlussfähig oder konsensfähig erlebt werden und in den sozialen Interaktionen auf Akzeptanz stoßen. Schließlich muss das individuelle Wissen aktiv in den Kommunikationsfluss integriert werden, wodurch es das Beziehungsgeschehen beeinflusst und für das Kollektiv transparent wird (Nagel 2001:58). Dass der Schritt, die individuelle Lernerfahrung bzgl. der Arbeit mit der OA aktiv in das Unternehmen einzubringen, in der FARINA bisher zwar in Ansätzen versucht wurde, jedoch kaum auf Resonanz stieß, zeigen folgende Zitate:

> „Ich habe immer darauf hingewiesen: ‚Ihr müsst unterscheiden: Es gibt den Ablauf. Das ist der rationale Teil. [...] Aber es gibt auch einen emotionalen Teil. Vergesst diesen emotionalen Teil nicht, der ist ebenso wichtig. Und der ist schwieriger zu behandeln. Weil wir es nicht gewohnt sind, mit emotionalen Problemen umzugehen. [...] Ich war immer der einzige in der Geschäftsleitung, der das so gesagt hat." (I6:123-131)

> „Das ist genau das, was ich gesagt habe! Dass die Probleme eben im emotionalen Bereich sind. [...] Man muss die emotionalen Probleme im emotionalen Bereich lösen. Das ist mir dann extrem geblieben. Aber ich bin [in der GL, A.B.] nicht so berühmt dann geworden mit meinen Kommentaren." (I6:149-153)

> „Dann gab es auch Aufstellungen, die sehr energiegeladen waren. Die auch dazu führten, dass das, was man in der Aufstellung gesehen hat in den Bereich Nichtakzeptanz gestellt wurde. Es hat aus meiner Sicht ganz klar Resultate gegeben, die man nachher negiert hat und nicht drüber diskutieren wollte." (I4:109-113)

> „Das wurde eigentlich zum Nicht-Thema erklärt – inoffiziell." (I4:148)

Auf einer individuellen Ebene können Widersprüche zwischen der offiziellen Handlungstheorie und den geistigen und substantiellen Verhaltensmöglichkeiten (Gebrauchstheorie) sehr wohl wahrgenommen werden. Laut Probst & Büchel (1994:25) stellt dies einen ersten Schritt zu organisationalem Lernen dar. Eine Diskussion darüber kann auf kollektiver Ebene in der FARINA scheinbar jedoch (noch) nicht – erfolgreich – geführt werden. Hier treten defensive Routinen und das Festhalten an bekannten und sicheren Verhaltensweisen einem Lernen zweiter Ordnung entgegen. Finden individuelle Erkenntnisse und Einsichten im Kollektiv keine Akzeptanz, spricht Eberl von „Wissenskandidaten" (1998:51). Organisationales Lernen als kommunikatives Phänomen (Willke 1996a) bedarf jedoch des Austauschs über diese individuellen Lernmomente. Dem scheint die Einschätzung der Wissenskandidaten entgegenzustehen, wonach emotionale Themen – deren Behandlung im Unternehmen eine veränderte Handlungstheorie erfordern würde – bisher nicht als anschlussfähig bzw. konsensfähig erlebt werden.

Diese Einschätzung ist sicherlich der gewachsenen Kultur der FARINA gewidmet. Betrachtet man die Kommunikation von Berater und CEO bzgl. der OA im Rahmen der Metaphernanalyse, ist aber auch dort festzustellen, dass die von der GL in den Einzelinterviews angesprochene ‚emotionale‘, ‚zwischenmenschliche‘ oder ‚Beziehungsebene‘ metaphorisch nicht aufgegriffen und thematisiert wird. Die OA wurde demnach auf eine Art kommuniziert und eingesetzt, die dem bereits vorhandenen Wissen, der Kultur und den bekannten Vorgehensweisen der FARINA stark entspricht. Neue, mitunter auch herausfordernde Seiten – wie etwa das Aufstellen zwischenmenschlicher Fragen – wurden ausgeklammert oder sprachlich (mit Bezug auf implizites Wissen oder die Interventionsarchitektur) dem Bekannten gleich gemacht. Laut dem Erstmaligkeits-Bestätigungs-Modell Weizsäckers (1974) kann es in Unternehmen dann zu Lerneffekten kommen, wenn sich die aus der Umwelt aufgenommenen Informationen von den im Unternehmen vorhandenen Informationen genügend unterscheiden. Wenn eine Veränderungsintervention dagegen semantisch (vom Inhalt oder Thema her gesehen) und pragmatisch (von der Form der kommunikativen Inszenierung her gesehen) Bestehendem zu sehr ähnelt und Bestehendes damit zu stark bestätigt, läuft dies auf ein ‚mehr desselben‘ (Watzlawick, zit. nach Rüegg-Stürm&Schumacher 2007:57), nicht jedoch auf ein Lernen hinaus. Informationen mit sehr geringem Neuigkeitsgrad lassen sich in vorhandene Wissensstrukturen zwar problemlos einordnen, verändern aber genau aus diesem Grunde das Wissen nur in geringem Maße (Becker 2005:232).

Die OA kann somit auf mindestens zwei verschiedenen Ebenen auf ihren Informationsgehalt und Neuigkeitswert hin betrachtet werden: ‚pragmatisch‘ – d.h. laut Rüegg-Stürm & Schumacher (2007:57) von der Form der kommunikativen Inszenierung her gesehen – und ‚semantisch‘ – also vom Inhalt oder Thema her gesehen. Abbildung 6 zeigt die bekannte Form der Aufstellungsarbeit nämlich die Arbeit mit Stellvertretern und deren repräsentierenden Wahrnehmung. Dieser Form stehen verschiedene mögliche Inhalte gegenüber:

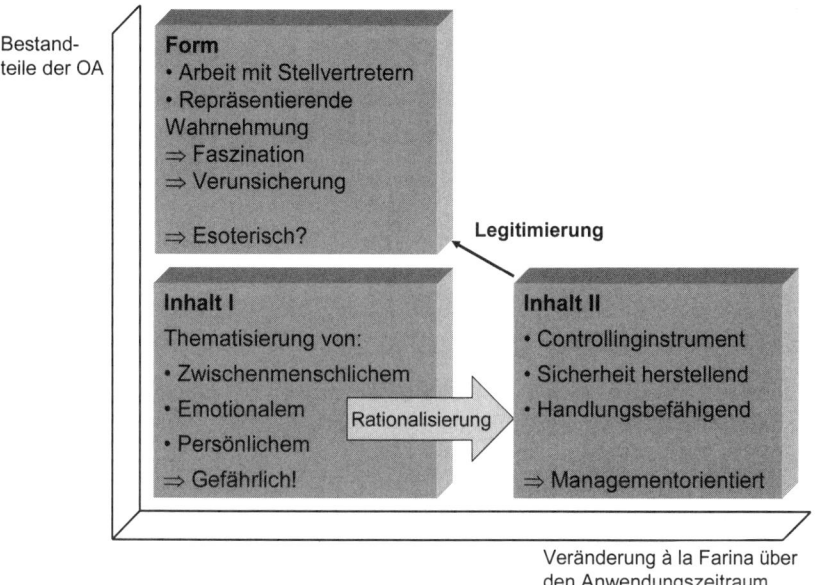

Abbildung 6: Darstellung der Bestandteile Form und Inhalt der OA

Die OA stellt in der FARINA aus pragmatischer Sicht eine durchaus neue und ungewöhnliche Form der Intervention dar: Die Arbeit im Raum, bei der dank der repräsentierenden Wahrnehmung auf Stellvertreter zur Informationsgenerierung zurückgegriffen werden kann, ist im Management eine unbekannte Interventionsform. Diese Ebene bedarf aufgrund der Unerklärlichkeit und Fremdheit – dem ‚esoterischen' Anschein – des Phänomens der repräsentierenden Wahrnehmung der Legitimierung. Diese geschieht nicht auf formeller Ebene – formell bleibt die OA über die gesamte Dauer der Anwendung unverändert –, sondern über eine Anpassung des Inhalts an bekannte organisationale Themen und Aufgaben. Durch die Verwendung der OA als Controllinginstrument für (strategische) Unternehmensfragen erweist sich die OA auf semantischer Ebene als äußerst anschlussfähig an bestehende (Gedanken-)Strukturen: sie dient dem Herstellen von Sicherheit und wirkt handlungsbefähigend. Von einer inhaltlichen Auseinandersetzung mit zwischenmenschlichen, emotionalen oder persönlichen Themen – die klassischerweise in Aufstellungen behandelt werden – wird aufgrund des ‚Gefahrenpotentials' abgesehen.

Allerdings führt die Anpassung der OA an die vorherrschende rationale Logik auch dazu, dass Erwartungen bzgl. etwas ‚wirklich Neuem', wie zum Beispiel der Thematisierung von Zwischenmenschlichem, nicht erfüllt werden. So dient in den Augen der Interviewten nun auch das Tool zum Sichtbarmachen von Beziehungsstrukturen wieder nur dazu, aufzuzeigen, dass Ergebnisse rational betrachtet werden müssen. Fungiert die OA nur als unverstandener Entscheidungsoperator, der Sicherheit und Bestätigung im ‚einfach machen' und schnellen Entscheiden liefert, verhindert die so angewandte Methode ein Lernen zweiter Ordnung, da sie von der Reflexion der eigenen Entscheidungsmuster ablenkt. Auf die Anschlussfähigkeit der Methode mag sich ein Einsatz nach der gewohnten organisationalen Logik äußerst positiv ausgewirkt haben – dem organisationalen Lernen im Sinne einer veränderten Selbstthematisierung war er jedoch nicht unbedingt förderlich.

VII   Diskussion und Fazit

1   DISKUSSION

Die vorliegende Arbeit hat sich mit bestehenden Defiziten der Literatur zu methodischen Innovationen auseinander gesetzt: deren begrenztem Fokus auf die Phase der Dissemination oder Verbreitung einer bereits zur Management-Mode gewordenen Methode, sowie deren einseitige Betrachtung der ‚Produzentenseite' innerhalb des Verbreitungsprozesses.

Bisherige Studien zu Management-Moden konzentrieren sich vor allem auf das Ende des Diffusionsprozesses und betrachten hierbei die Rolle von Beratern, Management Gurus, Business Schools und Medien. Forschungsarbeiten zu Phasen vor der Verbreitung der Methode durch so genannte Fashion Setters fehlen (Clark 2004). Studien, die die Konsumentenseite im Verbreitungsprozess untersuchen, sind selten. Eine Ausnahme bildet hier die Publikation von Benders & Van Veen (2001). Vor der Dissemination einer Methode finden bereits vielfältige Prozesse der Adaption durch die einzelnen Akteure – auch die Konsumenten der Methode – statt. Diese Prozesse gehen bei einem eingeschränkten Blick auf die Verbreitung der ‚fertigen' Methode unter. Da das Zusammenspiel von Fashion-Settern und Managern großen Einfluss auf das hat, was Abrahamson (1996) als den Glauben an die Rationalität einer Methode bezeichnet, bedarf es einer Auseinandersetzung mit Management-Konzepten, die Platz für die Prozesse lässt, die als Konsequenz auf die interpretative Viabilität sowie aufgrund des häufig pragmatischen Verhaltens der Anwender stattfinden (Benders&Van Veen 2001:34): Prozesse der Adaption, der Übersetzung und der Anpassung. Methoden, die sich in einer frühen Phase der Verbreitung befinden, haben diese vielfältigen Prozesse der Vorauswahl noch nicht durchlaufen (Clark 2004:302). Ihnen, sowie den Anwendern dieser Methoden, galt das Interesse der vorliegenden Arbeit.

Als eine methodische Innovation, die sich in einer frühen Phase der Verbreitung befindet, kann die Methode der Organisationsaufstellung gelten. Die OA kommt im Management zwar bereits vereinzelt zur Anwendung, ein Status als Management-Mode kann ihr jedoch (noch) nicht zugeschrieben werden. Das bedeutet auch, dass die alleinige Anwendung der OA auf das Management eines Unternehmens nicht legitimierend wirkt, wie es bei bekannten und akzeptierten Management-Konzepten der Fall ist (Abrahamson 1996). Der Fokus der bestehenden Literatur zur OA liegt auf der Untersuchung der Wirksamkeit der Methode (Meyrat 2003; Kohlhauser&Assländer 2005; Baumgartner 2006; Lehmann 2006; Gleich 2008). Mit Blick auf die Literatur zu Management-Moden konnte festgehalten werden, dass dieser bisherige Untersuchungsschwerpunkt zu kurz greift (Abrahamson 1996; Kieser 1996; Kieser 1997; Heideloff 1998; Benders&Van Veen 2001). Ob die OA einen für das Management relevanten Nutzen bringt, beeinflusst die Verbreitung der Methode nur mittelbar. Entscheidend für den Einsatz der OA in Unternehmen ist vor allem ihr Anschein an Rationalität. Da der OA aufgrund ihrer Herkunft aus dem familientherapeutischen Bereich sowie durch ihre auffällige Form der Arbeit mit Repräsentanten (und dem Rückgriff auf die so genannte ,repräsentierende Wahrnehmung') der Anschein einer esoterischen, ,weichen' Praktik anhaftet, muss noch vor der Beschäftigung mit der Wirksamkeit der Methode gezeigt werden, dass die OA dem Anspruch des Managements an Rationalität gerecht werden kann. Eine OA durchzuführen muss als Managementhandeln gelten können, dessen Rationalität nicht in Frage gestellt wird.

Die vorliegende Arbeit hat unter der Frage, wie sich der Eingang der OA in ein konkretes Unternehmen vollzieht, versucht, diese Lücke der bestehenden Literatur zu schließen. Dazu wurde eine qualitative Einzelfallstudie durchgeführt, die die Einführung der OA in die Geschäftsleitung eines Schweizerischen Produktionsunternehmens und den Umgang der Manager mit dieser Methode untersuchte. Zum Einsatz kamen dabei die Methode der Metaphernanalyse, des narrativen Interviews sowie der teilnehmenden Beobachtung. Mit dem Bezug zur Literatur bzgl. Management-

Methoden und -Moden leistete dieses Buch darüber hinaus einen Transfer, der in der Literatur zur OA bisher noch nicht stattfand.

Dieses Kapitel legt nun die Ergebnisse der Studie dar und beantwortet folgende Fragen:

- Was sind ermöglichende Faktoren für die Einführung und Anwendung der OA? Kapitel 1.1 führt auf, wie die OA im untersuchten Unternehmen aufgenommen und längerfristig angewendet wurde.

- Welche Anwendungsformen der OA würden ein Lernen zweiter Ordnung ermöglichen? Kapitel 1.2 liefert Ideen für einen anderweitigen Einsatz der OA im Unternehmen, der auf ein Lernen zweiter Ordnung abzielt.

- Welche theoretischen und praktischen Implikationen ergeben sich aus der vorliegenden Arbeit? Kapitel 1.3 formuliert die Beiträge zur wissenschaftlichen Literatur sowie Bedenkenswertes für systemische Berater.

- Wo liegen die Grenzen dieser Arbeit? Kapitel 1.4 zeigt Kritikpunkte dieser Studie auf und nennt Empfehlungen für weitere Forschung.

1.1 Ermöglichende Faktoren für die Einführung der OA

In dem untersuchten Unternehmen wird die Methode der OA seit Anfang 2003 und somit seit fünf Jahren kontinuierlich angewendet. Analysiert man, welche Faktoren die Einführung und längerfristige Anwendung der OA im Unternehmen ermöglichen, lässt sich Folgendes festhalten:

Die Einführung der OA als Experiment erlaubt Veränderungen am Format

Die Einführung der OA in die FARINA geschah unter der Bezeichnung des *Experiments*. Während bei einem Experiment die Gefahr des Scheiterns als gering einzustufen ist, können gleichzeitig die Grenzen der Methode ausgetestet werden. Dies erlaubte dem Unternehmen ein unkompliziertes Vorgehen bei der Einführung und ließ Raum für Veränderungen am Format der Aufstellungsworkshops. Den beteiligten Akteuren war es daher stets möglich, die Methode entlang den eigenen Bedürfnissen weiterzuentwickeln und so einen Nutzen für das Management zu entdecken.

Entwicklung der Methode entlang den Bedürfnissen des Managements

In den Interviews äußerten die Befragten das Bedürfnis nach *Sicherheit.* Sicherheit musste einerseits beim Einsatz der unbekannten Methode geschaffen werden. Dies gelang in der FARINA zum Beispiel durch die *Konzentration auf organisationale Fragestellungen*, was dem *Schutz der privaten Person* diente. Des Weiteren trug das nach und nach entwickelte Format mit seiner klaren Struktur und den festgelegten Themen dazu bei, die Unsicherheit im Umgang mit der OA zu reduzieren.

Andererseits konnte mit dem Einsatz der OA zum *Abtesten, Überprüfen und Bestätigen von Entscheidungen* eine Anwendungsform gefunden werden, die selbst Sicherheit hinsichtlich der getroffenen Entscheidungen vermittelt. Die OA kann nun in komplexen Entscheidungssituationen und vor allem bei unentscheidbaren Fragen als *Sicherheit generierender Entscheidungsoperator* eingesetzt werden und bestätigt das Management der FARINA im geplanten Handeln. Dabei orientiert sich die Anwendung der OA an der Entscheidung des Managements, *sich der Methode als Tool für konkrete Fragen zu bedienen.* Die Interviewten sehen in der OA ein *Diskussionsforum* und eine *Kommunikationsplattform*. Dies sind dem Unternehmen bekannte Formen, Probleme zu thematisieren. Dass die OA angewendet werden kann, um ein gängiges Format zu optimieren – und damit der bekannten Logik des Managements nach sinnvoll eingesetzt werden kann – kann als wichtiger Erfolgsfaktor für die Einführung der Methode im Unternehmen gelten.

Ein Nutzen der Methode wurde im Vorfeld nicht definiert

Da durch Berater oder CEO der Nutzen der Methode nicht im Vorfeld definiert und festgelegt wurde, konnten die Manager in der Anwendung selbst entdecken, wozu eine OA dienen kann und worin ihr Nutzen für das Management liegt. Dies ließ großen Raum für Experimente und neue Anwendungsformen.

Die OA wurde in der Sprache des Managements beschrieben

Die Sprache des Managements zeichnet sich durch einen rationalen Diskurs aus, der wenig Spielraum für scheinbar ‚mystische' oder ‚esoterische' Phänomene lässt. Anhand der Metaphernanalyse konnte aufgezeichnet werden, wie es Berater und CEO gelang, die OA in einer Weise zu beschreiben, die den ‚Zauber des Mystischen' der OA zwar benennt, ihn aber ‚domestiziert' und handhabbar macht. Die OA ist demnach eine Methode, die Unternehmen *bewegt*, dabei aber im Rahmen einer *Interventionsarchitektur* in geordneten Bahnen verläuft und geplant durchgeführt wird. Damit entsprechen die verwendeten Metaphern dem Sicherheitsbedürfnis der Manager: Die OA wird als eine Methode dargestellt, die dem Überprüfen von Optionen optimal dient, während ihre gefährlichen Seiten sprachlich verpackt und entschärft werden.

Zusammenfassung

Die ursprünglich unbekannte OA wurde in der FARINA über eine sprachliche und formale Anpassung an bestehende Praktiken und Logiken eingeführt. Dies erlaubte die Anwendung der Methode im Sinne des Managements – ihr Nutzen gestaltete sich jeweils individuell aus. Aufgrund ihrer großen interpretativen Viabilität wird die neue Methode als anschlussfähig erlebt.

1.2 Anwendungsformen der OA, die Lernen ermöglichen

Anhand der Interviews wurde herausgearbeitet, dass ein Lernen zweiter Ordnung durch den bisherigen Einsatz der OA in der FARINA zwar möglich wäre, bisher auf organisationaler Ebene aber nicht stattgefunden hat. Die Durchführung der OA in der GL ist damit vor allem als die Anwendung einer neuen Form zu sehen, die jedoch nicht zur Thematisierung neuer Inhalte führt. Soll die Intervention durch die OA auch ‚semantisch' (Rüegg-Stürm&Schumacher 2007:57) einen Unterschied zu Bekanntem machen, bedarf es der Auseinandersetzung mit den bisherigen ‚cognitive maps', den zugrunde gelegten handlungsleitenden Regeln, kurz dem unhinterfragten Umgang mit Themen. Damit gerät auch die Frage des (Veränderungs-)Lernens in den Blick. Die OA könnte hier gezielt genutzt werden, um neue Inhalte zu bearbeiten und gerade das organisationale Lernen zu thematisieren.

Mit der OA Kommunikationsräume im Transformationsprozess schaffen

Bringt ein Unternehmen Transformationsprozesse in Gang, so treten dabei häufig (Führungs-)Probleme deutlich zutage. In der operativen Routine des Alltagsgeschäfts können diese Probleme meist gut überspielt werden. Gleichzeitig könnte ein Unternehmen diese Probleme auch als ‚selbst-erzeugte Spiegel' nutzen. Um mit diesen im Zuge der Veränderung selbst-erzeugten Spiegeln umgehen zu können, bedarf es jedoch geschützter Kommunikationsgelegenheiten, in denen man sich gemeinschaftlich über die aus der Selbstbeobachtung gewonnenen Eindrücke verständigen kann (Wimmer 1999:173). Die Aufstellungsworkshops der FARINA sind ein solcher kommunikativer Raum. So verstehen die Interviewpartner die Auf-stellungsworkshops gerade als *Diskussionsforum* und *Kommunikations-plattform* und betonen die vertiefte Kommunikation, die dank der OA erreichbar ist. Eine mögliche Aufgabe der Aufstellungsworkshops könnte es sein, einen unterstützenden Rahmen für einen Wandel zweiter Ordnung zu gestalten oder als begleitendes Werkzeug bei einem solchen Wandel eingesetzt zu werden.[132]

Über den Einsatz der OA die eigenen ‚cognitive maps' bewusst machen

Mit den Frage: „Was zählt bei uns eigentlich? Was sind Handlungs- und Entscheidungsmuster unserer Organisation?" könnte die OA helfen, ‚cognitive maps', Wertvorstellungen und Haltungen im Systemen deutlich zu machen und zu hinterfragen. Ist über diesen Einsatz der OA die bisherige Anwendungslogik der Methode bewusst geworden[133], könnte die OA eingesetzt werden, um Entscheidungsprozesse explizit anders als bisher ablaufen zu lassen.

In der FARINA könnte die OA statt zum Überprüfen und Sicherheit herstellen nun zur Kreativitätsförderung genutzt werden. Kreative Prozesse, wie z.B. die Entwicklung von strategischen Szenarien und Optionen, könnten durch die OA unterstützt werden. In diesem Falle ginge es um eine Förderung der Vorstellungskraft der Beteiligten, nicht jedoch um das Abtesten bereits gefundener Möglichkeiten. Ziel wäre es, visionär Neues anzugehen und auf dem Weg dorthin zunächst Chaos zuzulassen statt Sicherheit zu stiften.

Wie Rüegg-Stürm & Schumacher (2007:68) mit Bezug auf die erfolgreiche Gestaltung strategischen Wandels – den sie als Daueraufgabe moderner Organisationen betrachten – betonen, stellen die Wiederein-

---

[132] Rüegg-Stürm (2001:270, sowie 353) spricht hier von einer Wandelarena. Eine Arena ist ein Raum gelebten Verhaltens, in dem Prozesse gewohnheitsmäßig vollzogen werden und einer gewissen Wirklichkeitskonstruktion entsprechen. Zu unterscheiden sind Alltags- und Wandelarenen. Während es als grundlegende Voraussetzung für das Initiieren nachhaltiger Wandelprozesse gesehen wird, Störungen und Widersprüche als Information weiter zu verwenden, ist dies in Alltagsarenen aufgrund der dort herrschenden Lokalen Theorien oft nicht möglich. Wandelarenen mit ihren anderen Wirklichkeitsordnungen können hier erste Schritte in Richtung Veränderung und Erneuerung ermöglichen.
[133] In der FARINA könnte dies möglicherweise aufgrund dieser Arbeit – deren erste Ergebnisse im Rahmen einer Präsentation und eines Forschungsberichts (Berreth&Zirkler 2007) der Organisation rückgespiegelt wurden – geschehen sein.

führung der Kontingenz und die Erhöhung der Komplexität eine wichtige Ausgangsvoraussetzung für den Umgang mit Unterwartetem dar. Einer Interventionsform, die Unternehmen zum Wandel befähigen möchte, kann es daher nicht um eine Bestätigung der auf eine bekannte Weise durch die Betroffenen erlebten Wirklichkeit gehen. Vielmehr müssen im Sinne der pragmatischen Information neue Impulse, alternative Vorgehensweisen und damit Kontingenz im System erfahrbar gemacht werden. Der OA wird dieses Potenzial zugeschrieben (Groth 2005:146; Rosselet 2005; Rüegg-Stürm&Schumacher 2007:68)[134] – es muss jedoch auch ein- und umgesetzt werden, um Wandel zu ermöglichen.

Das Thematisieren 'emotionaler' Inhalte unter einer neuen Form

Die Anschlussfähigkeit einer Intervention entscheidet sich nicht auf einmal, sie muss vielmehr immer wieder neu ausgehandelt werden (Rüegg-Stürm&Schumacher 2007:58). Während in der Anfangsphase der Arbeit mit der OA im Managementteam das Erlangen von Sicherheit im Umgang mit dem unvertrauten Instrument von großer Bedeutung war, äußern die Interviewpartner nach über vier Jahren der gemeinsamen Arbeit den Wunsch nach einer vertieften Auseinandersetzung mit 'emotionalen', 'zwischenmenschlichen' Themen. Sie sprechen damit weniger von der Form der Aufstellung (dem eigentlichen Stellen und repräsentierenden Wahrnehmen), als vielmehr von Inhalt und behandelten Themen der Intervention. Soll die OA auf Beziehungen oder Zwischenmenschliches ausgedehnt werden, bedeutet dies für die GL der FARINA, sich auf die Thematisierung eines neuen Inhalts einzulassen, der bisher noch nicht als anschlussfähig erlebt wird. Hier wird ein Lernen zweiter Ordnung nötig. Abbildung 7 zeigt die bisherige Anwendungsweise der OA in der Farina.

---

[134] Gerade der Tatsache, dass die teilnehmenden Repräsentanten auch unterschiedliche Rollen einnehmen können und somit den Prozess aus unterschiedlichen Perspektiven – wie etwa aus einer Innen- und einer Außenperspektive – betrachten können, schafft Voraussetzungen für eine vielfältige Perspektivenübernahme und somit für die Erkenntnis, dass Dinge so oder auch ganz anders gesehen werden können (Rüegg-Stürm&Schumacher 2007:68).

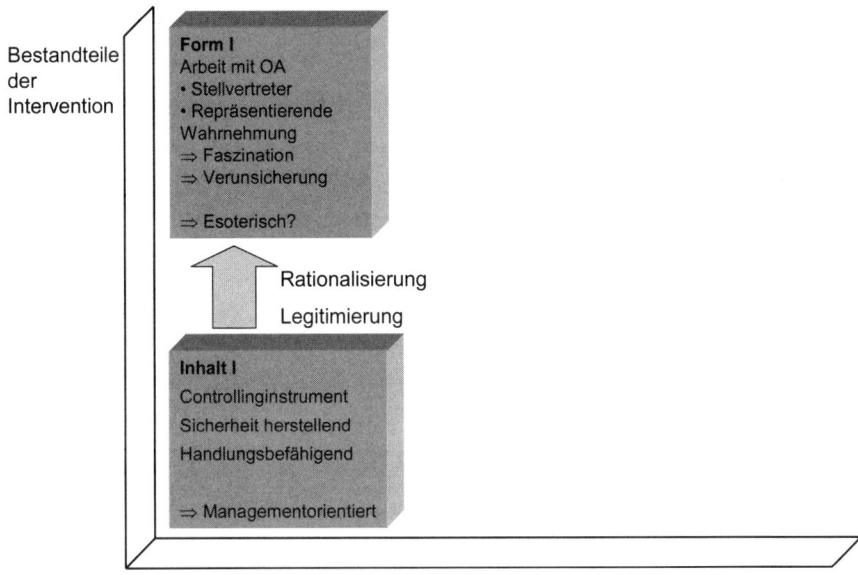

Bestandteile der Intervention

Form I
Arbeit mit OA
• Stellvertreter
• Repräsentierende Wahrnehmung
⇒ Faszination
⇒ Verunsicherung

⇒ Esoterisch?

Rationalisierung
Legitimierung

Inhalt I
Controllinginstrument
Sicherheit herstellend
Handlungsbefähigend

⇒ Managementorientiert

Anwendung der OA
à la Farina

Abbildung 7: Bisherige Anwendung der OA in der FARINA

In Abbildung 7 wird einer klassischen Aufstellungsform ein Inhalt I gegenübergestellt, der den in der Farina entstandenen eigenen Umgang mit der OA bezeichnet. Dieser Inhalt orientiert sich am bekannten Managementhandeln, d.h. am Herstellen von Sicherheit und Handlungsbefähigung. Dieser Inhalt legitimiert und rationalisiert die als verunsichernd erlebte Form der OA. Zwischenmenschliches oder emotionale Themen stehen hierbei nicht zur Debatte. Zwar wäre die OA sehr wohl geeignet, diese ‚zwischenmenschlichen' Themen zu bearbeiten – gehören sie doch dem ursprünglichen Inhalt dieser Methode an (vgl. Abbildung 6, S. 227). Da eine Beschäftigung mit diesen Themen mithilfe der OA auf organisationaler Ebene – aufgrund ihrer Fähigkeit, Dinge ans Tageslicht zu holen – jedoch als hochgradig gefährlich erlebt wird, mag es für ein Manage-

mentteam wie der GL der Farina angezeigt sein, für diese Auseinandersetzung ‚entschärfte' Methoden zu verwenden. Im Sinne des Erstmaligkeits-Bestätigungs-Modells Weizsäckers (1974) könnte es hilfreich
sein, diesem ‚neuen' Inhalt eine bekannte Form gegenüberzustellen. Zurückgegriffen werden könnte bspw. auf klassischere Formen der Arbeit mit
Teams wie die Teamentwicklung, teamspezifische Trainings oder Team-
supervision (König&Schattenhofer 2006:109-112).

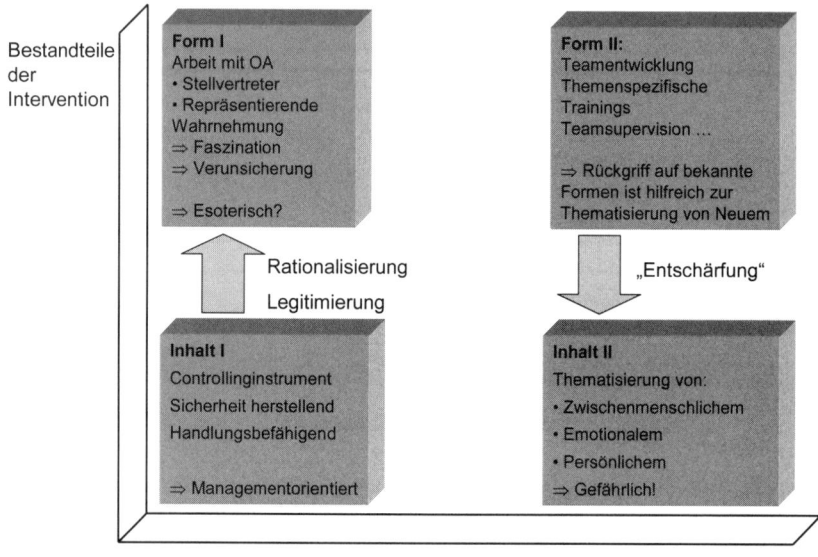

Abbildung 8: Veränderte Form zur Thematisierung neuer Inhalte

1.3 Theoretische und praktische Beiträge dieser Arbeit

Als ein Qualitätskriterium der qualitativen Forschung wurde in Kapitel IV.4.2 die Frage nach der Relevanz der Untersuchung genannt (Steinke 2000:330). Dieses Kriterium bewertet die Forschung und ihre Theorien aus Sicht ihres pragmatischen und theoretischen Nutzens. Im Folgenden werden die theoretischen und praktischen Beiträge dieser Arbeit benannt.

1.3.1 Beiträge zu bestehenden Diskursen

Diese Arbeit hat sich bei ihrer Beschäftigung mit dem Eingang neuer Methoden in Unternehmen auf verschiedene theoretische Diskurse[135] gestützt. Im Folgenden wird aufgezeigt, worin das Verständnis von Innovation als Diffusion, von methodischer Innovation als Mode sowie von Innovation als Übersetzung seine Grenzen findet und in welchen Aspekten diese Arbeit neue theoretische Erkenntnisse liefert.

Der Diskurs der Innovationsdiffusion

Die Betrachtung der Diffusion von Innovationen (Hauschildt 1997; Rogers 2003) geht bei ihrer Suche nach Erfolgsfaktoren bzgl. der Verbreitung von (meist technischen) Innovationen davon aus, dass Neuheiten unverändert von einem Sender an einen Empfänger übermittelt werden und in dieser stabilen Form auch in Unternehmen ankommen. Mit diesem Verständnis kann die klassische Diffusionsliteratur die Verbreitung methodischer Innovationen schwer erklären, da die Prozesse der Adaption und Veränderung von Konzepten nicht beobachtet werden. Diese Lücke des Modells wird von Rogers (2003:13) selbst aufgezeigt.

In der vorliegenden Studie ist deutlich geworden, dass gerade methodische Innovationen und Praktiken nicht als stabile ‚Werkzeuge' zu sehen

---

[135] Das poststrukturalistische Verständnis des Diskurses ist stark beeinflusst von den Arbeiten Michèl Foucaults. In ‚Die Ordnung des Diskurses' (Foucault 1991) beschreibt er den Vorgang der Herausbildung von Wahrheiten, die sich innerhalb eines Diskurses abzeichnen. Dabei ist das, was jeweils als vernünftig gilt, durch unpersönliche und kontingente Machtwirkungen beeinflusst.

sind, die in unveränderter Form und mit klar definiertem Einsatzgebiet weitergegeben werden. Methoden sind von sozialen Prozessen der Sinnstiftung abhängig. Diese Studie hat daher auf das Unternehmen selbst und dessen Umgang mit der neuen Methode geblickt. Der Untersuchungsfokus wurde ausgeweitet von der alleinigen Verbreitung hin zur Anwendung der Innovation. Als wichtiger Erfolgsfaktor bei der Einführung der Methode erwies sich die Anpassung des Neuen an bestehende Strukturen. Methoden, die durch die Anwender so eingesetzt werden können, dass sie von Gebrauch und Nutzen her an Bekanntes anzuschließen sind, haben größere Chancen, sich im Unternehmen durchzusetzen.

Der Management-Mode-Diskurs

Ein wichtiger Beitrag der Literatur zu Management-Moden besteht darin, über den Vergleich mit einem Konsumgütermarkt von der gängigen Vorstellung Abstand zu nehmen, methodische Innovationen würden sich aufgrund ihrer Effizienz beim Kunden durchsetzen (Abrahamson&Rosenkopf 1993; Abrahamson 1996; Kieser 1996; Benders&Van Veen 2001; Clark 2004). Der Management-Mode-Diskurs rückt stattdessen Prozesse der Legitimierung in den Mittelpunkt. Um die neue Methode zu legitimieren, wird sie innerhalb der so genannten ‚management fashion setting community' zum Beispiel rhetorisch auf den Markt ‚zugeschnitten'. Durch diese Erkenntnis inspiriert, hat die vorliegende Studie im Rahmen der Metaphernanalyse die sprachliche Legitimierung der OA nachvollzogen.

Als Defizit des Management-Mode Diskurses kann festgehalten werden, dass die konstruierenden und definierenden Prozesse allein auf Seiten der ‚fashion setters' vermutet werden. Fokussiert wird vor allem auf die Produzenten und Distribuenten einer Methode, nicht jedoch auf Unternehmen und Manager als Konsumenten der Innovation. Im Rahmen der Management-Mode-Diskussion wird dieses Manko erkannt, innerhalb dieses Diskurses aber kaum bearbeitet (als Ausnahme siehe Benders&Van Veen 2001). Darüber hinaus reduziert sich die bestehende Forschung auf die Phase der Dissemination einer bereits zur Mode gewordenen Methode

(Clark 2004) – die vielfältigen Prozesse der Adaption sind hier häufig schon abgeschlossen.

Diese Arbeit hat sich im Rahmen der Metaphernanalyse und der narrativen Interviews sowohl dem Distribuenten einer neuen Methode (dem Berater), als auch den Konsumenten des Management-Konzeptes gewidmet. Seitens der Organisation und deren Managern konnten die Formen der Anwendung, der Ko-Produktion und der Übersetzung der neuen Management-Methode genauer betrachtet werden. Dieses Vorgehen erlaubte die Auseinandersetzung mit einer Lücke der bisherigen Literatur zu Management-Methoden. Deutlich wurde, dass die Nutzer einer neuen Methode diese intensiv prägen. Dabei orientieren sich die Anwendungsformen der Nutzer an der bisherigen Logik und Handlungsweise des Unternehmens.

Dies wirft die Frage des organisationalen Lernens auf. Die Literatur zu Management-Moden thematisiert den Aspekt des organisationalen Lernens – abgesehen von dem Artikel Sturdys (2004) – bisher kaum. Diese Lücke mag mit der Erkenntnis der Management-Fashion-Literatur zusammenhängen, dass die Effizienz und der Effekt einer Methode als nicht entscheidend für deren Verbreitung betrachtet werden. Blickt man jedoch nicht mehr allein auf die Verbreitung neuer Konzepte, sondern fragt auch nach den Anwendungsformen innerhalb des Unternehmens, stellt sich erneut die Frage des Mittel-Zweck-Verhältnisses. Was in der Definition des klassischen Innovationsmanagements fester Bestandteil einer ‚eigentlichen' Innovation ist – nämlich die neuartige Zweck-Mittel-Kombination, d.h. der Einsatz neuer Mittel zur Erfüllung neuer Zwecke (Hauschildt 1997:9) – findet in der theoretischen Literatur zu Management-Moden bisher keine Beachtung.

Diese Arbeit konnte dank der getrennten Betrachtung der Form und des Inhalts der OA auf die Zweck-Mittel-Kombination dieser Innovation Bezug nehmen. Hierbei wurde deutlich gemacht, dass die Anwendung einer neuen Form (der OA) dem Unternehmen zwar ein neues Mittel zur Verfügung stellt, damit jedoch nicht gleichzeitig auch neue Zwecke erfüllt werden.

Um sich mit neuen Zwecken auseinanderzusetzen, muss Lernen zweiter Ordnung stattfinden. In Kapitel VII.1.2 wurde erläutert, wie die OA eingesetzt werden könnte, um dieses Lernen zu ermöglichen.

Der Übersetzungs-Diskurs

Die Literatur zu ‚translation' beeinflusste die Auseinandersetzung mit der Übersetzung und Anpassung von Konzepten grundlegend (Czarniawska&Joerges 1996; Czarniawska&Sevón 1996; Czarniawska&Sevón 2005a; Czarniawska&Sevón 2005b; Zilber 2006). Im Einklang mit der Theorie der Übersetzung konnte in dieser Studie festgestellt werden, dass Methoden, die sich in den bestehenden Strukturen und Logiken verankern können, weniger bedrohlich wirken und sich daher besser durchsetzen. Für die Manager war der Aspekt, ‚Sicherheit herstellen' von großer Relevanz. Dies zeigte sich auch bzgl. der OA: sie muss an Bekanntes angeschlossen werden, um nicht zu stark zu verunsichern. In dieser bekannten Form kann sie innerhalb des bisherigen Management-Handelns als Sicherheit generierender Entscheidungsoperator fungieren.

Die Literatur zur Übersetzung grenzt sich vor allem vom Diffusions-diskurs ab (Czarniawska&Sevón 2005b:7). Der Übersetzungs-Diskurs selbst fokussiert dabei stärker auf Ideen als auf Praktiken oder Gegenstände. Für Zilber (2006:300) bleibt daher die Frage bestehen „[...] *whether practices go through similar translation processes".* Eine Auseinandersetzung mit Management-Konzepten unter dem Blickwinkel der ‚translation' wird bereits von Czarniawska (2005) geführt. Der Forschungsschwerpunkt gilt dabei „[...] *the processes of rationality construction* [...]" (Czarniawska 2005:132).

Institutionalistischer Studien zur Übersetzung haben jedoch das Manko, dass diese meist rückblickenden Studien vor allem Texte interpretieren. Echtzeitstudien im Feld und mit den Akteuren (etwa über Interviews) finden nicht statt (Zilber 2006:300). Ebenso wenig wird unter diesem Forschungsblickwinkel die Frage des organisationalen Lernens infolge der Übersetzung thematisiert.

Die vorliegende Arbeit hat mit einer qualitativen Einzelfallstudie zwar auch ‚Texte' als Datenmaterial genutzt, jedoch wurden diese im Feld durch Interviews erhoben und mit teilnehmender Beobachtung ergänzt. So konnte die Frage Zilbers beantworten werden: Auch Praktiken wie die OA werden im Rahmen von Übersetzungsprozessen durch Unternehmen adaptiert.

1.3.2 Bedenkenswertes für systemische Berater
Die OA ist ein vielfältiges Werkzeug

Für Aufsteller und andere systemische Berater haben die Erkenntnisse dieser Studie besondere Relevanz: Sie sollten nicht dem Glauben zu verfallen, sie würden systemisch beraten, sobald sie ein systemisches ‚Werkzeug' anwenden. Wie Lehmann (2006:188) in ihrer Dissertation betont, spiegelt sich der subjektiv wahrgenommene Nutzen einer OA zu 70% in einer gewonnenen systemischen Sichtweise wider. Dies impliziert, dass der Einsatz der OA zu einer systemischen Sichtweise der Klienten beiträgt. Da, wie Lehmann (2006:182) selbst feststellt, jedoch nicht erhoben wurde, wie systemisch die Sichtweise der Fallgeber bereits vor der Aufstellung war, lässt sich nicht abschließend feststellen, ob diese Sichtweise tatsächlich durch die Aufstellungen entstand.

Die vorliegende Studie möchte die Klienten und ihre Formen der Anwendung in den Mittelpunkt der Betrachtung rücken und darauf aufmerksam machen, das deren Umgang mit der OA das Werkzeug entscheidend formt. Die OA – und im Sinne dieser Studie ist davon auszugehen, dass dies auch für andere Methoden gilt – ist demnach kein Werkzeug, das dem von Watzlawick zitierten Hammer[136] gleicht. Dieser Hammer kommt im Sinne des Zitates nur in Verbindung mit Nägeln zum Einsatz und ist in keiner anderen Anwendungsform denkbar. Wer den ‚systemischen Hammer' OA schwingt, geht nach Watzlawick davon aus, damit Nägel ‚systemisch' zu bearbeiten. Wenn die OA als Werkzeug beschrieben werden

---

[136] Vgl. das Zitat Paul Watzlawicks „Wer nur einen Hammer hat, sieht überall Nägel" (zit. nach Groth&Simon 2005:63).

soll[137], bedarf es nun aber vielmehr des Verständnisses eines Werkzeugs, das ähnlich vielfältig einzusetzen ist wie die eingangs genannte Säge. Diese Säge ist als Werkzeug, als Musikinstrument und womöglich noch als vieles andere mehr anzuwenden. Um mit einem scheinbar systemischen Werkzeug systemische Ergebnisse zu erzielen, braucht es die Reflexion des eigenen Handelns, sowie eine beständige Achtsamkeit bzgl. der Herangehensweise an organisationale Fragestellungen und der eigenen blinden Flecken.

Beschäftigung mit der Legitimation statt mit dem Nutzen der OA

Möchte die OA-Szene die Einführung der OA als neue Methode in Unternehmen forcieren, so muss das Augenmerk der Forschung weniger auf dem Nutzen und der Effizienz der Methode liegen. Organisationen definieren selbst, wozu ihnen die OA dienen kann. Hier erweist sich die Offenheit der Methode als großer Vorteil. Soll die OA in Unternehmen stärkere Verbreitung finden, ist es hilfreich, die stattfindenden Veränderungen der Methode, ihrer Bezeichnung, ihres Nutzens und ihrer Einsatzformen zuzulassen. Über diese Prozesse der Übersetzung schafft sich jedes Unternehmen die Aufstellungsform, die ihm gemäß ist. Größeres Verständnis ist seitens der Szene hinsichtlich der Formen der Legitimierung nötig. In einem Produktionsbetrieb ist dies – wie hier ausgeführt – über Rationalität und die Herstellung von Sicherheit möglich. Wie Legitimation in anderen Bereichen zu erlangen ist, könnte Gegenstand weiterer Forschung sein (siehe Kapitel 1.4).

---

[137] Vgl. die Metaphorik D: Aufstellen ist Architektur und Handwerk.

1.4   Grenzen der Arbeit und Implikation für weitere Forschung

> *Every insight contains its own form of blindness. Every way of seeing is also a way of not seeing.*
> Burke in O'Connor 1995:795

Grenzen dieser Arbeit

Diese Arbeit hat ihre Grenzen zum einen in der gewählten Methodologie und Erkenntnistheorie. Der Fokus lag verstärkt auf Sprache und Texten, was notwendigerweise zu Einschränkungen führt. Auch innerhalb dieses Forschungszugangs könnte die vorliegende Arbeit jedoch ausgeweitet werden. Grenzen kamen hier unter anderem aufgrund begrenzter zeitlicher und finanzieller Ressourcen zustande. Erweiterungen wären in folgende Richtungen wünschenswert gewesen:

- Um die Managementlogik des Unternehmens genauer zu untersuchen, hätte die OA mit anderen Innovationen in der FARINA verglichen werden können. Wie geht die Firma mit anderen Innovationen (methodischer oder auch technischer Art) um?

- Um das Managementhandeln und die Managementlogik in Unternehmen vor Einsatz der OA zu beobachten, wäre eine weitere Fallstudie in einem anderen Unternehmen sinnvoll gewesen. Angedacht war hierzu die Forschung in der Tochterfirma der FARINA, die noch nicht mit der OA arbeitete. Die Einführung der OA war dort von Seiten des CEOs geplant, kam jedoch in dem für diese Untersuchung relevanten Zeitraum nicht zustande.

Implikationen für weitere Forschung

Die Forschung zur Methode der OA beschränkt sich bisher stark auf deren Wirkungsevaluation. Dieses Buch hat mit seinem Blick auf die Literatur zu Management-Moden und seinem Fokus auf Rationalität und Legitimierung einer neuen Methode versucht, den bisherigen Blickwinkel zu sprengen. Zukünftige Forschung könnte untersuchen:

- Wie verändert sich der Umgang mit der OA in einem Unternehmen, wenn deren Anwendung in einen umfassenden Beratungsprozess eingebunden ist, der auch die Reflexion des eigenen (Aufstellungs-) Handelns beinhaltet? Die Beobachtung zweiter Ordnung würde hier durch den Berater zugänglich gemacht werden und nicht – wie im vorliegenden Fall – durch eine Wissenschaftlerin erfolgen.

- Wie sieht eine Anwendung und Übersetzung der OA aus, wenn man deren Einführung in andere Geschäftsfelder mit unterschiedlichen Logiken betrachtet (z.B. in soziale Einrichtungen, Bildungsinstitutionen, Non-Profit-Organisationen oder den Dienstleistungsbereich)? Wie läuft dort die sprachliche Legitimierung ab?

- Wie verändert sich die Legitimierung der OA im Laufe der Zeit und mit zunehmendem Bekanntheitsgrad der Methode? Auf welche Metaphern kann verzichtet werden? Welche neuen sprachlichen Bilder werden gefunden?

Die OA findet in den letzten Jahren verstärkt Anwendung auch im nicht-deutschsprachigen Raum[138]. Dies geschieht zum einen durch deutschsprachige Aufsteller, die ihre Seminare im Ausland abhalten. Gleichzeitig werden auch im Ausland immer mehr Aufsteller ausgebildet. Interessant wären Untersuchungen zu folgenden Fragen:

- Welche sprachlichen Bilder finden in anderen Kulturkreisen Verwendung? Welche neuen Metaphern tauchen dort auf? Welche bekannten Metaphern fehlen?

---

[138] Das Internet spiegelt das wachsende Interesse an Aufstellungsarbeit und deren internationale Verbreitung wider. Folgende Seiten geben einen verkürzten Einblick in die internationale Aufstellungsszene mit Konferenz- und Workshopangeboten sowie einem Überblick über ein weltweites Angebot an Aufstellern:
http://www.eurasys.de, Zugriff am 31.08.2008.
http://www.constellationflow.com/eletter.php, Zugriff am 31.08.2008.

- Gibt es sprachliche Abgrenzungen, die in anderen Kulturen nicht vorgenommen werden müssen? Liegt zum Beispiel ein anderer Umgang mit dem ‚Zauber des Mystischen' vor?

- Welche neuen Metaphern oder Bezeichnungen finden dadurch (rückwirkend) im Deutschen Eingang? So kann bspw. beobachtet werden, dass auch deutsche Aufsteller, die im Unternehmens-bereich tätig sind, die im Englischen übliche Bezeichnung ‚constellation' für ‚Aufstellung', verwenden (vgl. Rosselet, Senoner&Lingg 2007).

- Laufen die Prozesse der Legitimierung in anderen Sprach- und Kulturkreisen anders ab? Könnte etwa die wissenschaftliche Legitimierung einer (Management-)Methode in anderen Ländern aufgrund einer anderen Kultur weniger stark ausgeprägt sein?

Sturdy (2004) beschreibt bei der Auseinandersetzung mit der Übernahme neuer Management-Ideen und Praktiken verschiedene Blickwinkel, unter denen die Aufnahme der Methoden erklärt werden kann, wie z.B. den rationalen, den psychodynamischen oder den kulturellen Erklärungsansatz. Die vorliegende Arbeit war stark dem so genannten dramatischen oder rhetorischen Blickwinkel verpflichtet. Interessant wäre auch die Be-trachtung der OA und ihres Eingangs in ein konkretes Unternehmen unter einer politischen Sichtweise. Die politische Betrachtungsweise rückt Machtstrukturen stärker in den Mittelpunkt und ist „[...] *concerned with the instrumental use of ideas to secure power and/or with their content in terms of their material and/or discursive power effects"* (Sturdy 2004:162). Die Arbeiten Foucaults (1976; 1987) könnten hierfür eine philosophische Grundlage bieten.

2 FAZIT

Obwohl die Verbreitung innovativer Management-Methoden und Praktiken im wissenschaftlichen Diskurs ausführlich untersucht wird, weisen bisherige Studien meist einen begrenzten Fokus auf die Phase der Verbreitung einer bereits zur Management-Mode gewordenen Methode, sowie auf die einseitige Betrachtung der ‚Produzentenseite' innerhalb des Verbreitungsprozesses auf.

Die vorliegende Untersuchung hat sich mit der Methode der Organisationsaufstellung einer Praktik gewidmet, die im Management zwar bereits vereinzelt zur Anwendung kommt, die jedoch (noch) nicht als Management-Mode gelten kann. Im Rahmen einer qualitativen Fallstudie wurde der Untersuchungsfokus darüber hinaus auf die Anwender der Methode gelegt und gefragt, wie der Eingang einer neuen Methode in das Management eines Unternehmens konkret vonstatten geht.

Bei der Untersuchung wurde deutlich, dass die neue Methode von Seiten der Anwender ‚übersetzt', d.h. in dem ihnen bekannten Sinne genutzt wurde. In dem untersuchten Unternehmen äußerte sich diese Übersetzung in einer Verwendung der OA als Controllinginstrument, mit dem in Entscheidungssituationen Sicherheit hergestellt werden konnte. Die Einführung der OA unter der Bezeichnung des ‚Experiments' sowie die Offenheit des Beraters für Veränderungen am Format der Aufstellungsworkshops, haben die Anpassung der Methode an die Bedürfnisse des Managements erleichtert – die neue Methode wurde von der Geschäftsleitung als anschlussfähig erlebt.

Auf Grundlage dieser Ergebnisse thematisierte die vorliegende Studie die Frage des organisationalen Lernens. Mit der getrennten Betrachtung der Bestandteile ‚Form' und ‚Inhalt' der OA wurde deutlich, dass die OA in der FARINA als die Anwendung einer neuen Form zu sehen ist, die jedoch nicht zur Thematisierung neuer Inhalte führte. Ein Lernen zweiter Ordnung wäre durch den bisherigen Einsatz der OA zwar möglich, fand auf organisationaler Ebene aber nicht statt. Hierzu wäre die Auseinandersetzung mit den zugrundeliegenden ‚cognitive maps', also dem unhinterfragten Umgang mit Themen nötig.

Als Handlungsempfehlung wurde aufgezeigt, wie die OA gezielt genutzt werden könnte, um neue Inhalte zu bearbeiten und organisationales Lernen zu ermöglichen. So könnte mithilfe der OA ein unterstützender Rahmen für einen Wandel zweiter Ordnung gestaltet werden. Als Kommunikationsräume zur Thematisierung von Transformationsprozessen könnten die Aufstellungsworkshops genutzt werden, um als begleitendes Werkzeug bei einem solchen Wandel zu fungieren. Hier wäre die OA geeignet, um die eigenen ‚cognitive maps' bewusst zu machen, d.h. zu verdeutlichen: „Was zählt bei uns eigentlich? Was sind Handlungs- und Entscheidungsmuster unserer Organisation?"

Den Diskurs um Management-Moden und deren Verbreitung hat die vorliegende Arbeit gerade um das Thema des organisationalen Lernens erweitert. Diese Schnittstelle – zwischen der Anpassung des Neuen an Bekanntes (also der Übersetzung) und dem Zulassen neuer Handlungsmuster (die ein Lernen zweiter Ordnung voraussetzen) – scheint mir auch in Zukunft relevant. Da gerade innerhalb der OA-Szene ein großes Bewusstsein bzgl. Lern- und Veränderungsprozessen herrscht, bin ich äußerst zuversichtlich, dass sich die OA nicht nur verbreiten, sondern Unternehmen über ihren Einsatz auch zu einem Lernen zweiter Ordnung begleitet wird.

Danksagung

Ithaka

Wenn du dich nach Ithaka aufmachst,
hoffe, dass dein Weg lang ist,
voll von Abenteuern und Entdeckungen. [...]

Behalte Ithaka stets im Sinn.
Dort anzukommen, ist dir vorbestimmt.
Aber beeile dich nicht bei deiner Reise.
Besser ist, sie dauere viele Jahre,
so dass du alt bist, wenn du die Insel erreichst,
reich an dem, was du auf deiner Fahrt gewannst,
und hoffe nicht, dass Ithaka dir Reichtum gäbe.

Ithaka gab dir die schöne Reise.
Ohne sie hätt'st du dich nie aufgemacht.
Nichts blieb ihr, was sie dir jetzt geben könnte.
Auch wenn es sich dir ärmlich zeigt, Ithaka betrog dich nicht.
So weise, wie du wurdest, so voll mit Erfahrung,
wirst du verstehen, was diese ,Ithakas' sind.

Konstantinos Kavafis

Möchte man das Schreiben einer Dissertation metaphorisch darstellen, ist die Reise ein passendes sprachliches Bild. Ich bin froh, dass die Reise meiner Promotion kein utopisches Ziel hat und ich dieses ,Ithaka' nicht erst am Ende meines Lebens erreiche. Wie Watzlawick, Weakland & Fisch (2001:72) mit Bezug auf Kavafis Gedicht betonen, besteht eine der Strategien, Lernen zu verhindern darin, sich auf ewiger Reise zu befinden, nie anzukommen und den nächsten Schritt nach dem vermeintlichen Endpunkt nicht zu wagen.

Meine dreijährige Reise wurde durch etliche Personen ermöglicht, begleitet, sehr bereichert und schließlich zu einem Ende geführt. Bedanken möchte ich mich herzlich bei meinem Doktorvater Prof. Werner R. Müller, der mir nicht nur eine Stelle an seinem Lehrstuhl ermöglichte, sondern mich vor allem mit der anfänglich nötigen Geduld zu meinem Thema begleitet hat. Die intensive, kritische aber stets motivierende Beschäftigung mit meinen Texten und Ideen war unbezahlbar. Großen Dank an Prof.

Michael Zirkler, unter dessen Leitung ich das Projekt durchführte. Ohne ihn wäre ich womöglich noch länger in den Theoriebüchern versunken und hätte mich nicht ins Feld getraut.

Qualitative Arbeit ist ohne ein Team an anderen Forschenden zur Validierung und zum Austausch nicht denkbar. Dass hierfür auch regelmäßig Treffen mit meinem Koreferenten Prof. Johannes Rüegg-Stürm und den St. Galler Doktoranden möglich waren, war für meine Arbeit von besonderem Wert. Herzlichen Dank Harald Tuckermann, der diese Treffen organisierte, sowie allen Anwesenden. Unsere internen Doktorandenseminare und Treffen zur Validierung haben mich daran erinnert, dass man nicht alleine reist. Vielen Dank den MitstreiterInnen Nada Endrissat, Jens Meissner, Veronika Aegeter, Karl-Herrmann Blickle, Matthias Freivogel und ganz besonders Florence Buchmann, Silvia Hess-Kottmann und Rike Burkhardt. Ohne euch Mitreisenden wäre ich viel weniger freudig unterwegs gewesen. Die Diskussion der Metaphernanalyse wurde grundlegend inspiriert durch eine Doktorandenwerkstatt im Rahmen der Tagung x-Organisationen 2007. Prof. Dirk Baecker sowie allen anderen Beteiligten sei für ihre hilfreichen Anmerkungen herzlich gedankt. Viel Inspiration brachten mir gerade in der Anfangsphase die von Prof. Urs Stäheli geleiteten Doktorandentreffen des Basler Instituts für Soziologie.

Diese Forschung verdankt ihren ,lebendigen', empirischen Teil einem Forschungspartner, der sich bereitwillig über die Schulter schauen ließ und für Interviews zur Verfügung stand. Herzlichen Dank an alle Beteiligten in der FARINA und an den Berater, der mir einen tiefen Einblick in seine Arbeit gewährte. Alle Interviews wurden von Yvonne Mery äußerst sorgfältig und mit viel sprachlichem Feingefühl transkribiert.

Prof. Michael Braune-Krickau hat das Projekt durch den Förderverein des WWZs der Universität Basel finanziell unterstützt und durch wertvolles Feedback bereichert.

Für den intensiven Austausch zum Thema der Organisationsaufstellung danke ich der Basler Peergruppe unter Leitung von Carmen Pipola. Das Korrekturlesen übernahmen mein Vater Oskar Berreth, Heidi Leidig-Schmitt, Maja Reddmann und Sylvia Kruse.

Ich freue mich, dass meine Assistenzzeit am WWZ durch liebe Menschen wie Jürg Sprecher und Annika Ritter bereichert wurde. Gesina Lüthje danke ich sehr für ihre Freundschaft und die Begegnungen in den Bergen, am Fels, im Leben.

Statt in der romantischen Vorstellung einer Reise ohne Ende verorten Watzlawick, Weakland & Fisch (2001:77) die Erkenntnis im Heimkommen und Ausruhen. Ich danke meinen Eltern, Maria und Oskar Berreth, für das Zuhause und die Heimat, die sie mir stets sind und die Fähigkeit und Liebe, mich immer wieder aufbrechen zu lassen. Und ich bin sehr dankbar, dass ich bei meinem Partner Dominique Staiger einen eigenen Ort zum Heimkommen, Ausruhen und Leben gefunden habe – um dann zu neuen Reisezielen aufzubrechen!

Andrea Berreth

252

Bibliographie

Abrahamson, Eric (1991): Managerial Fads and Fashion: The Diffusion and Rejection of Innovations. Academy of Management Review 16 (3):586-612.

Abrahamson, Eric (1996): Management Fashion. Academy of Management Review 21 (1):254-285.

Abrahamson, Eric & Rosenkopf, Lori (1993): Institutional and Competitive Bandwagons: Using Mathematical Modeling as a Tool to Explore Innovation Diffusion. Academy of Management Review 18 (3):487-517.

Aderhold, Jens (2005): Gesellschaftsentwicklung am Tropf technischer Neuerungen? In: Aderhold, Jens/ John, René (Hrsg.): Innovation. Sozialwissenschaftliche Perspektiven. Konstanz: UVK Verlagsgesellschaft:13-32.

Aderhold, Jens & John, René (2005): Vorwort. Ausgangspunkt - Innovation zwischen Technikdominanz und ökonomischem Reduktionismus. In: Aderhold, Jens/ John, René (Hrsg.): Innovation. Sozialwissenschaftliche Perspektiven. Konstanz: UVK Verlagsgesellschaft:7-12.

Aderhold, Jens & Jutzi, Katrin (2003): Theorie sozialer Systeme. In: Weik, Elke/ Lang, Rainhart (Hrsg.): Moderne Organisationstheorien 2. Strukturorientierte Ansätze. Wiesbaden: Gabler Verlag:121-151.

Alheit, Peter & Fischer-Rosenthal, Wolfram & Hoerning, Erika (1990): Biographieforschung. Eine Zwischenbilanz der deutschen Soziologie. Bremen: Universität Bremen.

Ameln, Falko von (2004): Konstruktivismus. Die Grundlagen systemischer Therapie, Beratung und Bildungsarbeit. Tübingen und Basel: A. Francke Verlag.

Argyris, Chris & Schön, Donald (1999): Die lernende Organisation. Grundlagen, Methode, Praxis. Stuttgart: Klett-Cotta.

Aristoteles (1982): Die Poetik. Übers. u. hrsg. v. Fuhrmann. Stuttgart: Reclam.

Assländer, Friedrich (2003): Ein Bild sagt mehr als 1000 Worte. Praxis der Systemaufstellung 1:61-63.

Baecker, Dirk (2003): Was tut ein Berater in einem selbstorganisierenden System? In: Zirkler, Michael/ Müller, Werner R. (Hrsg.): Die Kunst der Organisationsberatung. Praktische Erfahrungen und theoretische Perspektiven. Bern: Haupt:103-115.

Baecker, Dirk (2006): Welchen Unterschied macht das Management?
Online-Dokument:
http://homepage.mac.com/baecker/papers/unterschiedmanagement.
pdf. Zugriff am 04.06.2008.

Baecker, Dirk (2007): Therapie für Erwachsene: Zur Dramaturgie der
Strukturaufstellung. In: Groth, Torsten/ Stey, Gerhard (Hrsg.):
Potentiale der Organisationsaufstellung. Innovative Ideen und
Anwendungsbereiche. Heidelberg: Carl-Auer-Systeme Verlag:14-31.

Baitsch, Christof & Knoepfel, Peter & Eberle, Armin (1996): Prinzipien
und Instrumente organisationalen Lernens. Dargestellt an einem Fall
aus der öffentlichen Verwaltung. OrganisationsEntwicklung 15
(3):4-21.

Bär, Gesine (2000): Mit Andern eine Grube graben. Projektorganisation
und Fakten-Schaffen auf der Großbaustelle 'Regionalbahnhof
Potsdamer Platz' [27 Absätze]. Forum Qualitative Sozialforschung
[Online Journal], 1(1), Art. 23. Verfügbar über:
http://www.qualitative-research.net/fqs-texte/1-00/1-00baer-d.htm.
Zugriff am 13.08.2008.

Barthes, Roland (1964): Mythen des Alltags. Frankfurt am Main:
Suhrkamp Verlag.

Bass, Bernard (1985): Leadership and performance beyond expectation.
New York: Academic Press.

Bateson, Gregory (1981): Ökologie des Geistes. Frankfurt am Main:
Suhrkamp.

Baumgartner, Marc (2006): Gestaltung einer gemeinsamen
Organisationswirklichkeit. Systemische Strukturaufstellungen und
Mitarbeiterbefragung zur Diagnose von Organisationskultur.
Heidelberg: Carl-Auer-Systeme Verlag.

Becker, Daniel (2005): Ressourcen-Fit bei M&A-Transaktionen.
Konzeptionalisierung, Operationalisierung und Erfolgswirkung auf
Basis des Resource-based View. Wiesbaden: Gabler Verlag.

Benders, Jos & Van Veen, Kees (2001): What's in a Fashion? Interpretative
Viability and Management Fashions. Organization 8 (1):33-53.

Berger, Peter Ludwig & Luckmann, Thomas (1987): Die gesellschaftliche
Konstruktion der Wirklichkeit. Frankfurt am Main: Fischer.

Berger, Peter Ludwig/Luckmann, Thomas (1966/1987): Die
gesellschaftliche Konstruktion der Wirklichkeit. Frankfurt am Main:
Fischer.

Bernart, Yvonne & Krapp, Stefanie (1998): Das narrative Interview. Ein
Leitfaden zur rekonstruktiven Auswertung. Landau: Verlag
Empirische Pädagogik.

Berreth, Andrea (2007): Schauspieler seiner eigenen Ereignisse werden – Zum Subjektbegriff in Systemischen Aufstellungen und bei Deleuze. München: Grin Verlag.

Berreth, Andrea & Zirkler, Michael (2007): Instrumentelle Innovation im Change-Management – Die Übersetzungsleistungen des Managements. WWZ-Forschungsbericht 05/07, Universität Basel.

Black, Max (1996): Die Metapher. In: Haverkamp, Anselm (Hrsg.): Theorie der Metapher. Darmstadt: Wissenschaftliche Buchgesellschaft.

Böhle, Fritz (2008): Die Integration "von unten" - ein "blinder Fleck" beim Wandel der Organisation von Unternehmen. In: Böhle, Fritz et al (Hrsg.): Die Integration von unten. Der Schlüssel zum Erfolg organisatorischen Wandels. Heidelberg: Carl-Auer-Systeme Verlag:7-20.

Bohnsack, Ralf (1991): Rekonstruktive Sozialforschung. Einführung in Methodologie und Praxis qualitativer Forschung. Opladen: Leske+Budrich.

Boje, David (1991): The storytelling organization: A study of story performance in an office-supply firm. Administrative Science Quarterly 36 (1):106-126.

Braun, Edmund (Hrsg.) (1996): Der Paradigmenwechsel in der Sprachphilosophie. Studien und Texte. Darmstadt: Wissenschaftliche Buchgesellschaft.

Bryman, Alan (1988): Quantity and quality in social research. London: Unwin Hyman Ltd.

Burns, James (1978): Leadership. New York: Harper & Row.

Callon, Michel (1986): The sociology of an actor-network: The case of the electric vehicle. In: Callon, Michel et al (Hrsg.): Mapping the Dynamics of Science and Technology. London: Macmillan Press:19-34.

Callon, Michel & Latour, Bruno (1981): Unscrewing the big Lewiathan: How actors macro-structure reality and how sociologists help them to do so. In: Knorr-Cetina, Karin/ Cicourel, Aaron (Hrsg.): Advances in social theory and methodology. London: Routledge and Kegan Paul:277-303.

Carroll, Lewis (1973): Alice im Wunderland. München: Deutscher Taschenbuch Verlag.

Christians, Clifford (2008): Ethics and Politics in Qualitative Research. In: Denzin, Norman/ Lincoln, Yvonna (Hrsg.): The Landscape of Qualitative Research. Los Angeles: Sage Publications:185-220.

Clark, Timothy (2004): The Fashion of Management Fashion: A Surge Too Far? Organization 11 (2):297-306.

Conrad, Peter (1998): Organisationales Lernen - Überlegungen und Anmerkungen aus betriebswirtschaftlicher Sicht. In: Geißler, Harald et al (Hrsg.): Organisationslernen im interdisziplinären Dialog. Weinheim: Deutscher Studien Verlag:31-45.

Crozier, Michel & Friedberg, Erhard (1993): Die Zwänge kollektiven Handelns. Über Macht und Organisation. Frankfurt am Main: Verlag Anton Hain.

Czarniawska, Barbara (2004): Narratives in social science research. London: Sage.

Czarniawska, Barbara (2005): Fashion in Organizing. In: Czarniawska, Barbara/ Sevón, Guje (Hrsg.): Global ideas. How Ideas, Objects and Practices Travel in the Global Economy. Malmö: Liber & Copenhagen Business School Press:129-146.

Czarniawska, Barbara & Joerges, Bernward (1996): The travel of ideas. In: Czarniawska, Barbara/ Sevon, Guje (Hrsg.): Translating organizational change. Berlin, New York: de Gruyter:13-48.

Czarniawska, Barbara & Sevón, Guje (1996): Translating organizational change. Berlin, New York: de Gruyter.

Czarniawska, Barbara & Sevón, Guje (Hrsg.) (2005a): Global ideas. How Ideas, Objects and Practices Travel in the Global Economy. Malmö: Liber & Copenhagen Business School Press.

Czarniawska, Barbara & Sevón, Guje (2005b): Translation is a Vehicle, Imitaition its Motor, and Fashion sits at the Wheel. In: Czarniawska, Barbara/ Sevón, Guje (Hrsg.): Global Ideas: How Ideas, Objects and Practices Travel in the Global Economy. Malmö: Liber & Copenhagen Business School Press:7-12.

Czarniawska-Joerges, Barbara (1997): Symbolism and Organization Studies. In: Ortmann, Günther/ Sydow, Jörg/ Türk, Klaus (Hrsg.): Theorien der Organisation. Die Rückkehr der Gesellschaft. Opladen: Westdeutscher Verlag:360-384.

Dachler, Hans Peter & Hosking, Dian-Marie (1995): The primacy of relations in socially constructing organization realities. In: Hosking, Dian-Marie/ Dachler, Hans Peter/ Gergen, Kenneth J. (Hrsg.): Management and Organization: Relational Alternatives to Individualism. Aldershot u.a.: Avebury:1-28.

David, Robert & Strang, David (2006): When fashion is fleeting: Transitory collective beliefs and the dynamics of TQM consulting. Academy of Management Journal 49 (2):215-233.

de Vries, Michael (1998): Die Paradoxie der Innovation. In: Heideloff, Frank/ Radel, Tobias (Hrsg.): Organisation von Innovation: Strukturen, Prozesse, Interventionen. München, Mering: Hampp:75-88.

Debatin, Bernhard (2005): Rationalität und Irrationalität der Metapher. In: Fischer, Hans Rudi (Hrsg.): Eine Rose ist eine Rose ... Zur Rolle und Funktion von Metaphern in Wissenschaft und Therapie. Weilerswist: Velbrück Wissenschaft:30-47.

Deetz, Stanley (1986): Metaphors and the Discursive Production and Reproduction of Organization. In: Thayer, Lee (Hrsg.): Organization - Communication. Emerging Perspectives I. Norwood, New Jersey: Ablex Publishing Corporation:168-182.

Denzin, Norman & Lincoln, Yvonna (2008): Introduction: The Discipline and Practice of Qualitative Research. In: Denzin, Norman/ Lincoln, Yvonna (Hrsg.): The Landscape of Qualitative Research. Los Angeles: Sage Publications:1-44.

DiMaggio, Paul J. & Powell, Walter W. (1983): The Iron Cage Revisited: Institutional Isomorphism and collective Rationality in Organizational Fields. American Sociological Review 48 (2):147-160.

Eberl, Peter (1998): Eine managementbezogene Betrachtung organisationaler Lernprozesse. In: Geißler, Harald et al (Hrsg.): Organisationslernen im interdisziplinären Dialog. Weinheim: Deutscher Studienverlag:47-63.

Elden, Max (1983): Democratization and participative research in developing local theory. Journal of Occupational Behavior 4 (1):21-33.

Endrissat, Nada (2008): Connecting who we are with how we construct leadership. An identity-interactionist perspective on leadership in Swiss hospitals. Lengerich: Pabst Science Publishers.

Endrissat, Nada & Müller, Werner (2006): Authentic Leadership: What's in the Construct? WWZ-Forschungsbericht. Universität Basel.

Enzensberger, Hans Magnus (2002): Die Elexiere der Wissenschaft. Seitenblicke in Poesie und Prosa. Frankfurt am Main: Suhrkamp.

Erb, Kristine (2001): Die Ordnung des Erfolgs. Einführung in die Organisationsaufstellung. München: Kösel.

Essen, Siegfried (2001): Die Ordnungen und die Intuition: Konstruktivismus und Phänomenologie im Einklang? In: Weber, Gunthard (Hrsg.): Derselbe Wind lässt viele Drachen steigen: Systemische Lösungen im Einklang. Heidelberg: Carl-Auer-Systeme Verlag:98-111.

Fenton, Evelyn & Pettigrew, Andrew (2000): Theoretical Perspectives on New Forms of Organizing. In: Pettigrew, Andrew/ Fenton, Evelyn (Hrsg.): The Innovating Organization. London, Thousand Oaks, New Delhi: Sage Publications:1-46.

Feyerabend, Paul (1980): Erkenntnis für freie Menschen. Frankfurt am Main: Suhrkamp Verlag.

Feyerabend, Paul (1995): Wider den Methodenzwang. Frankfurt am Main: Suhrkamp Verlag.

Fischer, Hans Rudi (2005a): Die Metapher als hot topic der gegenwärtigen Forschung. Zur Einführung. In: Fischer, Hans Rudi (Hrsg.): Eine Rose ist eine Rose ... Zur Rolle und Funktion von Metaphern in Wissenschaft und Therapie. Weilerswist: Velbrück Wissenschaft:8-24.

Fischer, Hans Rudi (Hrsg.) (2005b): Eine Rose ist eine Rose ... Zur Rolle und Funktion von Metaphern in Wissenschaft und Therapie. Weilerswist: Velbrück Wissenschaft.

Fischer, Hans Rudi (2005c): Poetik des Wissens. Zur kognitiven Funktion von Metaphern. In: Fischer, Hans Rudi (Hrsg.): Eine Rose ist eine Rose ... Zur Rolle und Funktion von Metaphern in Wissenschaft und Therapie. Weierswist: Velbrück Wissenschaft:48-85.

Flick, Uwe (2000a): Konstruktivismus. In: Flick, Uwe/ Kardorff, Ernst v./ Steinke, Ines (Hrsg.): Qualitative Forschung: ein Handbuch. Reinbek bei Hamburg: Rowohlt Taschenbuch Verlag:150-164.

Flick, Uwe (2000b): Triangulation in der qualitativen Forschung. In: Flick, Uwe/ Kardorff, Ernst v./ Steinke, Ines (Hrsg.): Qualitative Forschung: ein Handbuch. Reinbek bei Hamburg: Rowohlt:309-318.

Flick, Uwe & Kardorff, Ernst v. & Steinke, Ines (Hrsg.) (2000a): Qualitative Forschung: ein Handbuch. Reinbek bei Hamburg: Rowohlt Taschenbuch Verlag.

Flick, Uwe & Kardorff, Ernst v. & Steinke, Ines (2000b): Was ist qualitative Forschung? Einleitung und Überblick. In: Flick, Uwe/ Kardorff, Ernst v./ Steinke, Ines (Hrsg.): Qualitative Forschung: ein Handbuch. Reinbek bei Hamburg: Rowohlt:13-29.

Foucault, Michèl (1976): Überwachen und Strafen. Frankfurt am Main: Suhrkamp.

Foucault, Michèl (1987): Das Subjekt und die Macht. In: Dreyfus, Hubert / Rabinow, Paul (Hrsg.): Michel Foucault. Jenseits von Strukturalismus und Hermeneutik. Weinheim: Beltz:241-261.

Foucault, Michèl (1991): Die Ordnung des Diskurses. Frankfurt am Main: Fischer Verlag.

Franke, Ursula (2003): Wenn ich die Augen schließe, kann ich dich sehen. Familien-Stellen in der Einzeltherapie und -beratung. Ein Handbuch für die Praxis. Heidelberg: Carl-Auer-Systeme Verlag.

Fried, Andrea (2001): Konstruktivismus. In: Weik, Elke/ Lang, Rainhart (Hrsg.): Moderne Organisationstheorien. Eine sozialwissenschaftliche Einführung. Wiesbaden: Gabler Verlag:29-60.

Funke, Joachim (2005): Metaphern: Peffer und Salz in der Kreativitätssuppe. In: Fischer, Hans Rudi (Hrsg.): Eine Rose ist eine Rose... Zur Rolle und Funktion von Metaphern in Wissenschaft und Therapie. Weilerswist: Velbrück Wissenschaft:156-166.

Gabriel, Yiannis (2000): Storytelling in Organizations: facts, fictions, and fantasies. Oxford: Oxford University Press.

Geertz, Clifford (2001): Dichte Beschreibung. Frankfurt am Main: Suhrkamp.

Geideck, Susan & Liebert, Wolf-Andreas (Hrsg.) (2003): Sinnformeln. Linguistische und soziologische Analysen von Leitbildern, Metaphern und anderen kollektiven Orientierungsmustern. Linguistik - Impulse & Tendenzen. Berlin, New York: Walter de Gruyter.

Gergen, Kenneth J. (2002): Konstruierte Wirklichkeiten. Eine Hinführung zum sozialen Konstruktionismus. Stuttgart: Kohlhammer.

Girtler, Roland (2001): Methoden der Feldforschung. Wien: Böhlau Verlag.

Glasersfeld, Ernst von (1997): Einführung in den radikalen Konstruktivismus. In: Watzlawick, Paul (Hrsg.): Die erfundene Wirklichkeit. Wie wissen wir, was wir zu wissen glauben? Beiträge zum Konstruktivismus. München und Zürich: Piper Verlag:16-38.

Glasersfeld, Ernst von (2005): Metaphern als indirekte Beschreibung. In: Fischer, Hans Rudi (Hrsg.): Eine Rose ist eine Rose ... Zur Rolle und Funktion von Metaphern in Wissenschaft und Therapie. Weilerswist: Velbrück Verlag:145-155.

Gleich, Michèl (2008): Organisationsaufstellungen als Beratungsinstrument für Führungskräfte. Eine empirische Analyse. Heidelberg: Carl-Auer-Systeme Verlag.

Glißmann, Wilfried (2003): Der neue Zugriff auf das ganze Individuum. Wie kann ich mein Interesse behaupten? In: Moldaschl, Manfred/ Voß, Günter (Hrsg.): Subjektivierung von Arbeit. München und Mering: Rainer Hampp Verlag:255-273.

Gloor, Regula (1987): Die Rolle der Metapher in der Betriebswirtschaftslehre. Bern: OFKO AG.

Goldner, Colin (2003): Esoterischer Firlefanz. Die Szene der Hellingerianer. In: Goldner, Colin (Hrsg.): Der Wille zum Schicksal. Die Heilslehre des Bert Hellinger. Wien: Carl Überreuter:66-132.

Grochowiak, Klaus & Castella, Joachim (2001): Systemdynamische Organisationsberatung. Die Übertragung der Methode Hellingers auf Organisationen und Unternehmen. Ein Handlungsleitfaden für Unternehmensberater und Trainer. Heidelberg: Carl-Auer-Systeme Verlag.

Groth, Torsten (2004): Organisationsaufstellung - ein neues Zauberinstrument in der Beratung? Gruppendynamik und Organisationsberatung 35 (2):171-184.

Groth, Torsten (2005): Organisationsaufstellung - systemtheoretisch gewendet. In: Mohe, Michael (Hrsg.): Innovative Beratungskonzepte - Ansätze, Fallbeispiele, Reflexionen. Leonberg: Rosenberger Fachverlag:139-158.

Groth, Torsten & Simon, Fritz B. (2005): Organisationsaufstellung - jenseits von Mystik und Zauberei. Personalführung 38 (5):56-63.

Groys, Boris (1992): Über das Neue. Versuch einer Kulturökonomie. München, Wien: Carl Hanser Verlag.

Hall, Stuart (1980/1999): Kodieren/Dekodieren. In: Bromley, Roger/ Göttlich, Udo/ Winter, Carsten (Hrsg.): Cultural Studies. Grundlagentexte zur Einführung. Lüneburg: zu Klampen:92-110.

Hammer, Michael & Champy, James (1994): Business Process Reengineering. Die Radikalkur für das Unternehmen. Frankfurt am Main: Campus Verlag.

Hanft, Anke (1996): Organisationales Lernen und Macht - Über den Zusammenhang von Wissen, Lernen, Macht und Struktur. In: Schreyögg, Georg/ Conrad, Peter (Hrsg.): Managementforschung 6: Wissensmanagement. Berlin: de Gruyter:133-161.

Hargadon, Andrew & Douglas, Yellowlees (2001): When Innovations meet Institutions: Edison and the design of the electric light. Administrative Science Quarterly 46 (2001):476-501.

Hartge, Thomas (2005): Psychotechnik "Organisationsaufstellung": Das Spiel mit dem Feuer. Personalführung 38 (5):1-2.

Hasenfratz, Hans-Peter (1990): Mythen: Eine kleine Einführung. In: Binder, Gerhard/ Effe, Bernd (Hrsg.): Mythos. Erzählende Weltdeutung im Spannungsfeld von Ritual, Geschichte und Rationalität. Trier: Wissenschaftlicher Verlag:9-12.

Hauschildt, Jürgen (1997): Innovationsmanagement. München: Verlag Franz Vahlen.

Haverkamp, Anselm (1996): Einleitung in die Theorie der Metapher. In: Haverkamp, Anselm (Hrsg.): Theorie der Metapher. Darmstadt: Wissenschaftliche Buchgesellschaft:1-30.

Heideloff, Frank (1998): Sinnstiftung in Innovationsprozessen. Versuch über die soziale Ausdehnung von Gegenwart. München und Mering: Rainer Hampp Verlag.

Hejl, Peter (2000): Das Ende der Endeutigkeit. Einladung zum erkenntnistheoretischen Konstruktivismus. In: Hejl, Peter/ Stahl, Heinz (Hrsg.): Management und Wirklichkeit. Das Konstruieren von Unternehmen, Märkten und Zukünften. Heidelberg: Carl-Auer-Systeme Verlag:33-64.

Hejl, Peter & Stahl, Heinz (2000): Einleitung. Acht Thesen zu Unternehmen aus konstruktivistischer Sicht. In: Hejl, Peter/ Stahl, Heinz (Hrsg.): Management und Wirklichkeit. Das Konstruieren von Unternehmen, Märkten und Zukünften. Heidelberg: Carl-Auer-Systeme Verlag:13-29.

Hellinger, Bert (2001): Die Quelle braucht nicht nach dem Weg zu fragen: ein Nachlesebuch. Heidelberg: Carl-Auer-Systeme Verlag.

Hepp, Andreas (2004): Cultural Studies und Medienanalyse. Eine Einführung. Opladen/Wiesbaden: Westdeutscher Verlag.

Hepp, Andreas & Winter, Rainer (Hrsg.) (2003): Die Cultural Studies Kontroverse. Lüneburg: zu Klampen.

Hildenbrand, Bruno (2000): Anselm Strauss. In: Flick, Uwe/ Kardorff, Ernst v./ Steinke, Ines (Hrsg.): Qualitative Forschung. Ein Handbuch. Reinbek bei Hamburg: Rowohlt:32-42.

Hirsch, Paul M. (1972): Processing Fads and Fashions: An Organization-Set Analysis of Cultural Industry. American Journal of Sociology 77 (4):639-659.

Hopf, Christel (2000a): Forschungsethik und qualitative Forschung. In: Flick, Uwe/ Kardorff, Ernst v./ Steinke, Ines (Hrsg.): Qualitative Forschung: ein Handbuch. Reinbek bei Hamburg: Rowohlt Verlag:589-599.

Hopf, Christel (2000b): Qualitative Interviews - ein Überblick. In: Flick, Uwe/ Kardorff, Ernst v./ Steinke, Ines (Hrsg.): Qualitative Forschung: ein Handbuch. Reinbek bei Hamburg: Rowohlt Verlag:349-359.

Hroch, Nicole (2005): Metaphern des Umweltmanagements. Marburg: Tectum Verlag.

Hülsse, Rainer (2003): Metaphern der EU-Erweiterung als Konstruktionen europäischer Identität. Baden-Baden: Nomos Verlagsgesellschaft.

Jurga, Martin (1999): Texte als (mehrdeutige) Manifestationen von Kultur: Konzepte von Polysemie und Offenheit in den Cultural Studies. In: Hepp, Andreas/ Winter, Rainer (Hrsg.): Kultur - Medien - Macht. Cultural Studies und Medienanalyse. Opladen/Wiesbaden: Westdeutscher Verlag:129-144.

Kappler, Ekkehard (1996): Das Neue - Innovation oder Mode? In: Kappler, Ekkehard/ Knoblauch, Thomas (Hrsg.): Innovationen - Wie kommt das Neue in die Unternehmung? Gütersloh: Verlag Bertelsmann Stiftung:109-126.

Kaudela-Baum, Stephanie (2006): Strategisches Human Resource Management im Wandel. Theorien aus der Praxis. Bern: Haupt Verlag.

Kieser, Alfred (1996): Moden & Mythen des Organisierens. Die Betriebswirtschaft 56 (1):21-39.

Kieser, Alfred (1997): Rhetoric and Myth in Management Fashion. Organization 4 (1):49-74.

Kieser, Alfred (1998): Über die allmähliche Verfertigung der Organisation beim Reden. Organisieren als Kommunizieren. Industrielle Beziehungen 5 (1):45-74.

Kieser, Alfred & Walgenbach, Peter (2007): Organisation. Stuttgart: Schäffer-Poeschel Verlag.

Kleinschmidt, Carola (2005): Organisationsaufstellungen als Methode: Effiziente Analyse oder Triumph der Alltagspsychologie? Personalführung 38 (5):34-39.

Klimecki, Rüdiger & Lassleben, Hermann (1998): Was veranlasst Organisationen zu lernen? In: Geißler, Harald et al (Hrsg.): Organisationslernen im interdisziplinären Dialog. Weinheim: Deutscher Studien Verlag:65-89.

Klimecki, Rüdiger & Lassleben, Hermann (1999): What causes organizations to learn? 3rd International Conference on Organizational Learning Lancaster University, UK.

Klimecki, Rüdiger & Lassleben, Hermann & Thomae, Markus (2000): Organisationales Lernen. Zur Intergration von Theorie, Empirie und Gestaltung. In: Schreyögg, Georg/ Conrad, Peter (Hrsg.): Organisatorischer Wandel und Transformation. Wiesbaden: Gabler Verlag:63-98.

Knorr-Cetina, Karin (1989): Spielarten des Konstruktivismus. Einige Notizen und Anmerkungen. Soziale Welt 40 (1/2):86-96.

Kohlhauser, Martin & Assländer, Friedrich (2005): Organisationsaufstellungen evaluiert: Studie zur Wirksamkeit von

Systemaufstellungen in Management und Beratung. Heidelberg: Carl-Auer-Systeme Verlag.

König, Oliver & Schattenhofer, Karl (2006): Einführung in die Gruppendynamik. Heidelberg: Carl-Auer-Systeme Verlag.

Königswieser, Roswita & Exner, Alexander (1999): Systemische Intervention: Architekturen und Designs für Berater und Veränderungsmanager. Stuttgart: Klett-Cotta.

Königswieser, Roswita & Hillebrand, Martin (2007): Einführung in die systemische Organisationsberatung. Heidelberg: Carl-Auer-Systeme Verlag.

Kowal, Sabine & O'Connell, Daniel (2000): Zur Transkription von Gesprächen. In: Flick, Uwe/ Kardorff, Ernst v./ Steinke, Ines (Hrsg.): Qualitative Forschung: ein Handbuch. Reinbek bei Hamburg: Rowolt Verlag:437-455.

Krippendorff, Klaus (1994): Der verschwundene Bote. Metaphern und Modelle der Kommunikation. In: Merten, Klaus/ Schmidt, Siegfried J./ Weischenberg, Siegfried (Hrsg.): Die Wirklichkeit der Medien. Opladen: Westdeutscher Verlag:79-113.

Kuhn, Thomas S. (1996): Die Struktur wissenschaftlicher Revolutionen. Frankfurt am Main: Suhrkamp Verlag.

Lakoff, George & Johnson, Mark (1980): Metaphors we live by. Chicago: The University of Chicago Press.

Lakoff, George & Johnson, Mark (1998): Leben in Metaphern: Konstruktion und Gebrauch von Sprachbildern. Heidelberg: Carl-Auer-Systeme Verlag.

Lakotta, Beate (2002): Danke, lieber Papi. In: Der Spiegel 7/2002 (9.2.2002):200-202.

Lamnek, Siegfried (1995): Qualitative Sozialforschung. Band 2: Methoden und Techniken. Weinheim: Psychologie Verlags Union.

Lamnek, Siegfried (2005): Qualitative Sozialforschung. Weinheim: Beltz PVU.

Lang, Rainhart & Winkler, Ingo & Weik, Elke (2001): Organisationales Lernen. In: Weik, Elke/ Lang, Rainhart (Hrsg.): Moderne Organisationstheorien. Eine sozialwissenschaftliche Einführung. Wiesbaden: Gabler Verlag:253-284.

Latour, Bruno (1992a): Technology is society made durable. In: Law, John (Hrsg.): A sociology of monsters: Essays on power, technology and Domination. London: Routledge:103-131.

Latour, Bruno (1992b): Where are the missing masses? The Sociology of a few mundane artifacts. In: Bijker, Wiebke/ Law, John (Hrsg.):

Shaping Technology/Building Society. Cambridge/London: MIT Press:225-258.

Latour, Bruno (2005): Reassembling the social: An introduction to Actor-Network-Theory. Oxford: Oxford University Press.

Law, John (1992): A sociology of monsters: Essays on power, technology and Domination. London: Routledge.

Lehmann, Katharina (2006): Umgang mit komplexen Situationen. Perspektivenerweiterung durch Organisationsaufstellungen. Eine empirische Studie. Heidelberg: Carl-Auer-Systeme Verlag.

Lehner, Johannes (1996): 'Cognitive Mapping': Kognitive Karten vom Management. In: Schreyögg, Georg/ Conrad, Peter (Hrsg.): Managementforschung 6: Wissensmanagement. Berlin, New York: de Gruyter:83-131.

Liebert, Wolf-Andreas (2005): Metaphern als Handlungsmuster der Welterzeugung. Das verborgene Metaphern-Spiel der Naturwissenschaften. In: Fischer, Hans Rudi (Hrsg.): Eine Rose ist eine Rose ... Zur Rolle und Funktion von Metaphern in Wissenschaft und Therapie. Weilerswist: Velbrück Wissenschaft:207-233.

Lincoln, Yvonna (2000): Norman K. Denzin - ein Leben in Bewegung. In: Flick, Uwe/ Kardorff, Ernst v./ Steinke, Ines (Hrsg.): Qualitative Forschung: ein Handbuch. Reinbek bei Hamburg: Rowohlt Verlag:96-105.

Lincoln, Yvonna & Guba, Egon (1985): Naturalistic Inquiry. Newbury Park: Sage Publication.

Lindblom, Charles (1959): The Science of "Muddling Through". Public Administration Review 19 (2):79-88.

Luhmann, Niklas (1984): Soziale Systeme. Grundriß einer allgemeinen Theorie. Frankfurt am Main: Suhrkamp.

Luhmann, Niklas (1989): Kommunikationssperren in der Unternehmensberatung. In: Luhmann, Niklas/ Fuchs, Peter (Hrsg.): Reden und Schweigen. Frankfurt am Main: Suhrkamp:209-227.

Luhmann, Niklas (1990): Die Wissenschaft der Gesellschaft. Frankfurt am Main: Suhrkamp.

Luhmann, Niklas (1991): Wie lassen sich latente Strukturen beobachten? In: Krieg, Peter/ Watzlawick, Paul (Hrsg.): Das Auge des Betrachters: Beiträge zum Konstruktivismus: Festschrift für Heinz von Foerster. München, Zürich: Piper Verlag:61-74.

Luhmann, Niklas (2002): Einführung in die Systemtheorie. Heidelberg: Carl-Auer-Systeme Verlag.

Lyotard, Jean-François (1986): Das postmoderne Wissen. Ein Bericht. Wien: Edition Passagen.

Maasen, Sabine & Mayerhauser, Torsten & Renggli, Cornelia (Hrsg.) (2006): Bilder als Diskurse - Bilddiskurse. Weilerswist: Velbrück Wissenschaft.

Madelung, Eva (2001): Ökologie des Geistes und Ordnungen der Liebe: zwei systemische Sichtweisen im Vergleich. In: Weber, Gunthard (Hrsg.): Derselbe Wind lässt viele Drachen steigen: Systemische Lösungen im Einklang. Heidelberg: Carl-Auer-Systeme Verlag.:56-67.

Madelung, Eva & Innecken, Barbara (2002): Im Bilde sein. Vom kreativen Umgang mit Aufstellungen in der Einzelarbeit, Beratung, Gruppen und Selbsthilfe. Heidelberg: Carl-Auer-Systeme Verlag.

Marshall, Catherine & Rossman, Gretchen (1999): Designing qualitative Research. Thousand Oaks: Sage Publications.

Maturana, Humberto (1985): Erkennen: die Organisation und Verkörperung von Wirklichkeit: ausgewählte Arbeiten zur Epistemologie. Braunschweig, Wiesbaden: Friedrich Vieweg.

Maturana, Humberto & Varela, Francisco (1980): Autopoiesis and cognition: the realization of the living. Dordrecht: Reidel.

Mayring, Philipp (1996): Einführung in die qualitative Sozialforschung. Eine Anleitung zu qualitativem Denken. Weinheim: Psychologie Verlags Union.

Mayring, Philipp (2002): Einführung in die qualitative Sozialforschung. Weinheim und Basel: Beltz Verlag.

Meißner, Jens-Oliver (2007): Organisationale Beziehungsqualitäten im Kontext computervermittelter Kommunikation. Eine konstruktivistische Perspektive. Heidelberg: Verlag für Systemische Forschung.

Meyer, John W. & Rowan, Brian (1977): Institutionalized Organizations: Formal Structure as Myth and Ceremony. American Journal of Sociology 83 (2):340-363.

Meyrat, Olivier (2003): Die Wirkungen von Organisationsaufstellungen. Unveröffentlichte Lizentiatsarbeit. Wirtschaftswissenschaftliches Zentrum. Universität Basel. Basel.

Moldaschl, Manfred & Voß, Günter (Hrsg.) (2003): Subjektivierung von Arbeit. München und Mering: Rainer Hampp Verlag.

Morgan, Gareth (2000): Bilder der Organisation. Stuttgart: Klett-Cotta.

Moser, Sibylle (2004): Konstruktivistisch Forschen? Prämissen und Probleme einer konstruktivistischen Methodologie. In: Moser, Sibylle (Hrsg.): Konstruktivistisch Forschen. Methodologie, Methoden, Beispiele. Wiesbaden: VS Verlag für Sozialwissenschaften:9-42.

Müller, Werner R. (1995): Stolpersteine der lernenden Organisation. In: Schwuchow, Karlheinz/ Gutmann, Joachim (Hrsg.): Jahrbuch Weiterbildung:186-189.

Müller, Werner R. (2005): Die Führungsbücher selber schreiben. In: Resch, Dörte/ Dey, Pascal/ Kluge, Annette/ Steyaert, Chris (Hrsg.): Organisationspsychologie als Dialog. Lengerich: Pabst Science Publisher:113-121.

Müller, Werner R. & Nagel, Erik & Zirkler, Michael (2006): Organisationsberatung. Heimliche Bilder und ihre praktischen Konsequenzen. Wiesbaden: Gabler Verlag.

Nagel, Erik (2001): Verwaltung anders denken. Baden-Baden: Nomos.

Neuweg, Georg Hans (2004): Könnerschaft und implizites Wissen. Zur lehr-lerntheoretischen Bedeutung der Erkenntnis- und Wissenstheorie Michael Polanyis. Münster: Waxmann.

Newell, Sue & Robertson, Maxine & Swan, Jacky (2001): Management Fads and Fashions. Organization 8 (1):5-15.

Nonaka, Ikujiro & Takeuchi, Hirotaka (1997): Die Organisation des Wissens. Wie japanische Unternehmen eine brachliegende Ressource nutzbar machen. Frankfurt, New York: Campus.

O'Connor, Ellen S. (1995): Paradoxes of Participation: Textual Analysis and Organizational Change. Organisation Studies 16 (5):169-803.

Ortmann, Günther (1995): Formen der Produktion. Organisation und Rekursivität. Opladen: Westdeutscher Verlag.

Ortmann, Günther (2004): Als Ob. Fiktionen und Organisationen. Wiesbaden: VS Verlag für Sozialwissenschaften.

Peters, Tom & Waterman, Robert (1984): Auf der Suche nach Spitzenleistungen. Was man von den bestgeführten US-Unternehmen lernen kann. Landsberg/Lech: Verlag Moderne Industrie.

Picot, Arnold & Reichwald, Ralf & Wigand, Rolf (2003): Die grenzenlose Unternehmung. Information, Organisation und Management. Wiesbaden: Gabler Verlag.

Polanyi, Michael (1985): Implizites Wissen. Frankfurt am Main: Suhrkamp Verlag.

Pondy, Louis (1983): The Role of Metaphors and Myths in Organization and in the Facilitation of Change. In: Pondy, Louis/ Frost, Peter/ Morgan, Gareth/ Dandrige, Thomas (Hrsg.): Organizational Symbolism. Greenwich, Londen: JAI Press Inc.:157-166.

Pörksen, Bernhard (2005): Die Konstruktion ideologischer Wirklichkeiten. Zur metaphorischen Vorbereitung von Gewalt in neonazistischen Gruppen. In: Fischer, Hans Rudi (Hrsg.): Eine Rose ist eine Rose ...

Zur Rolle und Funktion von Metaphern in Wissenschaft und Therapie. Weilerswist: Velbrück Wissenschaft:263-281.

Probst, Gilbert & Büchel, Bettina (1994): Organisationales Lernen. Wettbewerbsvorteil der Zukunft. Wiesbaden: Gabler.

Rahn, Horst-Joachim & Olfert, Klaus (Hrsg.) (2008): Unternehmensführung. Ludwigshafen: Friedrich Kiehl Verlag.

Reber, Kilian (2008): Grenzen der Innovationsdiffusion. Drei institutionen-ökonomische Untersuchungen zur Diffusion von technologischen Innovationen, New Public Management und Law & Economics. Berlin: dissertation.de - Verlag im Internet.

Reckwitz, Andreas (1997): Kulturtheorie, Systemtheorie und das sozialtheoretische Muster der Innen-Außen-Differenz. Zeitschrift für Soziologie 26 (5):317-336.

Ricoeur, Paul (1988): Die lebendige Metapher. München: Fink.

Roehl, Heiko & Wiegand, Martin (1998): Blinde Flecken Organisationalen Lernens. In: Geißler, Harald et al (Hrsg.): Organisationslernen im interdisziplinären Dialog. Weinheim: Deutscher Studien Verlag:15-30.

Rogers, Everett (2003): Diffusion of Innovations. 5th Edition. New York: Free Press.

Rorty, Richard (Hrsg.) (2002): The linguistic turn: essays in philosophical method: with two retrospective essays. Chicago: University of Chicago Press.

Rosenthal, Gabriele & Fischer-Rosenthal, Wolfram (2000): Analyse narrativ-biographischer Interviews. In: Flick, Uwe/ Kardorff, Ernst v./ Steinke, Ines (Hrsg.): Qualitative Forschung. Ein Handbuch. Reinbek bei Hamburg: Rowohlt Verlag:456-467.

Rosselet, Claude (2005): Von der Irritation zur Information: Systemaufstellungen und Managementpraxis. OrganisationsEntwicklung (3):16-27.

Rosselet, Claude & Senoner, Georg & Lingg, Henriette (2007): Management Constellations. Mit Systemaufstellungen Komplexität managen. Stuttgart: Klett-Cotta.

Rottenburg, Richard (1996): When Organization Travals: On Intercultural Translation. In: Czarniawska, Barbara/ Joerges Bernward (Hrsg.): Translating Organizational Change. Berlin, New York: Walter de Gruyter:191-240.

Rüegg-Stürm, Johannes (2000): Jenseits der Machbarkeit - Idealtypische Herausforderungen tiefgreifender unternehmerischer Wandelprozesse aus einer systemisch-relational-konstruktivistischen Perspektive. In: Schreyögg, Georg/ Conrad, Peter (Hrsg.):

Managementforschung 10. Organisatorischer Wandel und
Transformation. Wiesbaden: Gabler Verlag:195-237.
Rüegg-Stürm, Johannes (2001): Organisation und organisationaler Wandel.
Wiesbaden: Westdeutscher Verlag.
Rüegg-Stürm, Johannes & Schumacher, Thomas (2007): Vom Umgang mit
latenten Strukturen im strategischen Wandel. In: Groth, Torsten/
Stey, Gerhard (Hrsg.): Potenziale der Organisationsaufstellung.
Innovative Ideen und Anwendungsbereiche. Heidelberg: Carl-Auer-
Systeme Verlag:50-80.
Ruppert, Franz (2000): Die unsichtbare Ordnung in
Arbeitsbeziehungssystemen. Konflikthafte Strukturen und
Hilfestellungen für ihre Auflösung. In: Weber, Gunthard (Hrsg.):
Praxis der Organisationsaufstellungen. Grundlagen, Prinzipien,
Anwendungsbereiche. Heidelberg: Carl-Auer-Systeme Verlag:156-
174.
Saussure, Ferdinand de (1976): Grundfragen der Allgemeinen
Sprachwissenschaft. Herausgeg. v. Charles Bally und Albert
Sechehaye.
Schlee, Annette & Kieser, Alfred (2000): Die Konstruktion von
Organisationen mithilfe von Metaphern. In: Hejl, Peter/ Stahl, Heinz
(Hrsg.): Management und Wirklichkeit. Das Konstruieren von
Unternehmen, Märkten und Zukünften. Heidelberg: Carl-Auer-
Systeme Verlag:159-182.
Schlötter, Peter (2005): Vertraute Sprache und ihre Entdeckung.
Systemaufstellungen sind kein Zufallsprodukt - der empirische
Nachweis. Heidelberg: Carl-Auer-Systeme Verlag.
Schlüter, Jan & Kreimeyer, Christof (2005): Möglichkeiten und Grenzen
systemischer Aufstellungsarbeit in Organisationen. Personalführung
38 (5):50-55.
Schmidt, Siegfried J. (1994): Die Wirklichkeit des Beobachters. In: Merten,
Klaus/ Schmidt, Siegfried J./ Weischenberg, Siegfried (Hrsg.): Die
Wirklichkeit der Medien. Eine Einführung in die
Kommunikationswissenschaft. Opladen: Westdeutscher Verlag:3-19.
Schmitt, Rudolf (1995): Metaphern des Helfens. Weinheim: Beltz.
Schmitt, Rudolf (1996): Metaphernanalyse und die Repräsentation
biographischer Konstrukte. Journal für Psychologie Doppelheft
1/1995 - 1/1996:47-62 zit. nach http://www.hs-
zigr.de/~schmitt/aufsatz/biograph.htm Zugriff am 01.10.07.
Schmitt, Rudolf (1997): Metaphernanalyse als sozialwissenschaftliche
Methode. Mit einigen Bemerkungen zur theoretischen "Fundierung"
psychosozialen Handelns. Psychologie&Gesellschaft 21 (1):57-86.

Schmitt, Rudolf (2003a): Fragmente eines kommentierten Lexikons der Alltagspsychologie: Von lichten Momenten, langen Leitungen, lockeren Schrauben und anderen Metaphern für psychische Extremzustände. www.qualitative-research.net/fqs/beirat/schmitt-1-d.htm. Zugriff am 03.10.07.

Schmitt, Rudolf (2003b): Methode und Subjektivität in der Systematischen Metaphernanalyse [54 Absätze]. Forum Qualitative Sozialforschung / Forum: Qualitative Social Research [Online Journal] 4 (3):Verfügbar über http:www.qualitative-research.net/fqs-texte/2-03/2-03schmitt-d.htm Zugriff am 01.10.07.

Schreyögg, Georg & Koch, Jochen (Hrsg.) (2005): Knowledge Management and Narratives. Organizational Effectiveness through Storytelling. Berlin: Erich Schmidt Verlag.

Schumacher, Thomas (2003): Identität oder strategischer Wandel? Eine systemische Perspektive auf organisationale Veränderungen. Heidelberg: Carl-Auer-Systeme Verlag.

Scott, Richard (2001): Institutions and Organizations. Thousand Oaks: Sage Publication.

Senge, Peter M. (2003): Die fünfte Disziplin: Kunst und Praxis der lernenden Organisation. Stuttgart: Klett-Cotta.

Shannon, Claude (1963): The Mathematical Theory of Communication. In: Shannon, Claude/ Weaver, Warren (Hrsg.): The Mathematical Theory of Communication. Urbana, Ill: Illinois UP:29-125.

Sheldrake, Rupert (2001): Das morphische Feld sozialer Systeme. In: Weber, Gunthard (Hrsg.): Derselbe Wind lässt viele Drachen steigen. Systemische Lösungen im Einklang. Heidelberg: Carl-Auer-Systeme Verlag:29-42.

Shrivastava, Paul (1983): A typology of organizational learning systems. Journal of Management Studies 20 (1):7-28.

Siebert, Horst (1999): Pädagogischer Konstruktivismus: eine Bilanz der Konstruktivismusdiskussion für die Bildungspraxis. Neuwied: Hermann Luchterhand Verlag.

Simon, Fritz B. (2004): Gemeinsam sind wir blöd!? Die Intelligenz von Unternehmen, Managern und Märkten. Heidelberg: Carl-Auer-Systeme Verlag.

Simon, Herbert A. (1951): Administrative Behavior: A study of decision-making processes in administrative organization. New York: The Macmillan.

Sparrer, Insa (1999a): Heilsame Rituale und systemische Resonanz. In: Scheiblich, Wolfgang (Hrsg.): Bilder - Symbole - Rituale. Freiburg: Lambertus:137-163.

Sparrer, Insa (1999b): Systemische Strukturaufstellungen zu psychosomatischen Erkrankungen. Praxis der Systemaufstellung. Zeitschrift der Arbeitsgemeinschaft Systemische Lösungen nach Bert Hellinger 2:30-37, zit. nach http://www.syst-strukturaufstellungen.de/index.php?aid=50. Zugriff am 16.02.08.

Sparrer, Insa (2001): Konstruktivistische Aspekte der Phänomenologie und phänomenologische Aspekte des Konstruktivismus. In: Weber, Gunthard (Hrsg.): Derselbe Wind lässt viele Drachen steigen. Systemische Lösungen im Einklang. Heidelberg: Carl-Auer-Systeme Verlag:68-97.

Sparrer, Insa (2002): Wunder, Lösung und System. Lösungsfokussierte Systemische Strukturaufstellung für Therapie und Organisationsberatung. Heidelberg: Carl-Auer-Systeme Verlag.

Spencer-Brown, George (1979): Laws of Form. London: Allen & Unwin.

Staehle, Wolfgang (1999): Management. Eine verhaltenswissenschaftliche Perspektive. München: Verlag Vahlen.

Stäheli, Urs (2000): Poststrukturalistische Soziologien. Bielefeld: transcript Verlag.

Stäheli, Urs (2006): Normale Chancen? Die Visualisierung von Investmentchancen in der Finanzwerbung. In: Maasen, Sabine/ Mayerhauser, Thorsten/ Renggli, Cornelia (Hrsg.): Bilder als Diskurse - Bilddiskurse. Weilerswist: Velbrück Wissenschaft:27-52.

Steinke, Ines (2000): Gütekriterien qualitativer Forschung. In: Flick, Uwe/ Kardorff, Ernst v./ Steinke, Ines (Hrsg.): Qualitative Forschung: ein Handbuch. Reinbek bei Hamburg: Rowohlt Verlag:319-331.

Steinmann, Horst & Schreyögg, Georg (2000): Management. Grundlagen der Unternehmensführung. Konzepte - Funktionen - Fallstudien. Wiesbaden: Gabler.

Sturdy, Andrew (2004): The Adoption of Management Ideas and Practices. Theoretical Perspectives and Possibilities. Management Learning 35 (2):155-179.

Suchman, Mark (1995): Managing Legitimacy: Strategic and institutional approaches. Academy of Management Review 20 (3):571-610.

Tolbert, Pamela & Zucker, Lynne (1999): The institutionalization of institutional theory. In: Clegg, Stewart/ Hardy, Cynthia (Hrsg.): Studying Organization - Theory and Method. London and Thousand Oaks: Sage Publication:169-184.

Varga von Kibéd, Matthias (2000): Unterschiede und tiefere Gemeinsamkeiten der Aufstellungsarbeit mit Organisationen und der systemischen Familienaufstellungen. In: Weber, Gunthard (Hrsg.):

Praxis der Organisationsaufstellungen. Grundlagen, Prinzipien, Anwendungsbereiche. Heidelberg: Carl-Auer-Systeme Verlag:11-33.

Varga von Kibéd, Matthias (2002): Der Körper als Wahrnehmungsorgan in der systemischen Aufstellungsarbeit. In: Baxa, Guni/ Essen, Christine/ Kreszmeier, Astrid (Hrsg.): Verkörperungen. Systemische Aufstellung, Körperarbeit und Rituale. Heidelberg: Carl-Auer-Systeme Verlag:40-58.

Varga von Kibéd, Matthias (2005): Ein Metakommentar. In: Weber, Gunthard et al (Hrsg.): Aufstellungsarbeit revisited ... nach Hellinger? Mit einem Metakommentar von Matthias Varga von Kibéd. Heidelberg: Carl-Auer-Systeme Verlag:200-250.

Varga von Kibéd, Matthias & Sparrer, Insa (2000): Ganz im Gegenteil. Tetralemmaarbeit und andere Grundformen Systemischer Strukturaufstellungen - für Querdenker und solche, die es werden wollen. Heidelberg: Carl-Auer-Systeme Verlag.

Von Foerster, Heinz (1993): Ethik und Kybernetik zweiter Ordnung. In: Ders. (Hrsg.): KybernEthik. Berlin: Merve Verlag:60-83.

von Glasersfeld, Ernst (2005): Metaphern als indirekte Beschreibung. In: Fischer, Hans Rudi (Hrsg.): Eine Rose ist eine Rose ... Zur Rolle und Funktion von Metaphern in Wissenschaft und Therapie. Weilerswist: Velbrück Verlag:145-155.

Watzlawick, Paul (Hrsg.) (1997): Die erfundene Wirklichkeit. Wie wissen wir, was wir zu wissen glauben? Beiträge zum Konstruktivismus. München und Zürich: Piper Verlag.

Watzlawick, Paul & Weakland, John & Fisch, Richard (2001): Lösungen. Zur Theorie und Praxis menschlichen Wandels. Bern u.a.: Verlag Hans Huber.

Weber, Gunthard (2000a): Organisationsaufstellungen: Basics und Besonderes. In: Weber, Gunthard (Hrsg.): Praxis der Organisationsaufstellungen: Grundlagen, Prinzipien, Anwendungsbereiche. Heidelberg: Carl-Auer-Systeme Verlag:34-90.

Weber, Gunthard (2000b): Praxis der Organisationsaufstellungen: Grundlagen, Prinzipien, Anwendungsbereiche. Heidelberg: Carl-Auer-Systeme Verlag.

Weber, Gunthard (2001): Derselbe Wind lässt viele Drachen steigen: Systemische Lösungen im Einklang. Heidelberg: Carl-Auer-Systeme Verlag.

Weber, Gunthard & Schmidt, Gunther & Simon, Fritz B. (2005): Aufstellungsarbeit revisited: ... nach Hellinger? Mit einem Metakommentar von Matthias Varga von Kibéd. Heidelberg: Carl-Auer-Systeme Verlag.

Weick, Karl E. (1985): Der Prozess des Organisierens. Frankfurt am Main: Suhrkamp.

Weick, Karl E. (1995): Sensemaking in organizations. Thousands Oaks: Sage Publications.

Weick, Karl E. (1998): Der Prozess des Organisierens. Frankfurt am Main: Suhrkamp.

Weick, Karl E. (2003): Making sense of the organization. Oxford: Blackwell Business.

Weizsäcker, Ernst Ulrich von (1974): Erstmaligkeit und Bestätigung als Komponenten der pragmatischen Information. Offene Systeme I: Beiträge zur Zeitstruktur von Information, Entropie und Evolution:82-113.

Wetzel, Ralf (2001): Koginition und Sensemaking. In: Weik, Elke/ Lang, Rainhart (Hrsg.): Moderne Organisationstheorien. Eine sozialwissenschaftliche Einführung. Wiesbaden: Gabler Verlag:153-200.

Wiest, Friedrich (2000): Organisationsaufstellungen als Werkzeug der Unternehmensberatung dargestellt am Beispiel der Nachfolgeregelung in Familienunternehmen. In: Weber, Gunthard (Hrsg.): Praxis der Organisationsaufstellung. Heidelberg: Carl-Auer-Systeme Verlag:185-194.

Wilkins, Alan & Thompson, Michael (1991): On Getting the Story Crooked (and Straight). Journal of Organizational Change Management 4 (3):18-26.

Wille, Katrin (2007): Konstellation und Resonanz - Theorie der Aufstellung zwischen Denken und Wahrnehmung. In: Groth, Torsten/ Stey, Gerhard (Hrsg.): Potenziale der Organisationsaufstellung. Innovative Ideen und Anwendungsbereiche. Heidelberg: Carl-Auer-Systeme Verlag:32-49.

Willke, Helmut (1996a): Systemtheorie I: Grundlagen. Eine Einführung in die Grundprobleme der Theorie sozialer Systeme. Stuttgart: Lucius&Lucius.

Willke, Helmut (1996b): Systemtheorie II: Interventionstheorie. Stuttgart: Lucius&Lucius.

Wimmer, Rudolf (1995): Was kann Beratung leisten? Zum Interventionsrepertoire und Interventionsverständnis der systemischen Organisationsberatung. In: Wimmer, Rudolf (Hrsg.): Organisationsberatung. Neue Wege und Konzepte. Wiesbaden: Gabler Verlag:59-112.

Wimmer, Rudolf (1999): Wider den Veränderungsoptimismus. Zu den Möglichkeiten und Grenzen einer radikalen Transformation von Organisationen. Soziale Systeme 5 (1):159-180.

Winter, Rainer (1999): Cultural Studies als kritische Medienanalyse: Vom "encoding/decoding"-Modell zur Diskursanalyse. In: Hepp, Andreas/ Winter, Rainer (Hrsg.): Kultur - Medien - Macht. Cultural Studies und Medienanalyse. Opladen/Wiesbaden: Westdeutscher Verlag:49-65.

Womack, James & Jones, Daniel & Roos, Daniel (1992): Die zweite Revolution in der Autoindustrie: Konsequenzen aus der weltweiten Studie aus dem Massachusetts Institute of Technology. Frankfurt am Main: Campus Verlag.

Yin, Robert K. (2003): Case study research: design and methods. London: Sage.

Yukl, Gary (1999): An evaluation of conceptual weaknesses in transformational and charismatic leadership theories. Leadership Quarterly 10 (2):285-305.

Zbinden, Reto (2003): Wirksamkeitsverständnisse von Organisationsaufstellungen. In: Zirkler, Michael/ Müller, Werner R. (Hrsg.): Die Kunst der Organisationsberatung. Praktische Erfahrungen und theoretische Perspektiven. Bern: Haupt:199-222.

Zilber, Tammar (2006): The work of the symbolic in institutional processes: Translations of rational myths in israeli high tech. Academy of Management Journal 49 (2):281-303.

Zirkler, Michael (2005): Wenn weiche Faktoren hart werden: Warum sich betriebswirtschaftliche Rationalität nicht (immer) durchsetzt. Fallstudie Conföderatio. WWZ Forschungsbericht. Universität Basel.

Organisationsaufstellungen in Blau

Ruth Kalb
**Organisationsaufstellungen –
eine Ressource der
lernenden Organisation**
93 Seiten, Kt, 2007
ISBN 978-3-89670-386-6

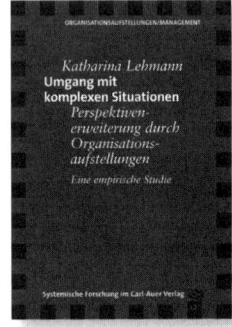

Katharina Lehmann
Umgang mit komplexen Situationen
Perspektiverweiterung durch
Organisationsaufstellungen.
Eine empirische Studie
320 Seiten, Kt, 2006
ISBN 978-3-89670-365-1

Michèl Gleich
**Organisationsaufstellungen
als Beratungsinstrument
für Führungskräfte**
Eine empirische Analyse
142 Seiten, Kt, 2008
ISBN 978-3-89670-908-0

Jörg Faulstich
**Aufstellungen im Kontext
systemischer Organisationsberatung**
102 Seiten, Kt, 2007
ISBN 978-3-89670-378-1

Carl-Auer Verlag • www.carl-auer.de • www.systemische-forschung.de